凡亿教育·电子设计速成系列

Altium Designer 24（中文版）
电子设计速成实战宝典

郑振宇　黄　勇　龙学飞　编著

电子工业出版社

Publishing House of Electronics Industry

北京·BEIJING

内 容 简 介

本书以 2024 年正式发布的全新 Altium Designer 24 电子设计工具为基础,全面兼容 Altium Designer 23、22、21 等各版本。全书包括 15 章,系统地介绍了 Altium Designer 24 全新功能、Altium Designer 24 软件及电子设计概述、工程的组成及完整工程的创建、元件库开发环境及设计、原理图开发环境及设计、PCB库开发环境及设计、PCB 设计开发环境及快捷键、流程化设计(PCB 前期处理、PCB 布局、PCB 布线)、PCB 的 DRC 与生产输出、Altium Designer 高级设计技巧及应用、2 层最小系统板的设计、4 层智能车主板的 PCB 设计,以及 RK3288 平板电脑的设计。本书以实战的方式进行图文描述,内容翔实、实例丰富、条理清晰、通俗易懂,最后部分详细介绍了 3 个实战案例,将理论与实践相结合,先易后难,不断深入,适合读者各个阶段的学习和操作。全书采用了汉化的中文版本进行讲解,目的在于使读者学完本书后,按照操作方法就能设计出自己想要的电子图纸。

本书可作为高等院校电子信息类专业的教学用书,也可作为大学生课外电子制作、电子设计竞赛的实用参考书与培训教材,还可作为广大电子设计工作者快速入门及进阶的参考用书。

图书在版编目(CIP)数据

Altium Designer 24(中文版)电子设计速成实战宝
典 / 郑振宇等编著. -- 北京 : 电子工业出版社,2024.
7. -- ISBN 978-7-121-48583-1

Ⅰ. TN702

中国国家版本馆 CIP 数据核字第 20242G73Y2 号

责任编辑:曲 昕   文字编辑:韩玉宏
印   刷:保定市中画美凯印刷有限公司
装   订:保定市中画美凯印刷有限公司
出版发行:电子工业出版社
　　　　北京市海淀区万寿路 173 信箱   邮编 100036
开   本:787×1 092   1/16   印张:21   字数:607 千字
版   次:2024 年 7 月第 1 版
印   次:2025 年 2 月第 4 次印刷
定   价:99.00 元

凡所购买电子工业出版社图书有缺损问题,请向购买书店调换。若书店售缺,请与本社发行部联系,联系及邮购电话:(010) 88254888,88258888。

质量投诉请发邮件至 zlts@phei.com.cn,盗版侵权举报请发邮件至 dbqq@phei.com.cn。

本书咨询联系方式:(010) 88254468,quxin@phei.com.cn。

前　　言

面对功能越来越复杂、运行速度越来越快、体积越做越小的电子产品，各种类型的电子设计需求大增，学习和投身电子设计的工程师也越来越多。但是，电子设计领域对工程师自身的知识和经验要求非常高，大部分工程师很难做到真正得心应手，在进行运行速度较快、功能复杂的电子产品设计时，各类 PCB 设计问题涌现，造成很多项目后期调试过多，甚至报废，浪费了人力、物力，延长了产品研发周期，从而影响产品的市场竞争力。

编著者通过大量调查和实际经验得出，电子设计工程师的难点有以下几种情况。

（1）刚毕业没有实际经验，对软件工具也不是很熟，无从下手。

（2）做过简单的电子设计，但是没有系统设计思路，造成设计无法及时、优质地完成。

（3）有丰富的电路设计经验，但是无法契合设计工具，不能得心应手。

以 Altium Designer 为工具进行原理图设计、PCB 设计是电子信息类专业的一门实践课程，Altium Designer 也是电子设计常用的设计工具之一。

传统的理论性教材注重系统性和全面性，但实用效果并不是很好。本书基于实战案例的教学模式进行讲解，注重学生综合能力的培养，在教学过程中以读者未来职业角色为核心，以社会实际需求为导向，兼顾了理论内容与实践技术内容，形成了课内理论教学和课外实践活动的良性互动。教学实践表明，这种教学模式对培养学生的创新思维和提高学生的实践能力有很好的作用。

本书由专业电子设计公司的一线设计总工程师和大学 EDA 教师联合编著，涵盖编著者对使用 Altium Designer 进行原理图设计、PCB 设计的丰富实际经验及使用技巧。本书编著者以职业岗位分析为依据，以读者学完就能用、学完就能有竞争力地上岗就业为目标，秉持"真实产品为载体""实际项目流程为导向"的教学理念，将理论与实践相结合，由浅入深，从易到难，按照电子流程化设计的思路讲解软件的各类操作命令、操作方法及实战技巧，力求给各阶段的读者带来实实在在的干货。

第 1 章　Altium Designer 24 全新功能。本章主要对 Altium Designer 24 的全新功能进行介绍，方便读者了解新功能的应用及 Altium Designer 24 与其他旧版本的区别。

第 2 章　Altium Designer 24 软件及电子设计概述。本章对 Altium Designer 24 进行基本概括，包括 Altium Designer 24 的安装、操作环境及系统参数设置，旨在教会读者搭建好设计平台并高效地配置好平台的各项参数。本章最后还概述电子设计流程，使读者从整体上熟悉电子设计，为接下来的学习打下基础。

第 3 章　工程的组成及完整工程的创建。Altium Designer 集成了相当强大的开发管理环境，能够有效地对设计的各种文件进行分类及层次管理。本章通过图文的形式介绍工程的组成及完整工程的创建，有利于读者形成系统的文件管理概念。良好的工程文件管理可以使工作效率得以提高，这是一名专业电子设计工程师应有的素质。

第 4 章　元件库开发环境及设计。本章主要讲述电子设计开头的元件库的设计，先对元件符号进行概述，然后介绍元件库编辑器，接着讲解单部件元件及多子件元件的创建方法，并通过 3 个由易到难的实例系统地演示元件库的创建过程，最后讲述元件库的自动生成和元件的复制。

第 5 章　原理图开发环境及设计。本章介绍原理图编辑界面，并通过原理图设计流程化讲解的方式，对原理图设计的过程进行详细讲述，目的是让读者可以一步一步地根据本章所讲设计出自己需要的原理图，同时也对层次原理图的设计进行讲述，最后以一个实例教程结束，让读者可以结合实际练习，理论联系实际，融会贯通。

第 6 章　PCB 库开发环境及设计。本章主要讲述 PCB 库编辑界面、标准 PCB 封装与异形

PCB 封装的创建方法、常见 PCB 封装的设计规范及要求，还介绍 3D 封装的创建方法，最后概述集成库的创建、离散、安装与移除，方便后期元件及封装的调用，让读者充分理解元件库、PCB 库及它们之间的关联性。

第 7 章　PCB 设计开发环境及快捷键。本章主要介绍 Altium Designer 的 PCB 设计工作界面、常用系统快捷键和自定义快捷键，让读者对各个面板及快捷键有一个初步的认识，为后面进行 PCB 设计及提高设计效率打下一定的基础。

第 8 章　流程化设计——PCB 前期处理。本章主要描述 PCB 设计开始的前期准备，包括原理图封装完整性检查、网表的生成、PCB 的导入、层叠的定义及添加等。只有把前期工作做好了，才能更好地把握好后面的设计，保证设计的准确性和完整性。

第 9 章　流程化设计——PCB 布局。PCB 布局的好坏直接关系到板子生产的成败，根据基本原则并掌握快速布局的方法，有利于对整个产品的质量把控。本章讲解常见 PCB 布局约束原则、PCB 布局基本思路、固定元件的放置、原理图与 PCB 的交互设置、模块化布局及布局常用操作。

第 10 章　流程化设计——PCB 布线。PCB 布线是 PCB 设计中比重最大的一部分，是学习中的重中之重。读者需要掌握设计中的各类技巧，这样可以有效地缩短设计周期，也可以提高设计的质量。

第 11 章　PCB 的 DRC 与生产输出。本章主要讲述 PCB 设计的一些后期处理，包括 DRC、丝印的摆放、PDF 文件的输出及生产文件的输出。读者应该全面掌握本章内容，并将其应用到自己的设计中。对于一些 DRC 检查选项，可以直接忽略，但是对于书中提到的一些检查选项，则应引起重视，着重检查，相信很多生产问题都可以在设计阶段规避。

第 12 章　Altium Designer 高级设计技巧及应用。除常用的基本操作外，Altium Designer 还存在各种各样的高级设计技巧等待我们挖掘，需要的时候我们可以关注它，并学会使用它，平时在工作中也要善于总结归纳，加深对软件的理解，使电子设计的效率得到提高。

第 13 章　入门实例：2 层最小系统板的设计。本章选取一个入门阶段最常见的最小系统板实例，通过这个简单 2 层板全流程实战项目的演练，让 Altium Designer 初学者能将理论和实践相结合，从而掌握电子设计的基本操作技巧及思路，全面提升其实际操作技能和学习积极性。

第 14 章　入门实例：4 层智能车主板的 PCB 设计。很多读者只会绘制 2 层板，而没有接触过 4 层板或者更多层数板的 PCB 设计，为了契合实际需要，本章介绍一个 4 层智能车主板的 PCB 设计实例，让读者对多层板设计有一个概念。本章对 4 层智能车主板的 PCB 设计进行讲解，重点突出 2 层板和 4 层板的区别。不管是 2 层板还是多层板，其原理图设计都是一样的，对此不再进行详细讲解，本章主要讲解 PCB 设计。

第 15 章　进阶实例：RK3288 平板电脑的设计。本章选取一个进阶实例，是为想进一步学习 PCB 技术的读者准备的。一样的设计流程、一样的设计方法和分析方法，让读者明白，其实高速 PCB 设计并不难，只要分析弄懂每一个电路模块的设计，不管是什么产品、什么类型的 PCB 都可以按照"套路"设计好。

本书适合电子技术人员参考，也可作为电子信息工程、自动化、电气工程及其自动化等专业本科生和研究生的教学用书。如果条件允许，还可以开设相应的实验和观摩课程，以缩小书本知识与工程应用实践的差距。书中涉及电气和电子方面的名词术语、计量单位，力求与国际计量委员会、国家市场监督管理总局颁发的文件相符。

本书由郑振宇、黄勇、龙学飞共同编著，期间得到了湖南凡亿智邦电子科技有限公司郑振凡的大力支持，在此表示衷心的感谢。

科学技术发展日新月异，编著者水平有限，加上时间仓促，书中难免存在瑕疵，敬请读者予以批评指正。

编　著　者

目　　录

第 1 章　Altium Designer 24 全新功能 ·· （1）

  1.1　全新功能概述 ·· （1）

  1.2　设计改进 ·· （2）

    1.2.1　任意角度差分对布线器 ·· （2）

    1.2.2　增强版"Layer Stack Report Setup"对话框 ·················· （3）

    1.2.3　在脱机工作区项目的项目选项中添加了常规选项卡 ·········· （3）

    1.2.4　导入/导出功能增强 ·· （4）

    1.2.5　焊盘属性面板功能增强 ·· （6）

    1.2.6　走线自动长度调整 ·· （6）

    1.2.7　TrueType 字体存储功能 ·· （6）

    1.2.8　模块入口群组移动功能 ·· （7）

  1.3　本章小结 ·· （8）

第 2 章　Altium Designer 24 软件及电子设计概述 ············· （9）

  2.1　Altium Designer 24 的系统配置要求及安装 ·········· （9）

    2.1.1　Altium Designer 24 的系统配置要求 ·················· （9）

    2.1.2　Altium Designer 24 的安装 ·················· （10）

  2.2　Altium Designer 24 的操作环境 ·················· （11）

  2.3　常用系统参数的设置 ·················· （12）

    2.3.1　中英文版本切换 ·················· （13）

    2.3.2　高亮方式及交叉选择模式设置 ·················· （13）

    2.3.3　文件关联开关 ·················· （13）

    2.3.4　软件的升级及插件的安装路径 ·················· （13）

    2.3.5　自动备份设置 ·················· （14）

  2.4　原理图系统参数的设置 ·················· （14）

    2.4.1　General 选项卡 ·················· （15）

    2.4.2　Graphical Editing 选项卡 ·················· （16）

    2.4.3　Compiler 选项卡 ·················· （17）

    2.4.4　Grids 选项卡 ·················· （17）

    2.4.5　Break Wire 选项卡 ·················· （17）

    2.4.6　Defaults 选项卡 ·················· （18）

  2.5　PCB 系统参数的设置 ·················· （18）

    2.5.1　General 选项卡 ·················· （19）

    2.5.2　Display 选项卡 ·················· （19）

    2.5.3　Board Insight Display 选项卡 ·················· （20）

    2.5.4　Board Insight Modes 选项卡 ·················· （20）

    2.5.5　Board Insight Color Overrides 选项卡 ·················· （21）

    2.5.6　DRC Violations Display 选项卡 ·················· （21）

    2.5.7　Interactive Routing 选项卡 ……………………………………………………（21）

    2.5.8　Defaults 选项卡 …………………………………………………………………（23）

    2.5.9　Layer Colors 选项卡 ……………………………………………………………（23）

  2.6　系统参数的保存与调用 ……………………………………………………………（24）

  2.7　Altium Designer 导入/导出插件的安装 …………………………………………（25）

  2.8　电子设计流程概述 …………………………………………………………………（26）

  2.9　本章小结 ……………………………………………………………………………（26）

第3章　工程的组成及完整工程的创建 ……………………………………………………（27）

  3.1　工程的组成 …………………………………………………………………………（27）

  3.2　完整工程的创建 ……………………………………………………………………（28）

    3.2.1　新建工程 …………………………………………………………………………（28）

    3.2.2　已存在工程文件的打开与路径查找 ……………………………………………（29）

    3.2.3　新建或添加元件库 ………………………………………………………………（29）

    3.2.4　新建或添加原理图 ………………………………………………………………（30）

    3.2.5　新建或添加 PCB 库 ……………………………………………………………（30）

    3.2.6　新建或添加 PCB ………………………………………………………………（31）

  3.3　本章小结 ……………………………………………………………………………（31）

第4章　元件库开发环境及设计 …………………………………………………………（32）

  4.1　元件符号概述 ………………………………………………………………………（32）

  4.2　元件库编辑器 ………………………………………………………………………（32）

    4.2.1　元件库编辑器界面 ………………………………………………………………（32）

    4.2.2　元件库编辑器工作区参数 ………………………………………………………（35）

  4.3　单部件元件的创建 …………………………………………………………………（35）

  4.4　多子件元件的创建 …………………………………………………………………（38）

  4.5　元件的检查与报告 …………………………………………………………………（39）

  4.6　元件库创建实例——电容的创建 …………………………………………………（40）

  4.7　元件库创建实例——ADC08200 的创建 …………………………………………（40）

  4.8　元件库创建实例——放大器的创建 ………………………………………………（42）

  4.9　元件库的自动生成 …………………………………………………………………（43）

  4.10　元件的复制 ………………………………………………………………………（44）

  4.11　本章小结 …………………………………………………………………………（44）

第5章　原理图开发环境及设计 …………………………………………………………（45）

  5.1　原理图编辑界面 ……………………………………………………………………（45）

  5.2　原理图设计准备 ……………………………………………………………………（46）

    5.2.1　原理图页大小的设置 ……………………………………………………………（46）

    5.2.2　原理图栅格的设置 ………………………………………………………………（47）

    5.2.3　原理图模板的应用 ………………………………………………………………（48）

  5.3　元件的放置 …………………………………………………………………………（49）

    5.3.1　放置元件 …………………………………………………………………………（49）

    5.3.2　元件属性的编辑 …………………………………………………………………（50）

    5.3.3　元件的选择、移动、旋转及镜像 ………………………………………………（51）

    5.3.4　元件的复制、剪切及粘贴 ································· （53）

    5.3.5　元件的排列与对齐 ······································· （53）

  5.4　电气连接的放置 ··· （54）

    5.4.1　绘制导线及导线属性设置 ······························· （55）

    5.4.2　放置网络标签 ··· （55）

    5.4.3　放置电源及接地 ··· （56）

    5.4.4　放置网络标识符 ··· （57）

    5.4.5　总线的放置 ··· （58）

    5.4.6　放置差分标识 ··· （60）

    5.4.7　放置 No ERC 检查点 ··································· （60）

  5.5　非电气对象的放置 ··· （61）

    5.5.1　放置辅助线 ··· （62）

    5.5.2　放置字符标注、文本框、注释及图片 ····················· （63）

  5.6　原理图的全局编辑 ··· （65）

    5.6.1　元件的重新编号 ··· （65）

    5.6.2　元件属性的更改 ··· （67）

    5.6.3　原理图的跳转与查找 ····································· （67）

  5.7　层次原理图的设计 ··· （68）

    5.7.1　层次原理图的定义及结构 ································· （68）

    5.7.2　自上而下的层次原理图设计 ······························ （69）

    5.7.3　自下而上的层次原理图设计 ······························ （71）

  5.8　原理图的编译与检查 ··· （72）

    5.8.1　原理图编译设置 ··· （72）

    5.8.2　编译与检查 ··· （73）

  5.9　BOM 表 ·· （74）

  5.10　原理图的打印输出 ·· （76）

  5.11　常用设计快捷命令汇总 ·· （78）

    5.11.1　常用鼠标命令 ·· （78）

    5.11.2　常用视图快捷命令 ······································ （78）

    5.11.3　常用排列与对齐快捷命令 ································ （78）

    5.11.4　其他常用快捷命令 ······································ （79）

  5.12　原理图设计实例——AT89C51 ································· （79）

    5.12.1　工程的创建 ·· （79）

    5.12.2　元件库的创建 ·· （79）

    5.12.3　原理图的设计 ·· （81）

  5.13　本章小结 ·· （82）

第 6 章　PCB 库开发环境及设计 ··· （83）

  6.1　PCB 封装的组成 ··· （83）

  6.2　PCB 库编辑界面 ··· （84）

  6.3　2D 标准封装创建 ·· （86）

    6.3.1　元器件向导创建法 ······································· （86）

    6.3.2　IPC 封装向导创建法 ····································· （88）

    6.3.3　手工创建法 ··· （89）

6.4　异形焊盘封装创建 ·· （91）

6.5　PCB 文件生成 PCB 库 ··· （93）

6.6　PCB 封装的复制 ··· （93）

6.7　PCB 封装的检查与报告 ··· （94）

6.8　常见 PCB 封装的设计规范及要求 ··· （95）

　　6.8.1　SMD 贴片封装设计 ·· （95）

　　6.8.2　插件类型封装设计 ·· （98）

　　6.8.3　沉板元件的特殊设计要求 ··· （98）

　　6.8.4　阻焊层设计 ··· （99）

　　6.8.5　丝印设计 ··· （99）

　　6.8.6　元件 1 脚、极性及安装方向的设计 ··· （99）

　　6.8.7　常用元件丝印图形式样 ··· （100）

6.9　3D 封装创建 ·· （101）

　　6.9.1　常规 3D 模型绘制 ··· （101）

　　6.9.2　异形 3D 模型绘制 ··· （103）

　　6.9.3　3D STEP 模型导入 ·· （105）

6.10　集成库 ··· （106）

　　6.10.1　集成库的创建 ··· （106）

　　6.10.2　集成库的离散 ··· （107）

　　6.10.3　集成库的安装与移除 ··· （108）

6.11　本章小结 ··· （108）

第 7 章　PCB 设计开发环境及快捷键 ··· （109）

7.1　PCB 设计工作界面介绍 ·· （109）

　　7.1.1　PCB 设计交互界面 ·· （109）

　　7.1.2　PCB 对象编辑窗口 ·· （109）

　　7.1.3　PCB 设计常用面板 ·· （109）

　　7.1.4　PCB 设计工具栏 ··· （110）

7.2　常用系统快捷键 ·· （111）

7.3　快捷键的自定义 ·· （112）

　　7.3.1　菜单选项设置法 ·· （113）

　　7.3.2　Ctrl+左键单击设置法 ··· （114）

7.4　本章小结 ··· （114）

第 8 章　流程化设计——PCB 前期处理 ·· （115）

8.1　原理图封装完整性检查 ·· （115）

　　8.1.1　封装的添加、删除与编辑 ·· （115）

　　8.1.2　库路径的全局指定 ··· （117）

8.2　网表及网表的生成 ·· （118）

　　8.2.1　网表 ··· （118）

　　8.2.2　Protel 网表的生成 ··· （119）

　　8.2.3　Altium 网表的生成 ·· （119）

8.3　PCB 的导入 ··· （120）

　　8.3.1　直接导入法（适用于 Altium Designer 原理图） ···································· （121）

    8.3.2　网表对比导入法（适用于 Protel、OrCAD 等第三方软件）·············（121）

  8.4　板框定义···（123）

    8.4.1　DXF 结构图的导入···（123）

    8.4.2　自定义绘制板框···（125）

  8.5　固定孔的放置···（126）

    8.5.1　开发板类型固定孔的放置···（126）

    8.5.2　导入型板框固定孔的放置···（126）

  8.6　层叠的定义及添加···（127）

    8.6.1　正片层与负片层··（127）

    8.6.2　内电层的分割实现··（128）

    8.6.3　PCB 层叠的认识··（128）

    8.6.4　层的添加及编辑··（131）

  8.7　本章小结···（132）

第 9 章　流程化设计——PCB 布局··（133）

  9.1　常见 PCB 布局约束原则···（133）

    9.1.1　元件排列原则···（133）

    9.1.2　按照信号走向布局原则···（134）

    9.1.3　防止电磁干扰···（134）

    9.1.4　抑制热干扰···（134）

    9.1.5　可调元件布局原则··（135）

  9.2　PCB 布局基本思路···（135）

  9.3　固定元件的放置···（135）

  9.4　原理图与 PCB 的交互设置··（136）

  9.5　模块化布局··（136）

  9.6　布局常用操作···（138）

    9.6.1　全局操作··（138）

    9.6.2　选择···（139）

    9.6.3　移动···（140）

    9.6.4　对齐···（141）

  9.7　本章小结···（141）

第 10 章　流程化设计——PCB 布线···（142）

  10.1　类与类的创建···（142）

    10.1.1　类的简介··（142）

    10.1.2　网络类的创建··（143）

    10.1.3　差分类的创建··（144）

  10.2　常用 PCB 规则设置···（145）

    10.2.1　规则设置界面··（146）

    10.2.2　电气规则设置··（146）

    10.2.3　布线规则设置··（151）

    10.2.4　阻焊规则设置··（153）

    10.2.5　内电层规则设置···（153）

    10.2.6　区域规则设置··（156）

10.2.7　差分规则设置 ································· （158）

10.2.8　规则的导入与导出 ··························· （161）

10.3　阻抗计算 ····································· （162）

　　10.3.1　阻抗计算的必要性 ··························· （162）

　　10.3.2　常见的阻抗模型 ···························· （162）

　　10.3.3　阻抗计算详解 ····························· （163）

　　10.3.4　阻抗计算实例 ····························· （165）

10.4　PCB 扇孔 ···································· （167）

　　10.4.1　扇孔推荐及缺陷做法 ·························· （167）

　　10.4.2　BGA 扇孔 ······························· （167）

　　10.4.3　扇孔的拉线 ······························ （169）

10.5　布线常用操作 ································· （171）

　　10.5.1　鼠线的打开与关闭 ··························· （171）

　　10.5.2　PCB 网络的管理与添加 ························ （172）

　　10.5.3　网络及网络类的颜色管理 ······················· （174）

　　10.5.4　层的管理 ······························· （175）

　　10.5.5　元素的显示与隐藏 ··························· （175）

　　10.5.6　特殊粘贴法的使用 ··························· （176）

　　10.5.7　多条走线 ······························· （177）

　　10.5.8　泪滴的作用与添加 ··························· （177）

　　10.5.9　自动布线 ······························· （178）

10.6　PCB 铺铜 ···································· （181）

　　10.6.1　局部铺铜 ······························· （181）

　　10.6.2　异形铺铜的创建 ···························· （182）

　　10.6.3　全局铺铜 ······························· （182）

　　10.6.4　多边形铺铜挖空的放置 ························ （183）

　　10.6.5　修整铺铜 ······························· （184）

10.7　蛇形走线 ····································· （184）

　　10.7.1　单端蛇形线 ······························ （184）

　　10.7.2　差分蛇形线 ······························ （186）

10.8　多种拓扑结构的等长处理 ························· （187）

　　10.8.1　点到点绕线 ······························ （187）

　　10.8.2　菊花链结构 ······························ （188）

　　10.8.3　T 形结构 ······························· （189）

　　10.8.4　T 形结构分支等长法 ························· （189）

　　10.8.5　xSignals 等长法 ··························· （190）

10.9　本章小结 ····································· （195）

第 11 章　PCB 的 DRC 与生产输出 ······················ （196）

11.1　DRC ·· （196）

　　11.1.1　DRC 设置 ······························· （196）

　　11.1.2　电气性能检查 ····························· （197）

　　11.1.3　布线检查 ······························· （198）

　　11.1.4　Stub 线头检查 ···························· （198）

11.1.5 丝印上阻焊检查 ……………………………………………………………（198）

11.1.6 元件高度检查 ………………………………………………………………（199）

11.1.7 元件间距检查 ………………………………………………………………（199）

11.2 尺寸标注 …………………………………………………………………………（200）

11.2.1 线性标注 ……………………………………………………………………（200）

11.2.2 圆弧半径标注 ………………………………………………………………（201）

11.3 距离测量 …………………………………………………………………………（202）

11.3.1 点到点距离的测量 …………………………………………………………（202）

11.3.2 边缘间距的测量 ……………………………………………………………（202）

11.4 丝印位号的调整 …………………………………………………………………（203）

11.4.1 丝印位号调整的原则及常规推荐尺寸 ……………………………………（203）

11.4.2 丝印位号的调整方法 ………………………………………………………（203）

11.4.3 精确定位丝印 ………………………………………………………………（204）

11.5 PDF 文件的输出 …………………………………………………………………（208）

11.5.1 装配图的 PDF 文件输出 ……………………………………………………（209）

11.5.2 多层线路的 PDF 文件输出 …………………………………………………（211）

11.6 生产文件的输出 …………………………………………………………………（213）

11.6.1 Gerber 文件的输出 …………………………………………………………（213）

11.6.2 钻孔文件的输出 ……………………………………………………………（215）

11.6.3 IPC 网表的输出 ……………………………………………………………（216）

11.6.4 贴片坐标文件的输出 ………………………………………………………（216）

11.7 本章小结 …………………………………………………………………………（217）

第 12 章 Altium Designer 高级设计技巧及应用 …………………………………………（218）

12.1 FPGA 管脚的调整 ………………………………………………………………（218）

12.1.1 FPGA 管脚调整的注意事项 …………………………………………………（218）

12.1.2 FPGA 管脚的调整技巧 ………………………………………………………（219）

12.2 相同模块布局布线的方法 ………………………………………………………（221）

12.3 孤铜移除的方法 …………………………………………………………………（224）

12.3.1 正片去孤铜 …………………………………………………………………（224）

12.3.2 负片去孤铜 …………………………………………………………………（224）

12.4 检查线间距时差分线间距报错的处理方法 ……………………………………（225）

12.5 如何快速挖槽 ……………………………………………………………………（226）

12.5.1 通过放置钻孔挖槽 …………………………………………………………（226）

12.5.2 通过板框层及板切割槽挖槽 ………………………………………………（227）

12.6 插件的安装方法 …………………………………………………………………（228）

12.7 PCB 中的 Logo 添加 ……………………………………………………………（229）

12.8 3D 模型的导出 ……………………………………………………………………（232）

12.8.1 3D STEP 模型的导出 …………………………………………………………（232）

12.8.2 3D PDF 的输出 ………………………………………………………………（233）

12.9 极坐标的应用 ……………………………………………………………………（234）

12.10 复用块功能 ………………………………………………………………………（236）

12.10.1 复用块功能概述 ……………………………………………………………（236）

12.10.2 复用块功能的使用 …………………………………………………………（237）

12.11　PCB 定制热风焊盘 ·· (239)

　　12.11.1　热风焊盘的设置 ··· (239)

　　12.11.2　热风焊盘的编辑 ··· (240)

12.12　剖面图查看功能 ·· (240)

12.13　Altium Designer、PADS、OrCAD 之间的原理图互转 ·············· (243)

　　12.13.1　PADS 原理图转换成 Altium Designer 原理图 ················ (243)

　　12.13.2　OrCAD 原理图转换成 Altium Designer 原理图 ··············· (245)

　　12.13.3　Altium Designer 原理图转换成 PADS 原理图 ················ (247)

　　12.13.4　Altium Designer 原理图转换成 OrCAD 原理图 ··············· (248)

　　12.13.5　OrCAD 原理图转换成 PADS 原理图 ························· (248)

　　12.13.6　PADS 原理图转换成 OrCAD 原理图 ························· (249)

12.14　Altium Designer、PADS、Allegro 之间的 PCB 互转 ·············· (249)

　　12.14.1　Allegro PCB 转换成 Altium Designer PCB ··················· (250)

　　12.14.2　PADS PCB 转换成 Altium Designer PCB ····················· (252)

　　12.14.3　Altium Designer PCB 转换成 PADS PCB ····················· (253)

　　12.14.4　Altium Designer PCB 转换成 Allegro PCB ··················· (254)

　　12.14.5　Allegro PCB 转换成 PADS PCB ···························· (255)

12.15　Gerber 文件转换成 PCB ·· (255)

　　12.15.1　方法 1 ··· (255)

　　12.15.2　方法 2 ··· (258)

12.16　本章小结 ·· (259)

第 13 章　入门实例：2 层最小系统板的设计 ································· (260)

13.1　设计流程分析 ··· (260)

13.2　工程的创建 ··· (261)

13.3　元件库的创建 ··· (261)

　　13.3.1　STM8S103F3 主控芯片的创建 ······························· (261)

　　13.3.2　LED 的创建 ·· (262)

13.4　原理图设计 ··· (263)

　　13.4.1　元件的放置 ·· (263)

　　13.4.2　元件的复制和放置 ·· (264)

　　13.4.3　电气连接的放置 ·· (264)

　　13.4.4　非电气性能标注的放置 ·· (264)

　　13.4.5　元件位号的重新编号 ·· (265)

　　13.4.6　原理图的编译与检查 ·· (265)

13.5　PCB 封装的制作 ·· (266)

　　13.5.1　TSSOP20 PCB 封装的创建 ····································· (266)

　　13.5.2　TSSOP20 3D 封装的放置 ······································· (267)

13.6　PCB 设计 ·· (268)

　　13.6.1　封装匹配的检查 ·· (268)

　　13.6.2　PCB 的导入 ·· (269)

　　13.6.3　板框的绘制 ·· (270)

　　13.6.4　PCB 布局 ·· (270)

　　13.6.5　类的创建及 PCB 规则设置 ······································ (272)

13.6.6 PCB 扇孔及布线 ·· (274)

13.6.7 走线与铺铜优化 ·· (275)

13.7 DRC ·· (276)

13.8 生产输出 ·· (277)

13.8.1 丝印位号的调整和装配图的 PDF 文件输出 ···································· (277)

13.8.2 Gerber 文件的输出 ··· (278)

13.8.3 钻孔文件的输出 ·· (280)

13.8.4 IPC 网表的输出 ·· (280)

13.8.5 贴片坐标文件的输出 ·· (280)

13.9 本章小结 ·· (281)

第 14 章 入门实例：4 层智能车主板的 PCB 设计 ································· (282)

14.1 实例简介 ·· (282)

14.2 原理图的编译与检查 ··· (282)

14.2.1 工程的创建 ·· (282)

14.2.2 原理图编译设置 ·· (283)

14.2.3 编译与检查 ·· (283)

14.3 封装匹配的检查及 PCB 的导入 ·· (284)

14.3.1 封装匹配的检查 ·· (284)

14.3.2 PCB 的导入 ·· (285)

14.4 PCB 推荐参数设置、层叠设置及板框的绘制 ·· (286)

14.4.1 PCB 推荐参数设置 ·· (286)

14.4.2 PCB 层叠设置 ·· (287)

14.4.3 板框的绘制及定位孔的放置 ··· (288)

14.5 交互式布局及模块化布局 ··· (288)

14.5.1 交互式布局 ·· (288)

14.5.2 模块化布局 ·· (288)

14.5.3 布局原则 ·· (289)

14.6 类的创建及 PCB 规则设置 ·· (290)

14.6.1 类的创建及颜色设置 ··· (290)

14.6.2 PCB 规则设置 ·· (290)

14.7 PCB 扇孔 ··· (293)

14.8 PCB 的布线操作 ·· (294)

14.9 PCB 设计后期处理 ··· (294)

14.9.1 3W 原则 ·· (295)

14.9.2 修减环路面积 ·· (295)

14.9.3 孤铜及尖岬铜皮的修整 ·· (295)

14.9.4 回流地过孔的放置 ·· (296)

14.10 本章小结 ·· (296)

第 15 章 进阶实例：RK3288 平板电脑的设计 ······································ (297)

15.1 实例简介 ·· (297)

15.1.1 MID 功能框图 ·· (297)

15.1.2 MID 功能规格 ·· (298)

15.2　结构设计 ·· （299）

15.3　层叠结构及阻抗控制 ·· （299）

　　15.3.1　层叠结构的选择 ·· （299）

　　15.3.2　阻抗控制 ·· （300）

15.4　设计要求 ·· （301）

　　15.4.1　走线线宽及过孔 ·· （301）

　　15.4.2　3W 原则 ··· （301）

　　15.4.3　20H 原则 ··· （301）

　　15.4.4　元件布局的规划 ·· （302）

　　15.4.5　屏蔽罩的规划 ·· （302）

　　15.4.6　铺铜完整性 ·· （303）

　　15.4.7　散热处理 ·· （303）

　　15.4.8　后期处理要求 ·· （303）

15.5　模块化设计 ··· （303）

　　15.5.1　CPU 的设计 ·· （303）

　　15.5.2　PMU 模块的设计 ··· （305）

　　15.5.3　存储器 LPDDR2 的设计 ···································· （309）

　　15.5.4　存储器 NAND Flash/EMMC 的设计 ······················ （311）

　　15.5.5　CIF Camera/MIPI Camera 的设计 ························· （312）

　　15.5.6　TF/SD Card 的设计 ··· （313）

　　15.5.7　USB OTG 的设计 ··· （313）

　　15.5.8　G-sensor/Gyroscope 的设计 ······························· （314）

　　15.5.9　Audio/MIC/Earphone/Speaker 的设计 ···················· （315）

　　15.5.10　WIFI/BT 的设计 ··· （317）

15.6　MID 的设计要点检查 ·· （319）

　　15.6.1　结构设计部分的设计要点检查 ····························· （319）

　　15.6.2　硬件设计部分的设计要点检查 ····························· （320）

　　15.6.3　EMC 设计部分的设计要点检查 ··························· （320）

15.7　本章小结 ·· （321）

第 1 章

Altium Designer 24 全新功能

随着电子技术的不断革新和芯片生产工艺的不断提高，印制电路板（PCB）的结构变得越来越复杂，从最早的单面板到常用的双面板再到复杂的多层板，电路板上的布线密度越来越高，同时随着 DSP、ARM、FPGA、DDR 等高速逻辑元件的应用，PCB 的信号完整性和抗干扰性能显得尤为重要。依靠软件本身自动布局布线无法满足对板卡的各项要求，需要电子设计工程师具备更高的专业技术水平，同时因为电子产品的更新换代越来越快，需要工程师们来深挖软件的各种功能技巧，提高设计的效率。

电子产品设计不仅是电子设计工程师的工作内容，更能体现其设计激情。然而，如果电子设计工程师的大部分工作时间都在做一些琐碎的工作，那么这些工作会扼杀其创造力，并脱离实际设计。Altium Designer 运用创新技术来帮助电子设计工程师脱离这些琐碎工作，更多关注设计本身。在工作中有更多时间专注于创作，就会有更多的设计灵感，重新找回设计激情。

Altium（前身为 Protel 国际有限公司）由 Nick Martin 于 1985 年始创于澳大利亚，致力于开发基于 PC 的软件，为印制电路板提供辅助设计。

Altium Designer 是目前 EDA 行业中使用最方便、操作最快捷、人性化界面最好的辅助工具。电子信息类专业的大学生在大学期间基本上都学过 Protel 99SE，所以学习资源也最广，公司使用 Protel 的新人会很快上手。在中国，有 73%的电子设计工程师和 80%的电子信息类专业在校学生正在使用 Altium 所提供的解决方案。

Altium Designer 通过把原理图设计、电路仿真、PCB 绘制编辑、拓扑逻辑自动布线、信号完整性分析和设计输出等技术完美融合，使越来越多的用户选择使用 Altium Designer 来进行复杂的大型电路板设计。因此，对电子行业从业者来说，熟悉并快速掌握该软件来进行电子设计至关重要。

应市场需求，Altium Designer 不断推陈出新，以满足不断更新电子产品设计提出的挑战，最早从 Protel 开始，到 DXP，再到 Altium Designer 16，再到目前的 Altium Designer 24，总体来说 Altium Designer 成长很快，并且越来越好了。那么 Altium Designer 24 相对于其他旧版本又有什么全新的功能呢？我们通过本章的介绍让读者快速做出对比，对自己安装的版本做出选择。

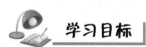 学习目标

➢ 了解 Altium Designer 24 的全新功能

1.1 全新功能概述

Altium Designer 24 进行了功能升级，显著地提高了用户体验和效率，利用时尚界面使设计流程流线化，同时实现了前所未有的性能优化。Altium Designer 24 使用 64 位体系结构和多线程的结合实现了在 PCB 设计中更好的稳定性、更快的速度和更强的功能。Altium Designer 24 的升级主要体

现在如下几个方面。

（1）任意角度差分对布线器。

（2）增强版"Layer Stack Report Setup"对话框。

（3）在脱机工作区项目的项目选项中添加了常规选项卡。

（4）导入/导出功能增强。

（5）焊盘属性面板功能增强。

（6）走线自动长度调整。

（7）TrueType 字体存储功能。

（8）模块入口群组移动功能。

1.2   设计改进

1.2.1   任意角度差分对布线器

Altium Designer 24 更新了对任意角度差分对布线的强大支持。当使用"交互式差分对布线"（执行菜单命令"布线-交互式差分对布线"）工具进行差分对布线时，可以在"Properties"（属性）面板中以"Differential Pair Routing"（差分对布线）模式配置布线属性。在此模式下，可以选择"Any Angle"（任意角度）转角样式 ，如图 1-1 所示。

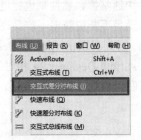

图 1-1   "交互式差分对布线"工具及对应的"Properties"面板

这一创新的任意角度差分对布线器支持对称焊盘入口和间距变化，为设计者提供了更大的灵活性和控制力。

（1）支持对称焊盘入口：无论从哪个方向开始布线，该工具都能确保对称的焊盘入口，使布线更为准确和一致。

（2）支持间距变化：在布线过程中，可以按快捷键"Shift+6"根据需要轻松调整差分对对内的间距，确保满足各种设计要求。

（3）始终保持网络顺序：当从天线开始进行差分对布线时，该工具将始终保持从左到右的网络顺序。

（4）支持捕捉至原始方向：无论如何改变方向或路径，该工具都能确保捕捉至原始方向，使整个差分对保持一致性。

（5）可使用切线圆弧进行布线：当选择"Any Angle"（任意角度）转角样式进行差分对布线时，按住"Shift"键即可使用切线圆弧进行布线，使转角更为平滑和自然，如图1-2所示。

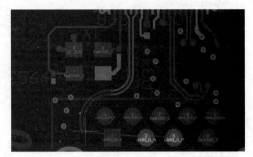

图1-2　切线圆弧布线

通过这一版的任意角度差分对布线器，设计者将能够更加高效、准确地完成差分对布线工作，进一步提升其PCB设计的品质和性能。

1.2.2　增强版"Layer Stack Report Setup"对话框

在Altium Designer 24中，"Layer Stack Report Setup"对话框功能已得到全面增强。与旧版本相比，新的"Layer Stack Report Setup"对话框能够显示Layer Stack中存在的所有列，而不仅仅是预设的列，如图1-3中左图所示。该对话框的增强版允许根据个人需求定制Layer Stack Report中显示的列。执行菜单命令"文件-制造输出-Report Board Stack"，"Board Stack Report"输出效果如图1-3中右图所示。

Board Stack Report						
	Stack Up		Layer Stack			
Layer	Rigid	Flex	Name	Material	Thickness	Constant
1			Top Overlay		0mil	
2			Top Solder	Solder Resist	0.394mil	3.5
3			Top Layer		1.417mil	
4			Dielectric 1	FR-4	12.598mil	4.8
5			Mid-Layer 1		1.417mil	
6			Dielectric 2	FR-4	12.598mil	4.8
7			Mid-Layer 2		1.417mil	
8			Dielectric 3	Polyamide	0.492mil	4.8
9			Bottom Layer		1.417mil	
10			Bottom Solder	Solder Resist	0.394mil	3.5
11			Bottom Overlay		0mil	
	Height : 32.146mil	Height : 3.327mil				

图1-3　"Layer Stack Report Setup"对话框和"Board Stack Report"输出效果

1.2.3　在脱机工作区项目的项目选项中添加了常规选项卡

在Altium Designer 24中，执行菜单命令"项目-Project Options"，在弹出的对话框中单击"General"（常规）选项卡，如图1-4所示。当与工作区断开连接时，可使用这一功能来处理项目。该选项卡中唯一可访问的控件是"关闭同步"按钮。单击该按钮可关闭同步功能，这样可以避免将本地副本与工作区中的副本连接，工作区中的项目保持不变。

图 1-4 "General"（常规）选项卡

1.2.4 导入/导出功能增强

Altium Designer 24 主要针对 xDX Designer 的导入功能进行了优化和改进，以提高导入质量和效率。以下是详细的改进说明。

1. 增加了仅导入符号功能

Altium Designer 24 增加了仅导入符号功能。在"Mentor xDxDesigner Import Wizard"的"Reporting Options"页面中，有一个新的"Import symbols only"选项，如图 1-5 所示。启用此选项后，即使原始元件库中有多个元件使用相同的符号，元件库数据库中的相同符号也将作为单个原理图符号导入，并且参数不会导入 Altium Designer 24 中的符号内。

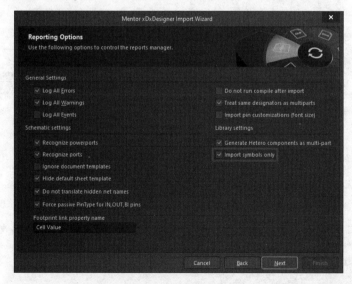

图 1-5 "Mentor xDxDesigner Import Wizard"的"Reporting Options"页面

此外，启用此选项后，向导的下一页将建议通过启用"Generate Pin Mapping and Component Models/Parameters Combined CSV"选项，如图 1-6 所示，以 CSV 格式生成部件符号和管脚（管脚也称引脚，本书中统一用"管脚"）映射数据。启用此选项后，即可使用可用字段对 Oracle DB 连接参数和参数映射文件进行定义。

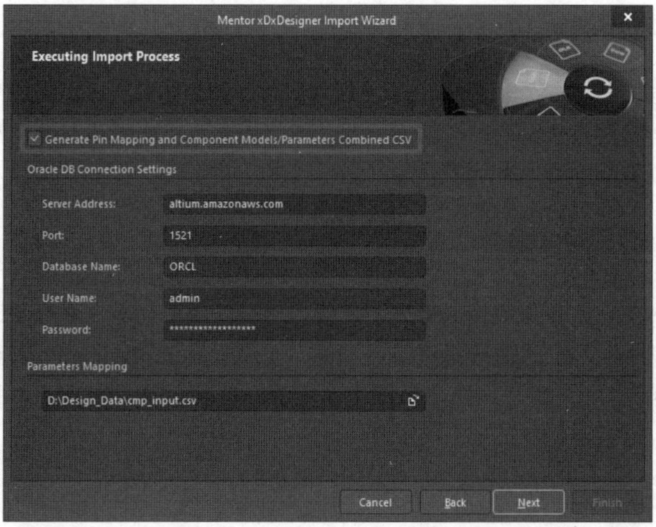

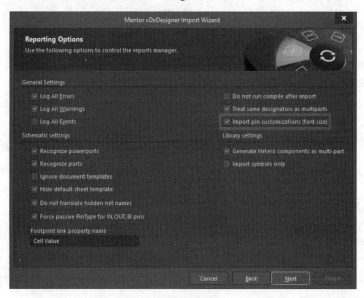

图 1-6 "Generate Pin Mapping and Component Models/Parameters Combined CSV"选项

2. 多部件符号导入改进

在将设计导入 Altium Designer 24 时，多部件符号现在会收到一个 Design Item ID，以及在 xDX Designer 中定义的第一个和最后一个部件名称。这种组合型 Design Item ID 也可用在生成的 CSV 文件中。另外，将符号中部件导入 Altium Designer 24 的顺序与原始元件库中定义的顺序保持一致。

3. 其他符号导入改进

Altium Designer 24 还包含其他符号导入改进。

（1）可以导入符号中的静态文本字符串。

（2）在 xDX Designer 中用于否定的 "~" 符号现在被转换为管脚名称中的 "\" 符号，以确保在 Altium Designer 24 中正确表示否定符号。

（3）在"Mentor xDxDesigner Import Wizard"的"Reporting Options"页面中，现在包括一个"Import pin customizations（font size）"选项，如图 1-7 所示。启用此选项后，管脚位号标识符和名称将以与 xDX Designer 中相同的字体大小导入 Altium Designer 24。

图 1-7 "Import pin customizations（font size）"选项

1.2.5 焊盘属性面板功能增强

在 Altium Designer 24 中，Pad Properties（焊盘属性）面板中的"Pad Stack"区域经过增强，实现了更好的可用性。选择某个部分时，该部分的名称将以蓝色突出显示，并且整个部分的显示色度将与背景形成鲜明对比，如图 1-8 所示。

1.2.6 走线自动长度调整

Altium Designer 24 为 PCB 编辑器带来了走线自动长度调整功能。选择要调整的走线，执行菜单命令"布线-自动长度调整"（快捷键"Ctrl+Alt+T"），在"Auto Tuning Process"（自动调整过程）对话框中根据需要配置模式及其属性，如图 1-9 所示。自动长度调整前后如图 1-10 所示。

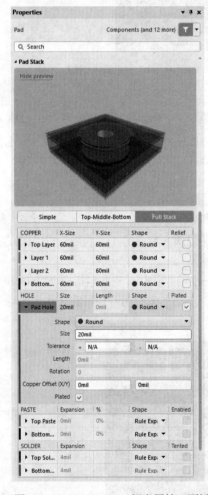

图 1-8　Pad Properties（焊盘属性）面板

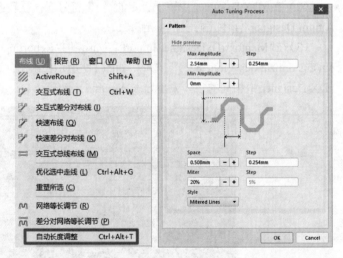

图 1-9　自动长度调整

1.2.7 TrueType 字体存储功能

Altium Designer 24 增加了在 PCB 文件中自动存储使用 TrueType 字体的文本对象几何图形的功能。当 PCB 文件中的对象（文本字符串/框架、尺寸、钻孔表和/或层堆栈表）使用 TrueType 字体时，如果 PCB 文件在另一台计算机上打开，那么即使未安装该 TrueType 字体，这些对象也将以相同的字体几何图形显示。

当选择使用缺失字体的对象时，"Properties"面板顶部将出现一条警告消息，如图 1-11 所示。当影响文本的对象属性（如文本高度或文本本身）被更改时，"Missing fonts"对话框将打开，可以从中选择替换字体，如图 1-12 所示。

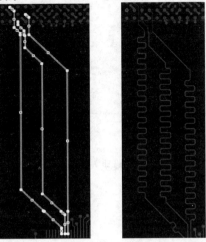

图 1-10　自动长度调整前（左）与自动长度调整后（右）

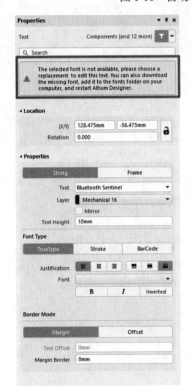

图 1-11　"Properties"面板顶部的警告消息　　　　　图 1-12　"Missing fonts"对话框

1.2.8　模块入口群组移动功能

Altium Designer 24 增加了在多板原理图文件（*.MbsDoc）中移动一组选定模块入口的功能。这项新功能免除了单独移动每个模块入口的麻烦，加快了编辑过程。先在设计空间中选择多个模块入口，然后按住鼠标左键将该群组拖动到所需位置，这时每个入口处将出现一个红点，松开鼠标左键即可将整个群组放置在当前位置，如图 1-13 所示。

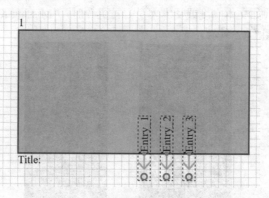

图 1-13　模块入口群组移动

1.3　本章小结

本章详细介绍了一些 Altium Designer 24 的全新功能。

第 2 章

Altium Designer 24 软件及电子设计概述

工欲善其事，必先利其器。本章将对 Altium Designer 24 进行基本概括，包括 Altium Designer 24 的安装、操作环境及系统参数设置，并对电子设计流程进行概述，让读者在对软件本身了解的基础上再进一步进行学习。

 学习目标

➢ 掌握 Altium Designer 24 的安装
➢ 熟悉 Altium Designer 24 的操作环境
➢ 掌握系统参数设置及导入/导出插件的安装
➢ 熟悉电子设计流程

2.1 Altium Designer 24 的系统配置要求及安装

2.1.1 Altium Designer 24 的系统配置要求

Altium 公司推荐的系统配置要求如下。

（1）Windows 11（仅限 64 位）或 Windows 10（仅限 64 位）英特尔®酷睿 ™i7 处理器或等同产品，尽管不推荐使用但是仍支持 Windows 7 SP1（仅限 64 位）和 Windows 8（仅限 64 位）。

（2）16GB 随机存储内存。

（3）10GB 硬盘空间（安装+用户文件）。

（4）固态硬盘。

（5）高性能显卡（支持 DirectX 10 或以上版本），如 GeForce GTX 1060、Radeon RX 470。

（6）分辨率为 2560×1440 像素（或更高）的双显示器。

（7）用于 3D PCB 设计的 3D 鼠标，如 Space Navigator。

（8）Adobe® Reader®（用于 3D PDF 查看的 XI 或以上版本）。

最低系统配置要求如下。

（1）Windows 8（仅限 64 位）或 Windows 10（仅限 64 位）英特尔®酷睿™i5 处理器或等同产品，尽管不推荐使用但是仍支持 Windows 7 SP1（仅限 64 位）。

（2）4GB 随机存储内存。

（3）10GB 硬盘空间（安装+用户文件）。

（4）显卡（支持 DirectX 10 或以上版本），如 GeForce 200 系列、Radeon HD 5000 系列、Intel HD Graphics 4600。

（5）最低分辨率为1680×1050像素（宽屏）或1600×1200像素（4∶3）的显示器。

（6）Adobe® Reader®（用于3D PDF查看的XI或以上版本）。

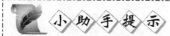 小助手提示

　　安装之前需要有Altium Designer 24的安装包，可以前往Altium官网进行下载，或者联系作者获取。

2.1.2　Altium Designer 24的安装

　　Altium Designer 24的安装步骤与之前版本的基本一致，不同的是，安装程序包在安装的时候提供了更丰富的安装选项，读者根据自己的需求可以选择性地安装。

（1）下载Altium Designer 24的安装包，打开安装包目录，双击"Installer.Exe"安装应用程序图标，安装程序启动，稍后出现如图2-1所示的Altium Designer 24安装向导对话框。

（2）单击该安装向导对话框中的"Next"按钮，显示如图2-2所示的"License Agreement"注册协议对话框。勾选接受协议，安装语言可以选择英文、中文及日文等。

图2-1　Altium Designer 24安装向导对话框　　　　图2-2　注册协议对话框

（3）单击注册协议对话框中的"Next"按钮，显示如图2-3所示的安装功能选择对话框，选择需要安装的功能。一般选择安装"PCB Design""Platform Extensions""Importers\Exporters"3项即可。

（4）单击安装功能选择对话框中的"Next"按钮，显示如图2-4所示的选择安装路径对话框，选择安装路径和共享文件路径。推荐使用默认设置的路径。

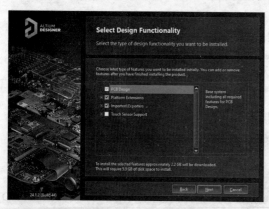　　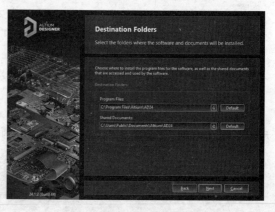

图2-3　安装功能选择对话框　　　　　　图2-4　选择安装路径对话框

（5）确认安装信息无误后，单击选择安装路径对话框中的"Next"按钮，安装开始，等待 5～10 分钟（如图 2-5 中左图所示），安装即可完成。有些用户电脑应配置要求，会自动安装"Microsoft NET4.6.1"插件。安装之后会出现如图 2-5 中右图所示的安装完成界面，表示安装成功。

图 2-5　安装过程及安装完成界面

2.2　Altium Designer 24 的操作环境

相对于 Altium Designer 之前的版本，24 版本给用户提供了一个更加人性化、更加集成化的操作界面环境，如图 2-6 所示，主要包含菜单栏、工具栏、面板控制区、用户工作区等，其中工具栏、菜单栏的项目显示会跟随用户操作环境的变化而变化，极大地方便了设计者。

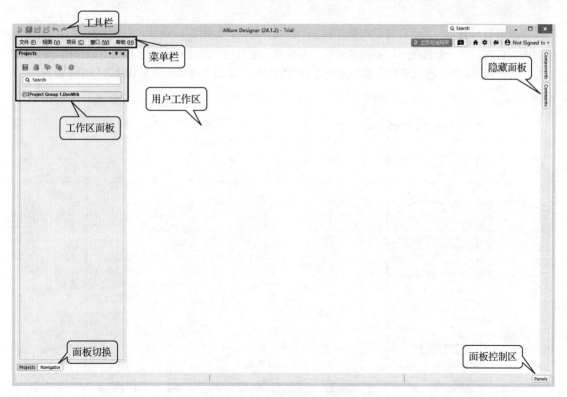

图 2-6　Altium Designer 24 的操作环境

当用户打开 Altium Designer 24 时，一般会默认显示两个或 3 个常用的面板，其他面板都处于隐藏状态，我们可以通过面板控制区 "Panels" 菜单进行面板调用，需要用到哪个面板，就直接勾选哪个即可，常用面板如图 2-7 所示。

面板是可以活动的，可以自定义位置。如果需要移动某个面板，可以在面板的名称上按住鼠标左键，拖动到屏幕的中央位置，会出现如图 2-8 所示的吸附引导，拖动状态下鼠标指针放置在吸附引导上面，即可快速完成放置。

同时，有时候为了固定面板的位置方便点选操作，一般可以把面板进行锁定，如图 2-9 所示，这个时候可以单击面板右上角的锁定按钮，进行锁定。

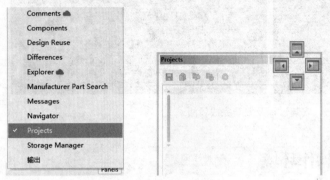

图 2-7　常用面板　　　　　　图 2-8　面板的吸附引导　　　　　　图 2-9　面板的锁定

2.3　常用系统参数的设置

系统参数设置窗口用于设置系统整体和各个模块的参数，如图 2-10 所示，左侧罗列出了系统需要参数的设置项目。一般情况下，不需要对整个系统默认参数进行改动设置，只需要对软件的一些常用参数进行设置，以达到使软件快速高效地配置资源的目的，从而更高效地使用软件进行电子设计。

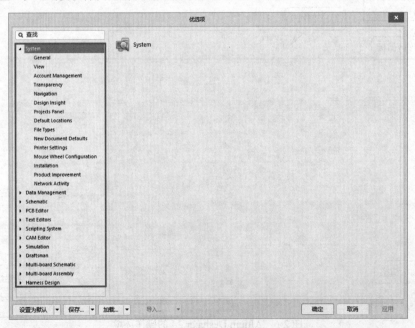

图 2-10　系统参数设置窗口

2.3.1　中英文版本切换

在右上角执行图标命令 ✿，进入系统参数设置窗口，在"System-General"选项卡中找到"Localization"选项，如图 2-11 所示，勾选本地化设置。勾选设置之后，重启软件即可切换到中文版本，用同样方法再做一次可切换回英文版本。但是因为 Altium 公司官方目前还没有把软件完全翻译过来，所以所谓的中文版目前还只是中英文混合的版本，不过已经可以满足绝大多数人的学习及使用要求。

图 2-11　本地化语言资源设置

2.3.2　高亮方式及交叉选择模式设置

在操作的过程中对对象进行选择时，可以对选择对象进行高亮、放大，这可以有效地协助定位选择对象。在右上角执行图标命令 ✿，进入系统参数设置窗口，在"System-Navigation"选项卡中找到"高亮方式"选项，如图 2-12 所示，勾选需要的高亮方式。一般建议勾选"缩放"和"变暗"两个选项。同时选择匹配选择对象的属性，一般包含"Pin 脚""端口""网络标签"。

交叉选择模式给出了在原理图和 PCB 编辑器之间选择对象的能力，在此模式下，当在一个编辑器中选择对象时，另外一个编辑器中与之关联的对象也会被选择，可以简化对对象的选取定位操作。这里推荐如图 2-13 所示设置交叉选择模式及适配对象，其他的不需要勾选。

图 2-12　高亮方式设置

图 2-13　交叉选择模式设置

2.3.3　文件关联开关

很多初学者有可能误操作，造成文件无法双击关联 Altium Designer 来打开文件，这个时候需要用到 Altium Designer 自带的文件关联选项操作。同样在系统参数设置窗口中找到"System- File Types"选项卡，如图 2-14 所示，选择需要关联的单独或组选项。

2.3.4　软件的升级及插件的安装路径

Altium Designer 为了不断优化和深化，给用户提供了升级窗口，可以在软件的后台对软件进行升级操作，或者在需要安装一些插件时可以通过软件本身升级获取，或者指定离线安装包进行安装，如图 2-15 所示。

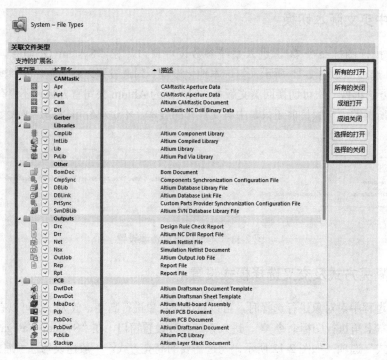

图 2-14　文件关联选项的选择

2.3.5　自动备份设置

Altium Designer 提供用户自定义保存选项，谨防在设计时软件崩溃造成设计文件损坏丢失，可以设置系统每隔一段时间自动备份，一般设置为 30 分钟，如图 2-16 所示。不建议设置的时间过短，也不建议设置的时间过长。时间过短，在设计的时候系统频繁自动保存容易造成卡顿打乱设计者思路；时间过长，万一文件损坏，造成设计者重复工作量大。所以，在此也建议读者一定注意时常按快捷键"Ctrl+S"手工保存，配合系统的自动备份功能，有效顺畅地完成设计工作。

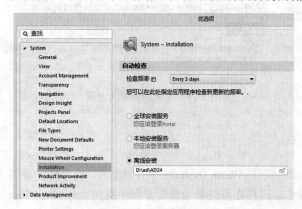

图 2-15　软件的升级及插件的安装路径

图 2-16　自动备份设置

2.4　原理图系统参数的设置

原理图系统参数的设置主要是针对原理图绘制的一个设置，在开启设计之前通常会对原理图的一些默认参数按照经验进行一定的修改设置。为使设计效率更高，此节中没有提到的参数一般采取默认设置即可，提及的参数建议参照设置。

2.4.1 General 选项卡

General 选项卡包含 Altium Designer 原理图的一些常规设置。在系统参数设置窗口中找到"Schematic-General"选项卡，出现如图 2-17 所示的界面。为了使读者充分了解常见设置的作用，在此对常见设置进行说明。

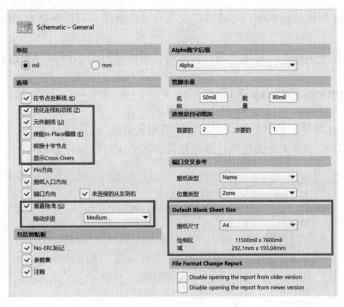

图 2-17　General 选项卡的设置

（1）优化走线和总线：这个选项主要针对画线，对于重复绘制的电气导线会进行移除。

（2）元件割线：开启此项设置之后，如图 2-18 所示，当移动元件到导线中央时，导线会自动从中间断开，把元件嵌入到中间。

（3）使能 In-Place 编辑（使能放置编辑）：开启此项设置之后，如图 2-19 所示，可以对绘制区域内的文字直接进行编辑，不需要进入属性编辑框之后再进行编辑，非常方便。

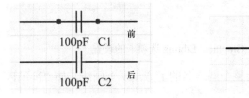

图 2-18　元件割线　　　　　　　图 2-19　使能 In-Place 编辑

（4）转换十字节点：开启此项设置之后，在两条导线进行交叉连接时会显示电气节点；反之，不会形成节点，外观上为十字交叉，如图 2-20 所示。一般推荐此项不勾选。

（5）显示 Cross-Overs（显示交叉弧）：开启此项设置之后，两条没有电气性能的导线交叉时，会以圆弧形方式显示，如图 2-21 所示。一般推荐此项不勾选。

（6）垂直拖曳：拖曳不同于移动，拖曳时电气连线和元件一起动，不会破坏以前的电气连接。执行菜单命令"编辑-移动-拖曳"可以实现元件拖曳。

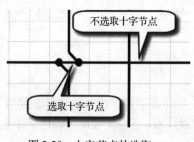
图 2-20　十字节点的选取

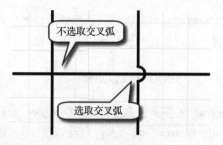
图 2-21　交叉弧的选取

Altium Designer 提供选择常用尺寸或者自定义尺寸的选项，可以根据自己的偏好设置默认的纸张大小。

此选项卡按照以上说明进行设置之后，其他可以直接按照图 2-17 所示采取默认设置即可。

2.4.2　Graphical Editing 选项卡

Graphical Editing 选项卡包含原理图图形设计的相关信息。如图 2-22 所示，进入 Graphical Editing 选项卡的设置界面，对以下 4 个选项进行推荐设置，其他采取默认设置即可。

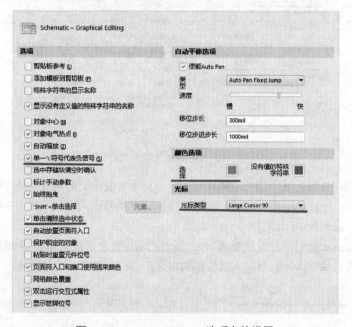
图 2-22　Graphical Editing 选项卡的设置

（1）单一"\"符号代表负信号：使整个网络名的上方出现上画线，如"N\E\T\"表示的信号为" $\overline{\text{NET}}$ "。

（2）单击清除选中状态：单击空白处退出选中状态，有利于在多选环境下退出选中状态。

（3）颜色选项：选中状态的颜色显示，选中元件或文字等时，会显示一个设定颜色的虚线框，以区别选中和非选中状态，如图 2-23 所示。

（4）光标：鼠标显示状态，系统提供 4 种光标类型，即"Large Cursor 90"（全屏 90°十字光标）、"Small Cursor 90"（小型 90°十字光标）、"Small Cursor 45"（小型 45°斜线光标）及"Tiny Cursor 45"（极小的 45°斜线光标）。在此一般建议设置为"Large Cursor 90"。

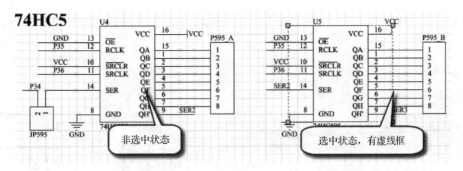

图 2-23　选中和非选中状态

2.4.3　Compiler 选项卡

Compiler 选项卡包含对原理图进行编译提示颜色设置及节点样式设置，如图 2-24 所示。

（1）错误和警告：颜色分为 3 个类别，即"Fatal Error"（严重错误）、"Error"（错误）及"Warning"（警告），一般默认分别设置为红色、浅红色及黄色，对比度高的颜色比较显眼，方便查找定位。

（2）自动节点：此处设置布线时系统自动生成节点（简称自动节点）的样式，其中有线路节点"显示在线上"和总线上的节点"显示在总线上"，可以分别设置大小和颜色。对于编译错误提示一般设置为红色，对于自动连线节点或者总线节点一般设置为深红色。

　　系统自动生成节点和手工添加节点有一定的区别，如图 2-25 所示，手工添加节点的中心带有小的红色 "+"。

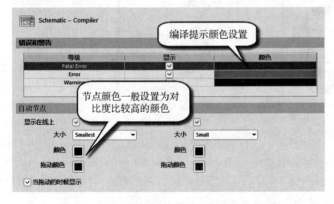

图 2-24　编译提示颜色设置及节点样式设置

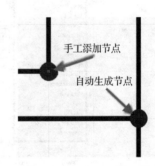

图 2-25　系统自动生成节点和手工添加节点

2.4.4　Grids 选项卡

Altium Designer 提供两种栅格（也称网格）显示方式，即"Dot Grid"和"Line Grid"，并可以对显示的颜色进行设置，一般推荐设置为"Line Grid"，颜色为系统默认的灰色，同时可以对捕捉栅格、捕捉距离与可见栅格（也称可视栅格）的大小进行设置，如图 2-26 所示。

2.4.5　Break Wire 选项卡

有时候需要对连接的导线进行断开操作，可以利用 Altium Designer 自带的切割导线功能，对于切割的显示和长度可以在 Break Wire 选项卡中进行设置，如图 2-27 所示，切割长度一般设置为线宽的 5 倍。

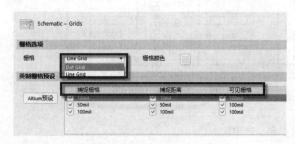

图 2-26　Grids 选项卡的设置

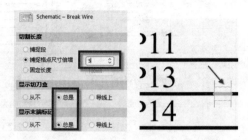

图 2-27　Break Wire 选项卡的设置

2.4.6　Defaults 选项卡

此选项卡的设置目的在于对常用的元素（如画线宽度、管脚长度等）可以先设置自己偏好的参数，而不用在设计的时候再浪费时间一个个去设置。对于自定义的这些参数也可以单独保存，方便下次进行调用。当然，如果调得比较乱，也可以直接复位到系统安装状态。如图 2-28 所示，展示了自定义元素列表、单位设置和参数设置。

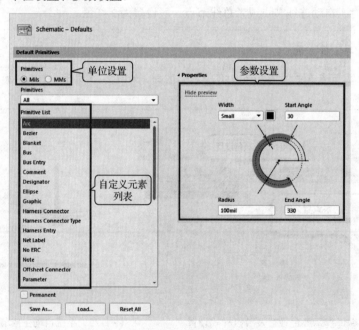

图 2-28　Defaults 选项卡的设置

2.5　PCB 系统参数的设置

对 PCB 系统参数进行设置，有利于高效地执行各项命令，加快设计进程。PCB 系统参数的设置包含对布线、扇孔、铺铜等重要的操作命令的设置。本节所推荐的设置选项为作者多年来进行 PCB 设计总结的比较高效的配置，有一定的参考价值。

2.5.1 General 选项卡

在系统参数设置窗口中找到"PCB Editor-General"选项卡，出现如图 2-29 所示的界面，并按照推荐进行设置。

1. 编辑选项

推荐勾选以下选项设置。

（1）在线 DRC（Design Rule Check，设计规则检查）。

（2）捕捉到中心点。

（3）智能元件捕捉。

（4）单击清除选项。

（5）智能 TrackEnds。

2. 其他

推荐进行以下设置。

（1）旋转步进：旋转角度，可以输入任意角度值，实现任意角度的旋转，常见为 30°、45°、90°。

（2）光标类型：鼠标显示状态，推荐选择"Large 90"，方便布局布线对齐操作。

3. 铺铜重建

铺铜修改后自动重铺：修改铜皮之后自动铺铜，一般来说这种设置模式会造成设计

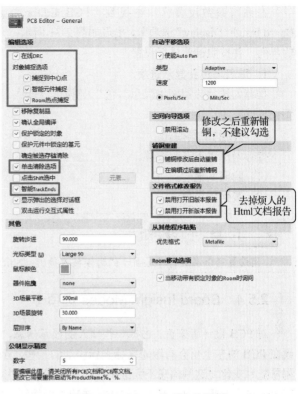

图 2-29　General 选项卡的设置

比较卡顿，建议这里不勾选，在设计时自定义一个快捷键来进行重新铺铜操作。

4. 文件格式修改报告

禁用打开旧版本报告、禁用打开新版本报告：这两者的勾选使能，可以去掉烦人的 Html 文档报告。

2.5.2 Display 选项卡

在系统参数设置窗口中找到"PCB Editor-Display"选项卡，出现如图 2-30 所示的界面。为了有更好的显示效果，推荐按照图 2-30 所示进行设置。

图 2-30　Display 选项卡的设置

2.5.3　Board Insight Display 选项卡

在系统参数设置窗口中找到"PCB Editor-Board Insight Display"选项卡，出现如图 2-31 所示的界面，并按照推荐进行设置。

1．焊盘与过孔显示选项

推荐勾选"应用智能显示颜色"（使用自适应颜色设置）。

2．可用的单层模式

推荐勾选以下选项设置。

（1）隐藏其他层。

（2）其他层单色。

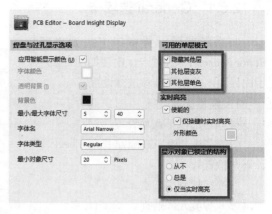

图 2-31　Board Insight Display 选项卡的设置

此设置可以在进行单层显示的时候按快捷键"Shift+S"进行切换，以有利于布线和查看线路层。

2.5.4　Board Insight Modes 选项卡

对 PCB 设计者来说，去掉一些烦人的显示信息，可以有效地提高设计的可视性。一般默认的时候在 PCB 的左上角会有跟随鼠标光标移动的一些显示信息，但是因为考虑到鼠标光标的移动性数值测量随时变化，这些信息不太准确，所以可以把这些信息去掉。在如图 2-32 所示的 Board Insight Modes 选项卡界面中，将矩形框中的选项去掉使能，完成设置。

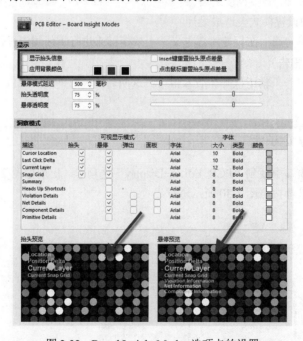

图 2-32　Board Insight Modes 选项卡的设置

如果这里没有进行设置，在 PCB 设计时可以按快捷键"Shift+H"进行关闭。

2.5.5 Board Insight Color Overrides 选项卡

在 PCB 设计中，会对一些布线网络颜色进行设置，Altium Designer 提供了几种颜色显示方案，有助于设置颜色显示方式。

在系统参数设置窗口中找到"PCB Editor-Board Insight Color Overrides"选项卡，出现如图 2-33 所示的界面。为了不因为颜色显示造成设计时眼睛眩晕，按照以下推荐进行设置。

（1）基础样式：推荐选择"实心（覆盖颜色）"。

（2）缩小行为：推荐选择"覆盖色主导"。

图 2-34 提供了不同颜色设置显示的对比图，可以看出按照推荐设置会更加切合我们眼睛的识别。

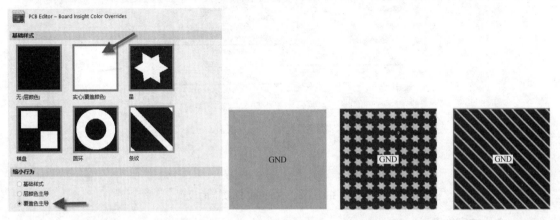

图 2-33　Board Insight Color Overrides 选项卡的设置　　　　图 2-34　不同颜色设置显示的对比图

2.5.6 DRC Violations Display 选项卡

同样的道理，对于 DRC 颜色显示也是一样进行设置。在系统参数设置窗口中找到"PCB Editor-DRC Violations Display"选项卡，出现如图 2-35 所示的界面，并按照以下推荐进行设置。

（1）冲突 Overlay 样式：推荐选择"实心（Overlay 颜色）"。

（2）Overlay 缩小行为：推荐选择"覆盖颜色主导"。

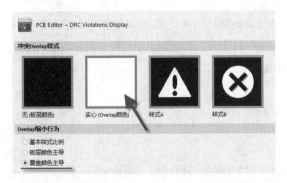

图 2-35　DRC Violations Display 选项卡的设置

2.5.7 Interactive Routing 选项卡

布线设置是这些设置中比较重要的部分，推荐按照这里所讲进行设置。在系统参数设置窗口中找到"PCB Editor-Interactive Routing"选项卡，出现如图 2-36 所示的界面，按照图示进行设置。

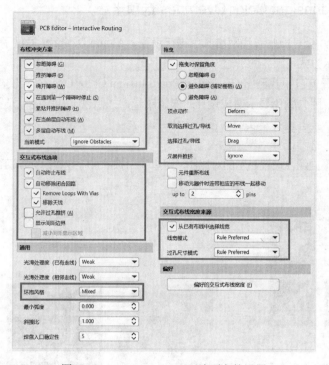

图 2-36　Interactive Routing 选项卡的设置

1．布线冲突方案

推荐勾选以下选项设置。

（1）忽略障碍。

（2）绕开障碍。

（3）在遇到第一个障碍时停止。

（4）在当前层自动布线。

（5）多层自动布线。

以上布线模式可以通过系统默认的快捷键"Shift+R"进行轮番切换。

2．交互式布线选项

推荐勾选以下选项设置。

（1）自动终止布线。

（2）自动移除闭合回路。

3．拖曳

请按照图 2-36 所示进行设置。

（1）拖曳时保留角度：选择"避免障碍（捕捉栅格）"。

（2）取消选择过孔/导线：选择"Move"，对于没有被选择的过孔和导线拖动时只是进行移动。

（3）选择过孔/导线：选择"Drag"，对于被选择的过孔和导线拖动时动态布线移动。

（4）元器件推挤：选择"Ignore"，拖动元件时忽略障碍物直接拖动。

4．偏好

"偏好"设置可以设置偏好的交互式布线宽度，如图 2-37 所示，对偏好的交互式布线宽度进行添加、删除与编辑操作。设置好之后，在设计 PCB 的时候，在布线的状态下可以直接利用系统默认的快捷键"Shift+W"进行调用，变更不同的线宽进行布线，非常方便。当然，设置的线宽必须在设置的线宽规则范围之内，不然不会起作用。一般偏好线宽在 BGA 区域或者是设置电源线宽处比较常见。

2.5.8　Defaults 选项卡

在此选项卡中可以对 PCB 设计的一些元素的常见参数进行默认设置，方便 PCB 设计者。在系统参数设置窗口中找到"PCB Editor-Defaults"选项卡，出现如图 2-38 所示的界面，可以对系统菜单栏中的参数进行默认设置，如过孔、导线、焊盘、铜皮等，对其进行设置之后，在调用某个选项时即默认为此处参数的设置，这对规范设计有很大的帮助。

图 2-37　偏好的交互式布线宽度设置　　　　图 2-38　Defaults 选项卡的设置

PCB 默认参数的设置也提供了自定义保存和加载的功能，需要用到的时候直接保存或调用即可。

 小 助 手 提 示

一般推荐对最常用的几个（如 Fill、Pad、Polygon、Track 和 Via）进行设置，其他的在需要的时候进行设置即可。

2.5.9　Layer Colors 选项卡

为了方便对层的快捷识别，Altium Designer 提供了丰富的层叠配色。在系统参数设置窗口中找到"PCB Editor-Layer Colors"选项卡，可以对 PCB 每一层的颜色进行单独设置。当然，在颜色方案不尽合理的时候可以直接配置 Altium Designer 提供的默认配色。设置好自己的配置也可以单独把

自己喜欢的配色自定义保存后调用，如图 2-39 所示。

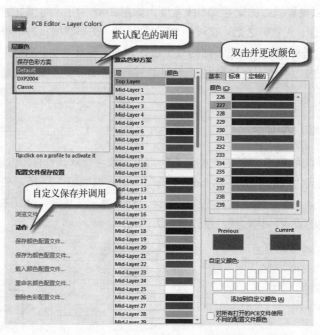

图 2-39　Layer Colors 选项卡的设置

2.6　系统参数的保存与调用

前文讲解了对常用系统参数、原理图系统参数及 PCB 系统参数进行的自定义设置，假如更换电脑或重装软件来进行操作时，这些设置可以很方便地调用，这就用到了参数保存与调用的功能。

如图 2-40 所示，在前面设置的界面下面都有一个保存及加载栏，可以把当前设置的参数保存到目标文件中，文件名后缀为.DXPPrf。

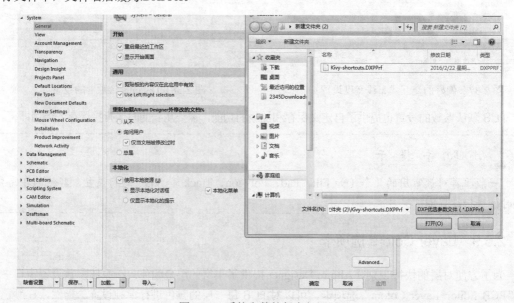

图 2-40　系统参数的保存与调用

同样，需要调用时把上面保存的.DXPPrf 文件加载即可。Altium Designer 24 也提供了一个从当前电脑的低版本导入设置的选项，如果电脑里面装有低版本的 Altium Designer 软件，"导入"这个按钮是可以执行的。

 小 助 手 提 示

以上参数的配置作者已经设置好，可以联系作者获取，方便快捷。

2.7 Altium Designer 导入/导出插件的安装

EDA 软件中 Altium Designer 的兼容性是最好的，在其他 EDA 平台设计的原理图、PCB 等文件，有时候会统一到 Altium Designer 平台，或者将在 Altium Designer 平台设计的文件导入其他平台，这种情况下需要用到导入/导出的功能。Altium Designer 提供了丰富的插件安装功能，因为导入/导出插件使用次数最多，这里详细给读者介绍怎么安装导入/导出插件，如需要其他插件，安装方法类似。

如图 2-41 所示，如果在初始安装软件时对"Importers\Exporters"进行了勾选安装，那么这里的步骤就不需要了。如果没有进行安装，那么可以按照以下步骤进行安装。

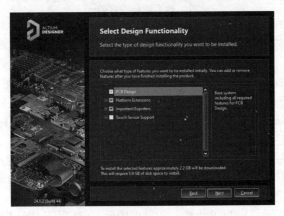

图 2-41 "Importers\Exporters"选项

（1）打开 Altium Designer，执行插件安装命令"Extensions and Updates"，进入插件安装界面，如图 2-42 所示。

图 2-42 进入插件安装界面

（2）单击"Configure"按钮，进入如图 2-43 所示的插件选择界面，可以勾选"Importers\ Exporters"栏目下的插件选项，这里建议全部勾选。

（3）单击右上角的"应用"按钮，执行安装，等待安装完成并重启软件，即可使用，导入/导出插件安装完毕。

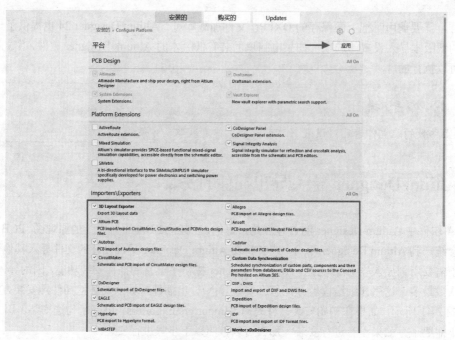

图 2-43　插件选择界面

2.8　电子设计流程概述

前面通过对 Altium Designer 系统参数的讲解，读者对 Altium Designer 的基本操作环境有了一定的了解，下面来概述电子设计的流程，让读者在整体上对电子设计有一个基本的认识。

从总体上来说，Altium Designer 常规的电子设计流程包含项目立项、元件建库、原理图设计、PCB 建库、PCB 设计、生产文件输出、PCB 文件加工。

（1）项目立项：首先需要确认好产品的功能需求，完成为了满足功能需求的元件选型等工作。

（2）元件建库：根据电子元件手册的电气符号创建 Altium Designer 映射的电气标识。

（3）原理图设计：通过元件库的导入对电气功能及逻辑关系进行连接。

（4）PCB 建库：电子元件在 PCB 上唯一的映射图形，衔接设计图纸与实物元件。

（5）PCB 设计：交互原理图的网络连接关系，完成电路功能之间的布局及布线工作。

（6）生产文件输出：衔接设计与生产的文件，包含电路 Gerber 文件、装配图等。

（7）PCB 文件加工：制板出实际的电路板，发送到贴片厂进行贴片焊接作业。

以上表述可以通过如图 2-44 所示的 Altium Designer 电子设计流程图表达出来，从而可以得到很清晰的认识。

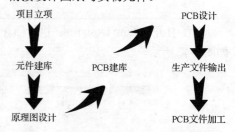

图 2-44　Altium Designer 电子设计流程图

2.9　本章小结

本章对 Altium Designer 24 进行了基本概括，包括 Altium Designer 24 的安装、操作环境及系统参数设置，旨在教会读者搭建好设计平台并高效地配置好平台的各项参数。本章最后还概述了电子设计流程，使读者从整体上熟悉电子设计，为接下来的学习打下基础。

通过学习本章的内容，读者应该掌握 Altium Designer 24 的安装和系统参数设置。学习过程中有不懂之处可以联系作者进行交流。

第 3 章

工程的组成及完整工程的创建

Altium Designer 集成了相当强大的开发管理环境，能够有效地对设计的各种文件进行分类及层次管理。本章通过图文的形式介绍工程的组成及完整工程的创建，有利于读者形成系统的文件管理概念。

学习目标

➢ 熟悉工程的组成
➢ 熟练创建完整工程
➢ 熟练新建或添加各类文件到工程中

3.1 工程的组成

熟悉 Altium Designer 电子设计流程之后需要对工程的组成进行一定的了解，从而方便更加细致地把握好整个流程设计。如图 3-1 所示，一个完整的工程应该包含元件库文件、原理图文件、PCB 库文件、网络表文件、PCB 文件、生产文件，并且应保证工程里面文件的唯一性，只一份 PCB 文件、一份原理图文件、一份封装等，一些不相关的文件应当及时删掉。工程所有相关的文件尽量放置到一个路径下面。良好的工程文件管理可以使工作效率得以提高，这是一名专业电子设计工程师应有的素质。

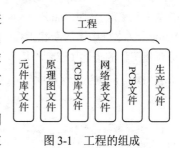

图 3-1 工程的组成

为了方便读者对 Altium Designer 中文件的认识，在此罗列出 Altium Designer 电子设计中常见文件的文件名后缀，如表 3-1 所示。

表 3-1 Altium Designer 电子设计中常见文件的文件名后缀

文 件 类 型	文件名后缀	备 注
工程文件	.PrjPcb	
元件库文件	.SchLib	低版本后缀为.Lib
原理图文件	.SchDoc	低版本后缀为.Sch
PCB 库文件	.PcbLib	低版本后缀为.Lib
网络表文件	.NET	
PCB 文件	.PcbDoc	低版本后缀为.PCB

3.2 完整工程的创建

在 Altium Designer 中，工程是单个文件、相互之间的关联和设计的相关设置的集合体，所有文件集合在一个工程中，方便设计时对其集中管理。游离于工程之外的文件称为"Free Documents"，所有针对它的设置及操作和工程无关，在设计中应当尽量避免出现。

3.2.1 新建工程

（1）打开软件，执行菜单命令"文件-新的-项目"，如图 3-2 所示。

图 3-2　新建工程

（2）在弹出的如图 3-3 所示的"Create Project"对话框中，左侧"LOCATIONS"类型可选择 Altium 365 账号，此处名称为"凡亿教育"（此类型仅针对正版软件登录账号及 Altium 365 登录账号可用，名称跟个人创建的 Altium 365 账号名称一致），若没有 Altium 365 账号，则在"LOCATIONS"类型中直接选择"Local Projects"，然后在"Projet Type"中选择"PCB-<Empty>"，接着在"Project Name"文本框中填写新建工程的名称，如"Demo"（可以中文），在"Description"文本框中可以填写新建工程的描述（或者不填），如果对新建工程的存储路径不满意，则可以对其进行变更，设置好之后单击"Create"按钮即可。

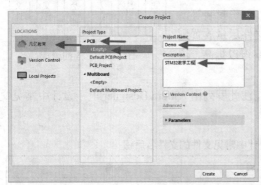
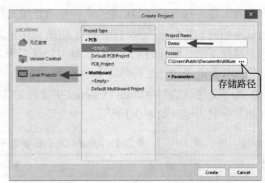

图 3-3　对新建工程属性进行设置

（3）如果需要对创建完成的工程改名，在"Projects"面板中的工程文件上单击鼠标右键，可以通过执行"重命名"命令重新更换名称，可以通过执行"Close Project"命令关闭工程，如图 3-4 所示。

图 3-4 工程名称的变更与工程的关闭

3.2.2 已存在工程文件的打开与路径查找

（1）在设计中可能需要打开已存在的工程文件，这个时候可以执行菜单命令"文件-打开"（快捷键"Ctrl+O"），也可以单击标准工具栏中的按钮 📂，出现如图 3-5 所示的对话框，选择工程文件（.PrjPcb 后缀），单击"打开"按钮，即可打开已存在的工程文件。

（2）有时候在打开的工程文件中，需要查找工程文件在电脑中存放的位置，可以在工程文件上单击鼠标右键，执行右键下拉菜单中的"浏览"命令，如图 3-6 所示，直接打开存放路径。这种方法可以加快定位，方便管理文件。

图 3-5 已存在工程文件的打开

图 3-6 工程文件的路径查找定位

3.2.3 新建或添加元件库

1. 新建元件库

（1）执行菜单命令"文件-新的-库"，在弹出的如图 3-7 中左图所示的对话框中，在左侧单击"File"，在右侧选择"Schematic Library"选项，再单击"Create"按钮，即可新建一个元件库。

（2）单击工具栏中的按钮 ⊟ 或者按快捷键"Ctrl+S"，保存新建的元件库，单击名称可更改元件库的名称，如图 3-7 中右图所示。

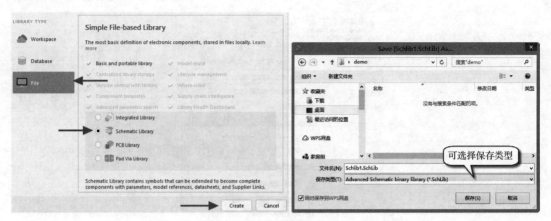

图 3-7　元件库的新建及保存

2. 已存在元件库的添加与移除

（1）经常需要把已存在的元件库（公司或个人总结统一的库）添加到已存在的工程目录下，方便调用。可以在工程文件上单击鼠标右键，执行右键下拉菜单中的"添加已有的到项目"命令，如图 3-8 所示，选择其需要添加的元件库，然后保存一下工程即可完成添加。

（2）同样，当不需要某个元件库存在于当前工程目录下的时候，可以在需要移除的元件库上单击鼠标右键，执行右键下拉菜单中的"从项目中删除"命令，如图 3-9 所示，即可移除相应的元件库。

图 3-8　添加到工程

图 3-9　移除出工程

3.2.4　新建或添加原理图

1. 新建原理图

（1）执行菜单命令"文件–新的–原理图"，即可新建一页原理图。

（2）执行"保存"命令，把新建的原理图命名之后添加到当前工程中。

2. 已存在原理图的添加与移除

同已存在元件库的添加与移除一样，可以对已存在原理图进行添加与移除操作。

3.2.5　新建或添加 PCB 库

1. 新建 PCB 库

（1）执行菜单命令"文件–新的–库"，在弹出的如图 3-7 中左图所示的对话框中，在左侧单击

"File"，在右侧选择"PCB Library"选项，再单击"Create"按钮，即可新建一个 PCB 库。

（2）执行"保存"命令，把新建的 PCB 库命名之后添加到当前工程中。

2．已存在 PCB 库的添加与移除

同已存在元件库的添加与移除一样，可以对已存在 PCB 库进行添加与移除操作。

3.2.6　新建或添加 PCB

1．新建 PCB

（1）执行菜单命令"文件–新的–PCB"，即可新建一个 PCB。

（2）执行"保存"命令，把新建的 PCB 命名之后添加到当前工程中。

2．已存在 PCB 的添加与移除

同已存在元件库的添加与移除一样，可以对已存在 PCB 进行添加与移除操作。

前述文件创建并保存之后，一个完整的工程就创建好了。工程包含了文件和文件之间的关联信息，对文件的本地存储要求不再体现，但是为了方便后期的维护，建议把工程所有相关的文件存放在同一个目录下面，如图 3-10 所示。

Altium Designer 采用工程来对所有的设计文件进行管理，设计文件应该加入工程。单独的设计文件称为"Free Documents"，选中这种文件，直接利用拖曳的方式向上或向下拖动加入已存在的工程，如图 3-11 所示。

图 3-10　工程中文件的关联及文件的本地存储　　　图 3-11　"Free Documents"的拖曳

3.3　本章小结

通过对工程的组成及完整工程的创建介绍，让读者充分了解一个完整工程需要的元素，并清楚这些文件的创建方法。

良好的工程文件管理可以使工作效率得以提高，这是一名专业电子设计工程师应有的素质。

第 4 章

元件库开发环境及设计

在用 Altium Designer 绘制原理图时，需要放置各种各样的元件。Altium Designer 内置的元件库虽然很完备，但是难免会遇到找不到所需要的元件的时候，因此在这种情况下便需要自己创建元件了。Altium Designer 提供了一个完整的创建元件的编辑器，可以根据自己的需要进行编辑或者创建元件。本章将详细介绍如何创建原理图元件库。

学习目标

➢ 熟悉元件库编辑器
➢ 熟练掌握单部件元件的创建
➢ 熟悉多子件元件的创建

4.1 元件符号概述

如图 4-1 所示，元件符号是元件在原理图中的表现形式，主要由元件边框、管脚（包括管脚序号和管脚名称）、元件名称及元件说明组成，通过放置的管脚来建立电气连接关系。元件符号中的管脚序号是和电子元件实物的管脚一一对应的。在创建元件的时候，图形不一定和实物完全一样，但是对于管脚序号和名称，一定要严格按照元件规格书中的说明一一对应好。

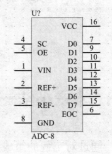

图 4-1 元件符号的组成

4.2 元件库编辑器

4.2.1 元件库编辑器界面

元件库设计是电子设计中最开始的模型创建，通过元件库编辑器画线、放置管脚、放置矩形等编辑操作创建出需要的电子元件模型。如图 4-2 所示，这里对元件库编辑器界面进行初步介绍，整个界面可分为若干个工具栏和面板。Altium Designer 元件库编辑器提供丰富的菜单及绘制工具。

1. 菜单栏

（1）文件：主要用于完成对各种文件的新建、打开、保存等操作。
（2）编辑：用于完成各种编辑操作，包括撤销、取消、复制及粘贴。
（3）视图：用于视图操作，包括窗口的放大、缩小，工具栏的打开、关闭及栅格的设置、显示。
（4）项目：主要用于对工程的各类编译及添加、移除，在元件库编辑器界面中一般用得少。

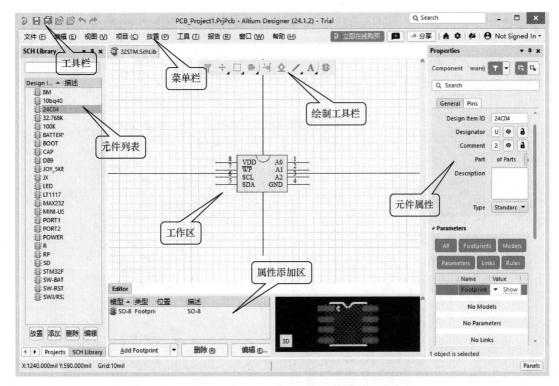

图 4-2 元件库编辑器界面

（5）放置：用于放置元件符号，是元件库创建用得最多的一个命令菜单。

（6）工具：为设计者提供各类工具。

（7）报告：提供元件符号检查报告及测量等功能。

（8）窗口：改变窗口的显示方式，可以切换窗口的双屏或者多屏显示等。

（9）帮助：查看 Altium Designer 的新功能、快捷键等。

2．工具栏

工具栏是菜单栏的延伸显示，为操作频繁的命令提供窗口按钮（有时也称图标）显示的方式。为了方便读者认识工具栏中的功能按钮，作者把最常用的功能按钮列于表 4-1 中。如果没有看到表 4-1 中的功能按钮，那么按快捷键"B"，在弹出的菜单中选择"PCB 标准"命令即可出现。

表 4-1　工具栏中的功能按钮

功 能 按 钮	功 能 说 明	功 能 按 钮	功 能 说 明
💾	保存活动文件	📂	打开工程
💾	保存所有文件	↩	撤销
📂	打开文件	↪	重新执行

3．绘制工具栏

通过绘制工具栏中的功能按钮，可以方便地放置常见的 IEEE 符号、线、圆圈、矩形等建模元素，如图 4-3 中左图所示。绘制工具栏中的功能按钮所实现的功能也能在"放置"菜单中找到相应的放置命令来实现，如图 4-3 中右图所示。根据作者的设计经验，在元件建库时，绘制工具栏中的功能按钮（放置命令）是用得最多的。

图 4-3　绘制工具栏中的功能按钮与"放置"菜单中的放置命令

4．工作面板

1）元件栏

元件栏如图 4-4 所示。

（1）放置：把选定的元件放置到当前的原理图中。

（2）添加：在当前库中添加一个元件。

（3）删除：删除当前选中的元件。

（4）编辑：编辑当前选中的元件。

2）管脚栏

管脚（Pins）栏如图 4-5 所示。

（1）Add：为当前元件添加一个管脚。

（2）删除：把当前元件选中的管脚进行删除。

（3）编辑：编辑当前选中的管脚属性。

3）模型栏

模型栏如图 4-6 所示。

（1）Add Footprint：给当前元件添加模型属性。

（2）删除：删除当前元件的模型。

（3）编辑：编辑当前元件的模型。

图 4-4　元件栏

| 34

图 4-5　管脚栏　　　　　　　　　　　　图 4-6　模型栏

4.2.2　元件库编辑器工作区参数

创建元件之前一般习惯对其工作区进行一定的参数设置，从而更有效地进行创建。执行菜单命令"工具-文档选项"，进入元件库编辑器工作区参数编辑窗口，如图 4-7 所示，并按照图示进行设置。

（1）Sheet Border：边界设置。

（2）Show Hidden Pins：显示隐藏的管脚，用来设置是否显示库元件隐藏的管脚，若选中，则显示隐藏的管脚，一般进行勾选。

（3）Visible Grid、Snap Grid：可视栅格、捕捉栅格设置，一般两者都设置为"10mil"（1mil=0.00254cm）。

图 4-7　元件库编辑器工作区参数编辑窗口

4.3　单部件元件的创建

1．添加或新建元件

在元件库编辑器界面的右下角执行命令"Panels-SCH Library"，调出元件库面板（也称"SCH Library"面板），单击元件栏中的"添加"按钮，添加一个元件，如图 4-8 中左图所示；或者执行菜单命令"工具-新器件"，新建一个元件，如图 4-8 中右图所示。

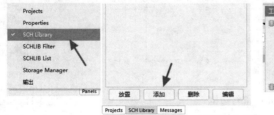

图 4-8　添加或新建元件

2．对元件命名

新建之后，可以对新元件进行命名，或者在界面的右下角执行命令"Panels-Properties"，对元件重命名，如图 4-9 所示。

 小助手提示

元件命名时一般取名为元件的型号，如 TPS54550、AT89C51、STM32。

图4-9　对元件重命名

3. 绘制元件符号边框并设置其属性

1）绘制元件符号边框

（1）在绘制工具栏中长按  并单击功能按钮 ▢，如图4-10中左图所示，鼠标光标变成十字状态并附着一个矩形框显示在工作区中。

（2）移动鼠标光标到合适的位置单击鼠标左键，确定元件符号矩形边框的一个顶点，继续移动鼠标光标到合适的位置单击鼠标左键，确定元件符号矩形边框的对角顶点，单击鼠标右键或者按"Esc"键退出放置状态，放置完毕，如图4-10中右图所示。

2）矩形框属性设置

放置完毕后，可以选中矩形框对边框的大小进行调整。双击矩形框，可以对其属性进行设置，如图4-11所示，建议勾选"Fill Color"（对矩形框进行填充），"Border"（边界线宽）选择"Smallest"。

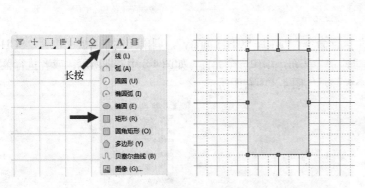

图4-10　绘制元件符号边框　　　　　　　图4-11　矩形框属性设置

🖋 **小 助 手 提 示**

对于不同的设置选项，读者可以设置不同的值测试显示效果。

---

4. 放置管脚并设置其属性

1）放置管脚

（1）单击绘制工具栏中的功能按钮 ⛬，如图4-12中左图所示，鼠标光标变成十字状态并附着一个管脚符号。

|　36　|

 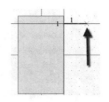

图 4-12　放置管脚

（2）移动鼠标光标到合适的位置，单击鼠标左键完成放置，单击鼠标右键或者按"Esc"键退出放置状态。

（3）放置管脚时，一端会出现一个"×"表示管脚的电气特性，如图 4-12 中右图所示，有电气特性的一端需要朝外放置，用于原理图设计时连接电气走线。

（4）在放置的过程中可以通过空格键来调整方向。

2）管脚属性设置

在放置的过程中按"Tab"键，或者放置完毕后双击，可以对管脚属性进行设置，如图 4-13 所示，在此对管脚属性设置进行介绍。

（1）Designator：管脚序号，和 PCB 封装管脚唯一对应的序号，如"1""2""3"等，或者极性元件的"A""K"等。

（2）Name：管脚名称，方便设计者对信号功能的识别，如"VCC""GND""USB_DM"。

（3）Electrical Type：电气类型。

① Input：输入管脚，用于输入信号。

② I/O：输入/输出管脚，既有输入信号又有输出信号。

③ Output：输出管脚，用于输出信号。

④ Open Collector：集电极开路管脚。

⑤ Passive：无源管脚。

⑥ Hiz：大阻抗管脚。

⑦ Open Emitter：发射极管脚。

⑧ Power：电源管脚。

（4）Pin Length：管脚长度。

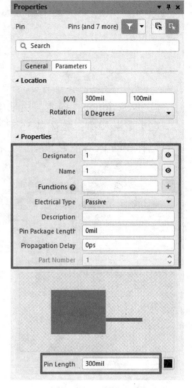

图 4-13　管脚属性设置

在常规设计中，电气类型一般默认选择"Passive"即可。

5．元件属性设置

前述步骤按照要求做好之后，图形元素基本就绘制完毕了，这个时候需要对绘制好的这个元件的属性进行设置。

在元件库面板列表中选中这个元件，然后在界面的右下角执行命令"Panels-Properties"，打开元件"Properties"面板，或者在元件库面板中双击该元件名称也可以打开该面板。

（1）基本属性栏：包含元件位号、Comment 值、描述等，如图 4-14 所示。

① Designator：元件位号，即识别元件的编码，常见的有"C?""R?""U?"。

② Comment：一般用来填写元件的大小参数或者型号参数，相当于 Value 值的功能。

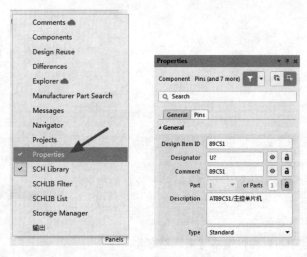

图 4-14　基本属性栏设置

③ Description：描述，用来填写元件的一些备注信息，如元件型号、高度参数等。

（2）封装模型：如图 4-15 所示，单击"Add"按钮，可以选择添加 PCB 封装模型，同时也可以对已存在的 PCB 封装模型进行移除或者编辑操作。

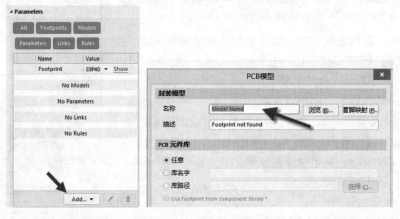

图 4-15　封装模型设置

4.4　多子件元件的创建

当一个元件封装包含多个相对独立的功能部分（部件）时，可以使用子件。原则上，任何一个元件都可以被任意地划分为多个部件（子件），这在电气意义上没有错误，在原理图的设计上增强了可读性和绘制方便性。

子件是属于元件的一个部分，如果一个元件被分为子件，则该元件至少有两个子件，元件的管脚会被分配到不同的子件当中。下面来讲述一下多子件元件的创建方法。

（1）按照单部件元件的创建方法创建此类 IC 的一个功能模块。

（2）在面板列表中选中此元件，执行菜单命令"工具-新部件"，会生成两个子件"Part A"和"Part B"，如图 4-16 所示。

（3）根据第（2）步的操作方法可以创建出"Part C""Part D"……

（4）对于元件属性设置，双击总的元件，进行设置即可，不需要单个进行设置，如图 4-17 所示。

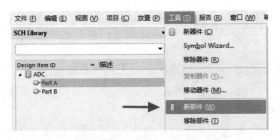

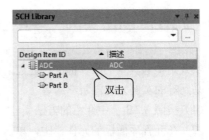

图 4-16　子件的创建　　　　　　　　　图 4-17　元件属性设置

4.5　元件的检查与报告

想知道元件的创建是否符合规范或者想知晓自己创建的元件的信息，可以通过元件的检查与报告这个功能来实现。

1．元件的检查

（1）打开元件库面板，选中元件库中需要检查的元件。

（2）执行菜单命令"报告-器件规则检查"。

（3）选择需要检查的报告选项，如图 4-18 所示。

① 重复-元件名称：重复的元件名称。

② 重复-管脚：重复的管脚。

③ 丢失的-描述：元件描述未填写。

④ 丢失的-管脚名：管脚名称未填写。

⑤ 丢失的-封装：元件封装未填写。

⑥ 丢失的-管脚号：元件管脚号未填写。

⑦ 丢失的-默认标识：元件位号未填写。

⑧ 丢失的-序列中丢失管脚：在一个序列的管脚号码中缺少某个号码。

小 助 手 提 示

一般来说，设置如图 4-18 所指示的几项即可，其他的选项在需要用到的时候再进行勾选检查即可。

2．元件的报告

（1）打开元件库面板，选中元件库中需要检查的元件。

（2）执行菜单命令"报告-器件"，即可给出该元件的相关信息，如图 4-19 所示。

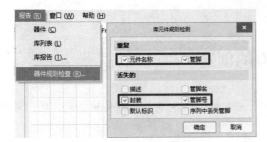

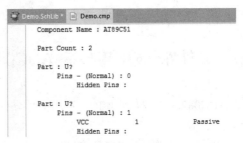

图 4-18　元件检查报告选项　　　　　　　图 4-19　元件信息报告

4.6 元件库创建实例——电容的创建

实践是检验真理的唯一标准。通过前面介绍的元件的创建方法学习了如何创建元件库，下面通过从易到难的实例来巩固所学内容。

（1）按照 3.2.3 节中介绍的方法新建一个元件库。

（2）在元件库面板的元件栏中，单击"添加"按钮，添加一个名称为"CAP"的新元件。

（3）执行菜单命令"放置-线"，放置两条线，代表电容的两极，如图 4-20（a）所示。

（4）执行菜单命令"放置-管脚"，在放置状态下按"Tab"键，对管脚属性进行设置，管脚名称和管脚序号统一为数字 1 或 2，上下分别放置管脚序号为"1"和"2"的管脚，如图 4-20（b）、（c）所示。

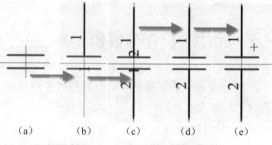

（5）由于对于这类电容，管脚不需要进行信号识别，因此双击管脚名称，然后把"Name"

图 4-20 电容的绘制过程

的是否可见选项设置为 ▨ （表示不可见），这样可以有更加清晰的显示效果，如图 4-20（d）所示。

（6）如果想要这个电容有极性，那么可以根据实际的管脚情况，用菜单命令"放置-线"或者"放置-文本字符串"绘制极性标识，如图 4-20（e）所示。

（7）双击名称为"CAP"的元件，对其属性进行设置，如图 4-21 所示，位号设置为"C?"，Comment 值填写为"10μF"，描述填写为"极性电容"，模型选择为"Footprint"，并填写名称为"3528C"。到这步即完成了电容元件的创建。

图 4-21 电容元件属性设置

4.7 元件库创建实例——ADC08200 的创建

ADC08200 为 24 管脚 IC，管脚信号分为电源、模拟地、数字地及数据传输信号，如图 4-22 所示。

（1）执行菜单命令"工具-新器件"，新建一个名称为"ADC08200"的元件，如图 4-23 所示。

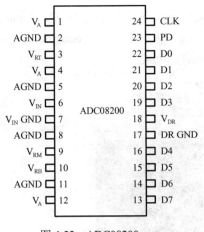

图 4-22 ADC08200

图 4-23 新建元件

（2）在绘制工具栏中长按 ✏ 并单击功能按钮 ▭ ，绘制一个空白的矩形框，如图 4-24 所示。

（3）执行菜单命令"放置–管脚"，在放置状态下按"Tab"键，分别按照图 4-25 所示的管脚名称和管脚序号设置管脚属性并放置，管脚长度默认为"300mil"。

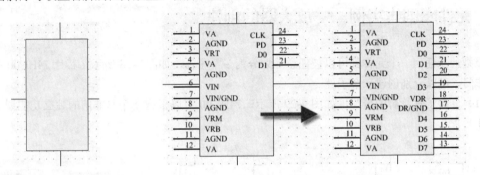

图 4-24　绘制空白的矩形框　　　　　图 4-25　在矩形框上放置管脚

小助手提示

　　对于很多管脚的放置，可以先在元件库编辑器界面的随机位置放置好，然后利用 Altium Designer 提供的排列与对齐命令进行快速对齐（按快捷键"A"），如图 4-26 所示，以达到快速放置的目的。

　　不管是元件还是管脚，都可以利用这个方法来进行快速放置。实际应用中会结合栅格来进行利用。

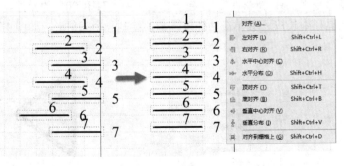

图 4-26　排列与对齐

（4）双击该元件，对其元件属性进行设置，如图 4-27 所示，位号设置为"U?"，Comment 值填写为"ADC08200"，描述填写为"模数混合 IC"，方便识别，模型选择为"Footprint"，从查询的资料中选出相应的封装，填写为"MTC24"，即可完成此元件的创建。

图 4-27 ADC08200 元件属性设置

4.8 元件库创建实例——放大器的创建

原则上，任何一个元件都可以被任意地划分为多个子件，如图 4-28 所示，芯片 74HC00 中的 4 个与非门，可以分别创建一个子件。

（1）分析子件管脚的分配，如图 4-29 所示，74HC00 可以根据 4 个与非门的独立功能划分为 4 个子件。

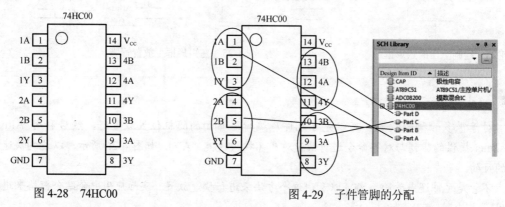

图 4-28 74HC00   图 4-29 子件管脚的分配

（2）执行菜单命令"工具-新器件"，新建一个名称为"74HC00"的元件。

（3）在绘制工具栏中长按 ✏ 并单击功能按钮 ⬠，绘制一个三角形，如图 4-30 所示。

图 4-30 绘制三角形

（4）放置 Part A 规划的管脚，可以按照三角的方式放置，对于公用的 VCC 和 GND 管脚也可以放置在这个子件里面，如图 4-31 所示。

（5）执行菜单命令"工具-新部件"，分别创建 Part B、Part C、Part D。

（6）按照第（1）步功能模块的分类及第（3）、（4）步的创建方法分别绘制好元件内容，如图 4-32 所示。

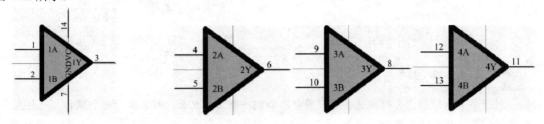

图 4-31 Part A 的管脚放置   图 4-32   Part B、Part C、Part D

（7）双击该元件，对其元件属性进行设置，如图 4-33 所示，位号设置为"U?"，Comment 值填写为"74HC00"，模型选择为"Footprint"，从查询的资料中选出相应的封装，填写为"SSOP14"，即可完成此多子件元件的创建。

图 4-33   74HC00 元件属性设置

4.9   元件库的自动生成

假设目前已经拥有一份设计完成的原理图，对于里面的元件库需要进行收藏或者调用该怎么处理呢？通常直接利用 Altium Designer 提供的自动生成元件库的功能生成一个。

（1）打开需要导出元件库的原理图。

（2）执行菜单命令"设计-生成原理图库"，如图 4-34 所示。

（3）因为有些元件有相同的库参考，但是由于元件内部所填写的信息不一样，所以会提示相应的选择提示项，如图 4-35 所示。若没有如图 4-35 所示的对话框，则在弹出的元件分组弹窗中直接单击"确定"按钮即可生成。

因为参数方面可以在设计原理图的时候分别填写，一般选择第一项即可。同时，勾选"记住，下次不再询问"。

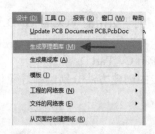
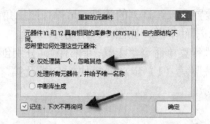

图 4-34　元件库的自动生成　　　　　　图 4-35　重复元件的处理方式选择

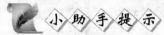

对于多页原理图，可以把这些原理图都添加到一个工程里面，再来执行前述操作，这样生成的元件都在一个元件库里面。

4.10　元件的复制

我们有时候会根据自己需求创建元件，有时候由于之前的积累已经存在很多元件，可能需要把已存在的元件复制到一个元件库里面。

之前有设计者的做法是，在元件库里面直接新建，然后把已存在的元件的图形组件（包括图形和管脚）复制过来。这种方法的劣势是对于元件参数无法进行复制，需要再自行核对之后输入，工作量非常庞大。下面介绍一个快速复制元件的方法。

（1）在元件库编辑器界面的右下角执行命令"Panels-SCH Library"，如图 4-36 所示，进入元件列表。

（2）用鼠标左键单击选择或者按住"Shift"键多选需要进行复制的元件，单击鼠标右键，执行"复制"命令，如图 4-37 所示。

（3）在需要复制到的元件库的元件列表中，单击鼠标右键，执行"粘贴"命令，如图 4-38 所示，完成元件的复制。

图 4-36　执行"SCH Library"命令　　　图 4-37　元件的复制　　　图 4-38　元件的粘贴

4.11　本章小结

本章主要讲述了电子设计开头的元件库的设计，先对元件符号进行了概述，然后介绍了元件库编辑器，接着讲解了单部件元件及多子件元件的创建方法，并通过 3 个由易到难的实例系统地演示了元件库的创建过程，最后讲述了元件库的自动生成和元件的复制。

对于此章中涉及的一些实例，由于作者水平有限，可能描述得不是很生动，为了解决这个问题，作者会给大家录制一些小的实战操作教学视频加深理解，可以联系作者获取。

第 5 章

原理图开发环境及设计

　　原理图，顾名思义，就是表示电路板上各元件之间连接原理的图表。在方案开发等正向研究中，原理图的作用是非常重要的，而对原理图的把关也关乎整个电子设计项目的质量甚至生命。由原理图延伸下去会涉及 PCB Layout，也就是 PCB 布线，当然这种布线是基于原理图来做成的，通过对原理图的分析及电路板其他条件的限制，设计者得以确定元件的位置及电路板的层数等。

　　本章从原理图编辑界面、原理图设计准备开始，一步一步地讲解原理图设计的整个过程，读者只需要按作者的流程，就可以熟练掌握整个原理图设计的过程，从而完成自己的原理图设计。

 学习目标

➢ 熟悉原理图开发环境
➢ 熟练掌握元件的放置方法
➢ 熟练掌握电气导线等常规设计的操作方法
➢ 掌握原理图的全局编辑
➢ 了解层次原理图的设计
➢ 掌握原理图的编译与检查
➢ 掌握原理图的打印输出

5.1　原理图编辑界面

　　执行菜单命令"文件-新的-原理图"，新建一页原理图，进入如图 5-1 所示的原理图编辑界面。

　　原理图编辑界面主要包含菜单栏、工具栏、绘制工具栏、面板栏、工作区等。

1. 菜单栏

（1）文件：主要用于完成对各种文件的新建、打开、保存等操作。

（2）编辑：用于完成各种编辑操作，包括撤销、取消、复制及粘贴。

（3）视图：用于视图操作，包括窗口的放大、缩小，工具栏的打开、关闭及栅格的设置、显示。

（4）项目：主要用于对工程的各类编译及添加、移除。

（5）放置：用于放置电气导线及非电气对象。

（6）设计：为设计者提供仿真、第三方网表的导出。

（7）工具：为设计者提供各类工具。

（8）报告：为原理图提供检查报告。

（9）窗口：改变窗口的显示方式，可以切换窗口的双屏或者多屏显示等。

2. 工具栏

　　工具栏是菜单栏的延伸显示，为操作频繁的命令提供窗口按钮（有时也称图标）显示的方式。按钮认识可以参考第 4 章中的表 4-1。

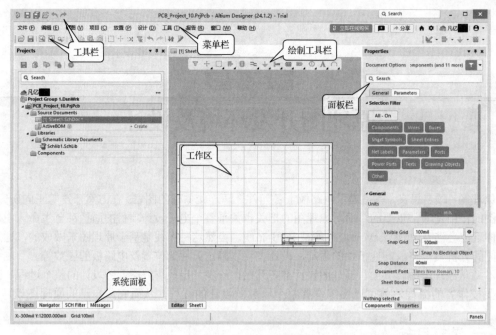

图 5-1　原理图编辑界面

5.2　原理图设计准备

在设计原理图之前对原理图页进行一定的设置，可以提高设计原理图的效率。虽然在实际的应用中，有时候不进行准备设置也没有很大关系，但是基于设计效率提高的考虑，推荐读者进行设置。

5.2.1　原理图页大小的设置

（1）双击默认原理图页的边缘，如图 5-2 所示。

（2）通过第（1）步进入原理图页参数设置界面，可以从 Altium Designer 提供的"Template"中选择合适的页面大小，如果标准风格中没有需要的尺寸，可以选择"Standard"使用自定义风格，"Custom"处可以定义原理图页的宽度，"Height"处可以自定义高度，"Width"处可以自定义宽度，如图 5-3 所示。

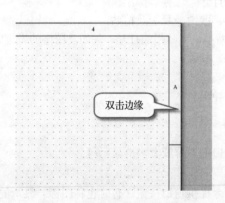

图 5-2　双击原理图页的边缘

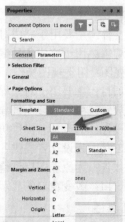

图 5-3　页面大小的参数设置

（3）一般来说，这个自定义尺寸是画完原理图之后根据实际需要来定义的，这样可以让原理图不至于过大或者过小。

5.2.2　原理图栅格的设置

栅格的设置有利于放置元件及绘制导线的对齐，以达到规范和美化设计的目的。

1．栅格大小的设置

执行菜单命令"工具-原理图优先项-Grids"，可以进入如图 5-4 所示的 Grids 选项卡。

Altium Designer 提供两种栅格显示方式，即"Dot Grid"和"Line Grid"，并可以对显示的颜色进行设置，一般推荐设置为"Line Grid"，颜色为系统默认的灰色，同时可以对捕捉栅格、捕捉距离与可见栅格（也称可视栅格）的大小进行设置，如图 5-4 所示。参数建议设置为 5 的倍数。

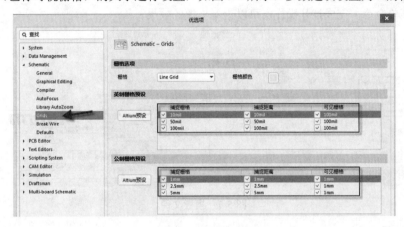

图 5-4　Grids 选项卡的设置

2．可视栅格显示开关

执行菜单命令"视图-栅格-切换可视栅格"，如图 5-5 所示，可以对可视栅格进行显示或者关闭操作，可以用此命令在开和关之间进行切换。熟悉之后可以按快捷键"VGV"或"Shift+Ctrl+G"进行显示的开与关。

3．捕捉栅格的设置

执行菜单命令"视图-栅格-设置捕捉栅格"，如图 5-6 所示，可以对捕捉栅格进行设置，一般设置值为 5 的倍数，推荐设置为 10。

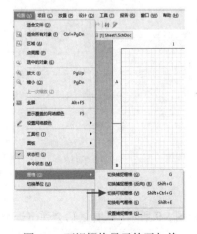

图 5-5　可视栅格显示的开与关

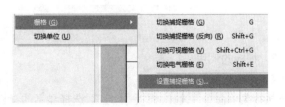

图 5-6　进行捕捉栅格设置

5.2.3 原理图模板的应用

Altium Designer 提供一种"半成"的原理图，称为模板，默认包含设计中标题栏、外观属性的设置，方便开发人员直接调用，大大提高了效率。

1．打开系统默认模板

Altium Designer 提供丰富的模板，主要放置在安装目录下面的"Templates"文件夹下，如图 5-7 所示，执行菜单命令，完成打开操作就可以查看模板的效果。

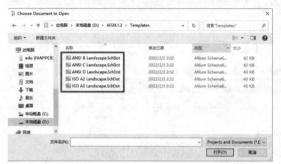
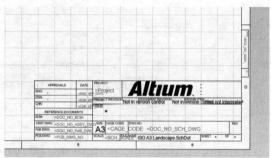

图 5-7　模板文件

2．自定义模板

在实际项目中，需要用到符合自己设计的模板，这个时候需要自定义模板。

（1）执行菜单命令"文件-新的-原理图"，新建一个原理图页，命名为"Demo.SchDot"，保存到自己的文件目录下。

（2）按照自己的需求并根据 5.2.1 节和 5.2.2 节中介绍的原理图页大小的设置和栅格的设置设置好各项参数并保存。

（3）在原理图页的右下角，可以利用菜单命令"放置-线"和"放置-文本字符串"，绘制一个个性化的标题栏，包含自己设计所需要的信息，如图 5-8 所示。在不会绘制的情况下，根据系统的模板进行修改并保存即可。

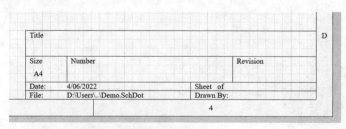

图 5-8　标题栏的绘制

3．模板的调用

1）系统模板的调用

执行菜单命令"设计-模板-本地"，选择显示的模板，如图 5-9 所示，选择之后会弹出一个模板更新提示框"更新模板"，选择适配的范围更新即可。

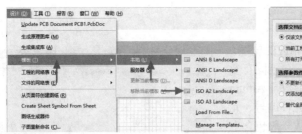

图 5-9　系统模板的调用

2）自定义模板的调用

如果要调用之前保存的"Demo.SchDot"，可以执行菜单命令"设计-模板-本地-Load From File"，如图 5-10 所示，选择保存目录下的"Demo.SchDot"文件，然后选择适配的范围更新即可。

4. 模板的删除

如果在设计中考虑到保密或者有不需要的模板时，可以对模板进行删除。执行菜单命令"设计-模板-移除当前模板"，可以删除当前使用的模板，如图 5-11 所示。

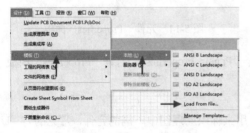
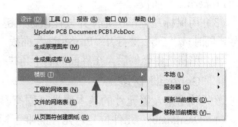

图 5-10　自定义模板的调用　　　　　　　　图 5-11　模板的删除

5.3　元件的放置

元件库创建好之后，需要把创建好的元件放置到原理图中来，正式开始进行电路设计。

5.3.1　放置元件

放置元件，需要先装载或者打开创建的元件库，可以通过在右下角执行命令"Panels-SCH Library"进行装载。

（1）在"SCH Library"面板中选择装载好的元件库"Demo.SchLib"。

（2）如图 5-12 所示，选择需要放置的元件，如"74HC595"，然后单击"放置"按钮，就可以在原理图区域放置这个元件了，如图 5-13 所示。

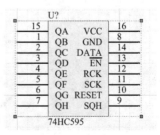

图 5-12　选择需要放置的元件并单击"放置"按钮　　　　　　　图 5-13　放置元件

5.3.2 元件属性的编辑

电路图中的每一个元件都有相应的属性，这些属性表示该元件的有关信息，包括固有参数和用户自定义参数两类。固有参数是 Altium Designer 运行时必需的参数，如元件编号、元件参数值、PCB 封装。自定义参数一般包含生产厂商、物料编码等。元件属性的编辑是通过打开元件"Properties"面板来进行的，如图 5-14 所示。

有 4 种方法可以打开元件"Properties"面板。

（1）当元件选取后被放置到原理图页，光标是十字状态的时候，按"Tab"键打开"Properties"面板。

（2）元件放置后可用鼠标左键双击元件打开"Properties"面板。

（3）用鼠标左键单击元件并按住鼠标左键不放，同时按"Tab"键打开"Properties"面板。

图 5-14　元件"Properties"面板

（4）单击选中元件后，在界面的右下角执行命令"Panels-Properties"，打开"Properties"面板。

1．"General"区域

该区域用来设置元件的基本属性（固有参数）。

（1）Designator：元件位号，元件的唯一标识，用来标识原理图中不同的元件，常见的有"U？"（IC 类）、"R？"（电阻类）、"C？"（电容类）、"J？"（接口类）。◉ 用来选择是否可见。🔒 用来选择是否可更改。

（2）Comment：元件注释，通常用来设置元件的大小参数，如电阻的阻值、电容的容值、IC 的芯片型号。

（3）Description：描述，用来填写元件的功能描述，如"数模转换 DAC""逻辑器件；移位寄存器；串转并"等，或者直接填写元件芯片型号，这个根据设计者的实际需要进行填写。

2．"Part Choices"区域

该区域用来添加元件的供应信息。单击如图 5-15 所示的"Add"按钮，进入如图 5-16 所示的元件供应信息界面，"Manufacturer Part"栏是元件的名称，"Description"栏是元件的描述，"Category"栏是元件的库名称，"Supply Info"栏是元件的价格、最小订货量及库存。

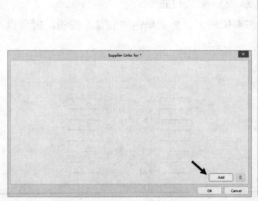

图 5-15　单击"Add"按钮

图 5-16　元件供应信息界面

3．"Parameters"区域

该区域用来添加元件所需要使用的PCB封装模型、模具、参数、规则等。

（1）通过单击"Add"按钮来添加自己需要的封装模型，如图5-17所示。

（2）弹出一个封装模型设置对话框，如图5-18所示，需要给出PCB封装模型的名称，如"SO-16""0402R""SOT23-5"等。

（3）同时，需要对路径进行设置：如果PCB库在本工程下，路径设置可以选择"任意"选项让其进行任意匹配，只要PCB库中有这个名称的封装，它就会匹配上来；反之，可以通过指定库路径来匹配。如果匹配到了封装，"选择的封装"属性框中就会有其封装预览。

（4）单击"Add"按钮右边的三角箭头可添加自己需要的"Pin Info"等，如图5-19所示。

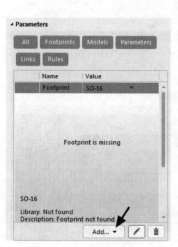

图5-17 封装模型的添加

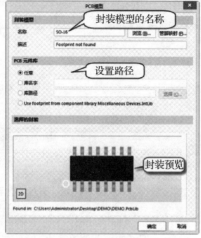

图5-18 封装模型设置

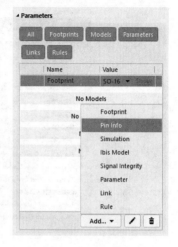

图5-19 添加其他

5.3.3 元件的选择、移动、旋转及镜像

对原理图工程师来说，元件的选择、移动及旋转命令是原理图设计中使用频率最高的，熟练掌握这些命令的使用方法，有助于设计效率的提高。

1．元件的选择

1）单选

直接用鼠标左键单击即可实现单选操作。

2）多选

（1）按住"Shift"键，多次用鼠标左键单击需要选中的元件，或者在元件范围外单击之后拖动，进行多个元件的框选，即完成多选操作。

（2）按快捷键"S"，弹出选择命令菜单，如图5-20所示，然后选择相应的菜单命令选项。选择命令激活之后，鼠标光标变成十字状态，可进行多个元件的多选操作。以Lasso方式选择操作如图5-21所示。

2．元件的移动

（1）移动鼠标光标到元件上面，按下鼠标左键不动，直接拖动。

（2）单击选中元件，按快捷键"M"，选择"移动选中对象"命令，单击鼠标左键进行移动。选择"通过X,Y移动选中对象"命令，可以在X、Y轴上进行精准的移动，如图5-22所示。其他常用的移动命令释义如下。

① 拖动：在保持元件之间电气连接不变的情况下移动元件的位置。

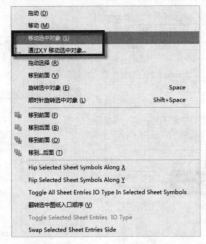

图 5-20　选择命令菜单　　　　　　　　图 5-21　以 Lasso 方式选择操作

图 5-22　元件的移动

② 移动：类似于拖动，不同的是在不保持电气性能的情况下移动。

③ 拖动选择：适合多选之后进行保持电气性能的移动。

3．元件的旋转

为了使电气导线放置更合理或元件排列整齐，往往需要对元件进行旋转操作，Altium Designer 提供几种旋转的操作方法。

（1）单击鼠标左键选中元件，然后在拖动元件的状态下按空格键，进行旋转，每执行一次旋转一次。

（2）单击鼠标左键选中元件，按快捷键"M"，选择旋转命令。

① 旋转选中对象：逆时针旋转选中元件，每执行一次旋转一次，和空格键旋转功能一样。

② 顺时针旋转选中对象：同样可以多次执行，快捷键为"Shift+空格键"。

元件的旋转状态如图 5-23 所示。

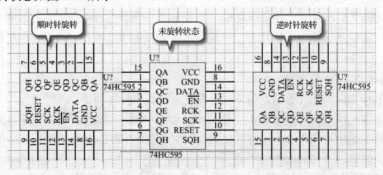

图 5-23　元件的旋转状态

4．元件的镜像

原理图只是电气性能在图纸上的表示，可以对绘制图形进行水平或者垂直翻转而不影响电气属性。单击鼠标左键，在拖动元件的状态下按"X"键或者"Y"键，实现 X 轴镜像或者 Y 轴镜像，如图 5-24 所示。

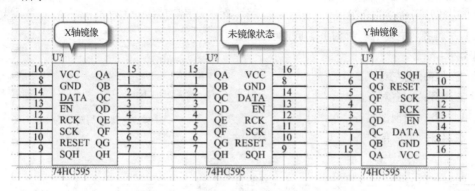

图 5-24　元件的 X 轴镜像与 Y 轴镜像

5.3.4　元件的复制、剪切及粘贴

Altium Designer 提供与 Windows 类似的复制、剪切及粘贴功能，非常方便。总体上来说分为直接法及递增法。

1．直接法

选中需要复制的元件，执行菜单命令"编辑-复制"（快捷键"Ctrl+C"），完成复制操作。

2．递增法

同样先需要选中元件，如三极管 Q1，在按住"Shift"键的情况下拖动，如图 5-25 所示，每拖动一次会复制一个三极管，但是位号会进行"+1"递增。如果想让递增幅度加大，可以在原理图编辑界面中直接按快捷键"TP"或者在右上角执行图标命令 ⚙，进入系统参数设置窗口，找到"Schematic-General"选项卡，找到"放置是自动增加"选项，变更"首要的"参数，如"2"，这样再来执行复制操作，就是"+2"递增了，如图 5-26 所示。

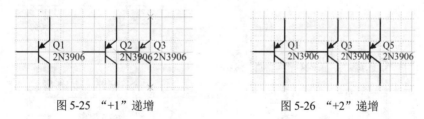

图 5-25　"+1"递增　　　　　　　　图 5-26　"+2"递增

5.3.5　元件的排列与对齐

放置好元件之后，为了使所放置的元件更加规范和美观，可以利用 Altium Designer 提供的排列与对齐命令来进行操作。

1．调用排列与对齐命令的方法

可以通过以下几种方法来调用排列与对齐命令，在进行此步操作之前要先选中需要执行操作的元件。

（1）执行菜单命令"编辑-对齐"，即可进入排列与对齐命令菜单，如图 5-27 中左图所示。

（2）直接按快捷键"A"。

（3）图标命令 ▤ 和排列与对齐命令是一一对应的，如图 5-27 中右图所示。

2．常用命令

为了更加直观地学习这些排列与对齐命令，对此进行常用命令的介绍。

（1）左对齐、右对齐、顶对齐、底对齐效果如图 5-28 所示。

① 左对齐：向左对齐。

② 右对齐：向右对齐。

③ 顶对齐：向顶部对齐。

④ 底对齐：向底部对齐。

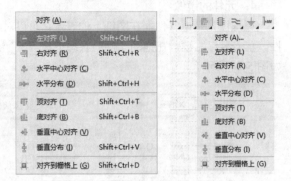

图 5-27　排列与对齐命令

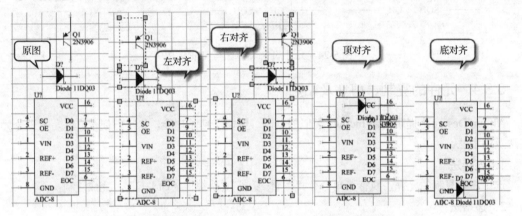

图 5-28　左对齐、右对齐、顶对齐、底对齐效果

（2）分布对齐效果如图 5-29 所示。

① 水平分布：水平等间距分布对齐。

② 垂直分布：垂直等间距分布对齐。

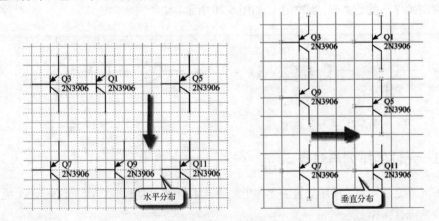

图 5-29　分布对齐效果

5.4　电气连接的放置

元件放置好之后，就是对电气连接进行放置了，这样让没有关联的元件之间形成逻辑联系，组

成各个电路功能网。

5.4.1 绘制导线及导线属性设置

导线是用来连接电气元件、具有电气特性的连线。

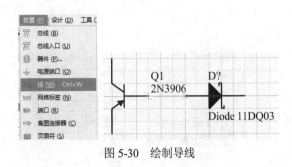

图 5-30 绘制导线

1. 绘制导线

（1）执行菜单命令"放置–线"，如图 5-30 中左图所示，或者按快捷键"B"，在弹出的菜单中选择"布线"命令调出布线快捷栏，执行图标命令 ➿，激活放置导线命令，使鼠标光标变成十字状态。

（2）选择一个元件管脚作为开始点，鼠标光标靠近管脚，光标会自动吸附到管脚上，单击鼠标左键，然后再移动鼠标光标到另外的元件管脚作为结束点，单击鼠标右键或者按"Esc"键，结束此次绘制导线的操作，如图 5-30 中右图所示。

2. 导线属性设置

在导线放置状态下按"Tab"键，可以对导线属性进行设置，如图 5-31 所示。

（1）■：颜色设置，主要是有针对性地对一些网络进行颜色设置，比如将一些大电流的走线设置为红色，方便设计者或者 PCB 工程师进行识别。

（2）Width：线宽设置，这个设置和颜色设置的目的是一样的。

在布线的状态下可以按快捷键"Shift+空格键"切换布线角度（一定是英文输入法，Windows 10 一定是系统的"ENG"输入法），如图 5-32 所示，提供了 3 种布线角度以供切换。

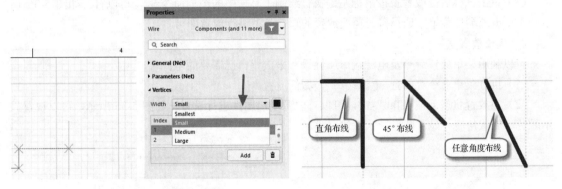

图 5-31 导线属性设置　　　　　　图 5-32 布线角度切换

5.4.2 放置网络标签

对于一些比较长的连接网络或者数量比较多的网络连接，绘制时如果全部采用导线的连接方式去连接，很难从外观上去识别连接关系，不方便设计。这个时候可以采取网络标签（Net Label）方式来协助设计，它也是网络连接的一种。

（1）执行菜单命令"放置–网络标签"，如图 5-33 中左图所示，或者执行图标命令 Net，激活网络标签的放置。

（2）把网络标签放置到导线上面，如图 5-33 中右图所示，这个时候放置的网络标签都是流水号。

（3）在放置状态下按"Tab"键，或者双击放置好的网络标签，可以进行属性设置，如图 5-34 所示,可以对网络标签的颜色、名称等进行设置。一般来说主要是设置好名称,增强原理图的可读性。

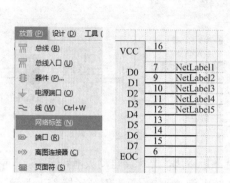

图 5-33 放置网络标签

图 5-34 网络标签属性设置

5.4.3 放置电源及接地

对于原理图设计,Altium Designer 专门提供一种电源和接地的符号,这是一种特殊的网络标签,可以让设计工程师比较形象地识别。这里针对两种常用的放置方法进行讲述。

1. 直接放置法

(1)执行图标命令 ![gnd]{},可以直接放置接地符号。

(2)执行图标命令 ![vcc]{},可以直接放置电源符号。

(3)单击鼠标右键或者长按鼠标左键执行绘制工具栏中的图标命令 ![power]{},可以打开如图 5-35 所示的常用电源端口菜单,选择自己需要放置的端口类型进行放置即可。

2. 菜单放置法

可以利用菜单放置命令及电源端口属性设置来放置自己需要的电源端口。

(1)执行菜单命令"放置-电源端口",激活放置。

(2)在放置状态下按"Tab"键,可以对电源端口属性进行设置,如图 5-36 所示,可以设置显示颜色、放置角度、显示图形形状及位置等。

图 5-35 常用电源端口菜单

图 5-36 电源端口属性设置

① ■：可以设置显示颜色。

② Style：可以设置显示图形形状，Altium Designer 提供了多种图形形状供设计者选择，如表 5-1 所示。

表 5-1　常见电源端口显示图形形状

名　称	图　形	名　称	图　形
Circle		Arrow	
Bar		Wave	
Power Ground		Earth	

③ Rotation：可以设置端口符号的放置角度。

④ Name：可以设置端口网络名称，不管电源端口被设计者选择设计成什么形状，但是对线路起作用的还是此处的网络名称，它是网络连接关系的标识。

⑤ ◉：可以使能显示网络名称或者隐藏。

5.4.4　放置网络标识符

由于有时候使用到多图纸功能，这时需要考虑图纸页和图纸页间的线路连接。在单张图纸中，可以通过简单的网络标签（Net Label）来实现网络连接；而在多张图纸中，简单的网络标签无法满足连接要求。网络连接涉及的网络标识符（如表 5-2 所示）比较多，下面具体介绍。

表 5-2　网络标识符

表　示　形　式	名　称
NetLabel	网络标签
Port	端口
OffSheet	离图连接器
VCC	电源端口
Entry	图纸入口

（1）网络标签：在单张图纸内，它们可以代替导线来表示元件之间的连接；在多张图纸设计中，其功能未变，只能表示单张图纸内部的连接。执行菜单命令"放置-网络标签"可以放置。

（2）端口：既可以表示单张图纸内部的网络连接，也可以表示图纸页与图纸页间的网络连接，常见于层次原理图设计中。执行菜单命令"放置-端口"可以放置。

（3）离图连接器：是跨图纸接口，用于不同原理图页之间的电气连接，可以把连接的电气属性扩大到整个工程。执行菜单命令"放置-离图连接器"可以放置。

（4）电源端口：完全忽视工程结构，全局连接所有端口。执行菜单命令"放置-电源端口"可以放置。

（5）图纸入口：总是垂直连接到图表符所调用的下层图纸端口，常见于层次原理图设计中。执行菜单命令"放置-添加图纸入口"可以放置。

不管是放置哪种网络标识符，在放置状态下按"Tab"键都可以对其属性进行设置，这里以离图连接器为例进行说明，如图 5-37 所示。

（1）Style：可以选择方向风格，如图 5-38 所示，方向向左时可以形象地表示是信号接收，方向向右时可以形象地表示是信号发射。

图 5-37　离图连接器属性设置

图 5-38　离图连接器方向风格设置

（2）Net Name：填写网络名称，这个非常重要，表示的是网络连接关系。

5.4.5　总线的放置

单纯的网络标签虽然可以表示图纸中相连的导线，但是由于连接位置的随意性，给工程人员分析图纸、查找相同的网络标签带来一定的困难。

总线代表的是具有相同电气特性的一组导线。在具有相同电气特性的导线数目较多的情况下，可采用总线的方式，以方便识图。总线以总线分支引出各条分导线，以网络标签来标识和区分各条分导线。因此，总线、总线分支、网络标签密不可分，如图 5-39 所示。

1. 放置总线

（1）执行菜单命令"放置-总线"（快捷键"PB"），如图 5-40 所示，或者执行图标命令，进入放置状态。

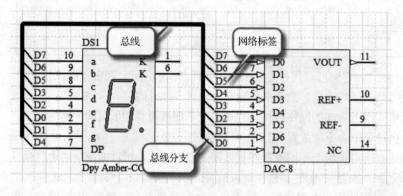

图 5-39　总线、总线分支及网络标签

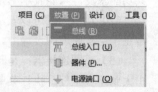

图 5-40　放置总线

（2）在放置状态下按"Tab"键，可以对总线的宽度和颜色进行更改，如图 5-41 所示。

（3）和绘制导线类似，在需要绘制总线的元件附近进行单击即可绘制，如图 5-42 所示。

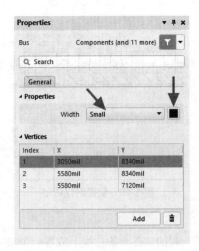

图 5-41　总线属性更改　　　　　　　　　图 5-42　绘制总线

　　值得注意的是，和总线相连的元件管脚必须有网络标签，所以总线与元件管脚之间要留有放置总线分支的间隙，不能太靠近元件管脚，否则不方便对网络标签进行放置，如图 5-42 所示。

2. 放置总线分支

（1）按快捷键"PW"，在元件管脚上绘制延长线，如图 5-43 所示。

（2）总线必须配以总线分支，执行菜单命令"放置–总线入口"（快捷键"PU"），如图 5-44 所示，或者执行图标命令，可以对总线分支进行放置。

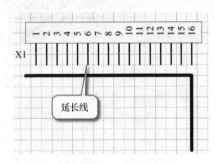

图 5-43　绘制延长线

图 5-44　放置总线分支

（3）在放置状态下按空格键可以旋转调整左右方向，然后根据需要在总线上单击放置，可以连接总线和延长线，如图 5-45 所示。

3. 放置网络标签

通过相同的网络标签可以使未连线的元件管脚、导线、电源及接地符号等形成电气连接。

（1）按快捷键"PN"，激活网络标签的放置。

（2）按"Tab"键更改网络名称。

（3）单击鼠标左键连续放置不同序号的网络标签，放置完成之后，单击鼠标右键退出放置状态，如图 5-46 所示。

　　同一网络标签，其名称应该完全相同（包括字母大小写）。

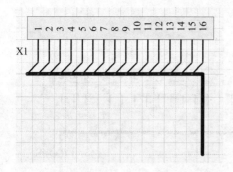

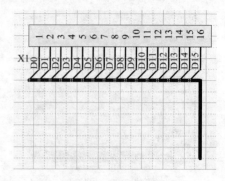

图 5-45　总线分支的放置及与导线的连接　　　　图 5-46　放置网络标签

4．放置端口

具有相同输入/输出端口名称的电路在电气上也是连在一起的。在一条总线上放置一个端口，在另外一条总线上放置一个相同名称的端口时，表示两条总线在电气上是相连接的。

（1）按快捷键"PR"或者执行菜单命令"放置-端口"。

（2）按"Tab"键设置属性（名称、左右方向、输入/输出）。

（3）单击确定端口的一个端点，再单击确定其另一个端点，如图 5-47 所示。

（4）端口上面需要放置一个和端口名称一样的网络标签，如图 5-48 所示。

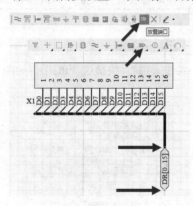

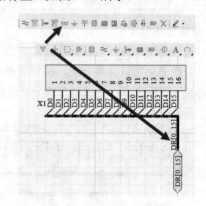

图 5-47　放置端口　　　　　　　　图 5-48　放置网络标签

5.4.6　放置差分标识

在电子设计中，经常用到差分走线，如 USB 的 D+与 D-差分信号、HDMI 的数据差分与时钟差分等。那么，如何在原理图中添加差分标识呢？

（1）在原理图中，将要设置的差分对的网络名称的前缀取相同的名称，在前缀后面分别加"+"和"-"或者"_P"和"_N"，如"HDMI1+"和"HDMI1-"、"DATA1_P"和"DATA1_N"。

（2）执行菜单命令"放置-指示-差分对"，鼠标光标出现差分对指示标识，把其放置在差分线的两条线上，如图 5-49 所示。

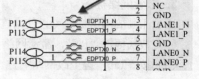

图 5-49　差分标识的放置

5.4.7　放置 No ERC 检查点

No ERC 检查点即忽略 ERC 检查点，是指该点所附加的元件管脚在进行 ERC 时，如果出现错误或者警告，错误或者警告将被忽略过去，不影响网络报表的生成。忽略 ERC 检查点本身并不具有任何的电气特性，主要用于检查原理图。

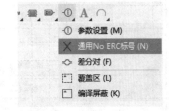

图 5-50　放置 No ERC 检查点

（1）在绘制工具栏中的图标命令 ① 上单击鼠标右键，执行"通用 No ERC 标号"命令，如图 5-50 所示，鼠标光标变成十字状态并附着忽略 ERC 检查点的形状 ✕。

（2）移动鼠标光标到元件管脚上单击鼠标左键，完成一个 No ERC 检查点的放置，需要放置多个可以继续移动鼠标光标并单击鼠标左键放置，单击鼠标右键或者按"Esc"键可以退出放置状态。

（3）在放置状态下按"Tab"键，或者放置完成之后双击 No ERC 检查点，即可设置它的属性，如图 5-51 所示。

① Suppressed Violations-All Violations：抑制所有违规，意思是不管什么错误都不再报错。

② Suppressed Violations-Specific Violations：选择性地抑制违规，Altium Designer 提供 18 种选择，用户可以根据自己的需求去选择，如图 5-52 所示。

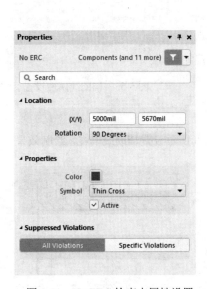

图 5-51　No ERC 检查点属性设置

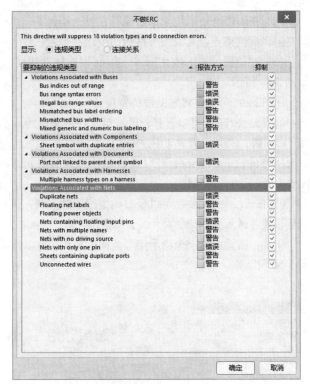

图 5-52　抑制违规选择

5.5　非电气对象的放置

原理图中的非电气对象包含辅助线、文字注释等，它们没有电气属性，但是可以增强原理图的可读性。本节对常用非电气对象的放置进行说明。

非电气对象的放置主要集中在图标 ⌒ 中，单击此图标可以分别对各个对象进行放置，如表 5-3 所示。

表 5-3 非电气对象说明

功 能 按 钮	功 能 按 钮
⌒ 弧 (A)	▢ 矩形 (R)
⊘ 圆圈 (U)	▢ 圆角矩形 (O)
⌒ 椭圆弧 (I)	⬠ 多边形 (Y)
⬭ 椭圆 (E)	⎍ 贝塞尔曲线 (B)
╱ 线 (L)	🖼 图像 (G)...

5.5.1　放置辅助线

在设计中，可以通过放置辅助线来标识信号方向或者对功能模块进行分块标识。

（1）执行菜单命令"放置-绘图工具-线"（快捷键"PDL"），激活放置状态。

（2）在一个合适的位置单击鼠标左键，找到下一个位置单击鼠标左键确认结束点，可以按空格键改变绘制形状。

（3）在放置状态下按"Tab"键，可以对辅助线属性进行设置，如图 5-53 所示。

① Line：可以设置辅助线的宽度。

② Line Style：可以选择辅助线是实线还是虚线。

③ ■：可以设置辅助线的颜色。

④ Start Line Shape：可以设置起始线段的形状，可以设置如图 5-54 所示的各种形状。

⑤ End Line Shape：可以设置结束线段的形状，同样可以根据需要设置各种形状。

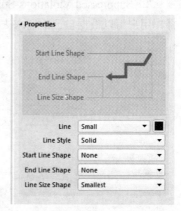

图 5-53　辅助线属性设置

例如，需要放置一个指示信号流向的箭头，可以按照图 5-55 所示设置辅助线属性，绘制效果如图 5-56 所示。

图 5-54　辅助线形状选择

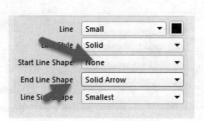

图 5-55　辅助线属性设置

图 5-56　绘制的箭头辅助线

有时也会用辅助线来进行电路功能的分块，以方便对电路功能模块的区分识别，如图 5-57 所示。

小 助 手 提 示

一定要弄清楚"放置-线"和"放置-绘图工具-线"的不同，前面一种是有电气性能的，后面一种是没有电气性能的，在设计中千万不要用后面一种充当电气线去连接，否则会产生电气开路的现象。

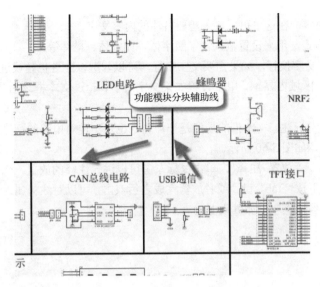

图 5-57　功能模块分块辅助线

5.5.2　放置字符标注、文本框、注释及图片

在实际设计中，经常需要对一些功能进行文字说明，或者对可选线路进行文字标注。这些文字注释可以大大增强线路的可读性，后期也可以让布线工程充分对所关注的线路进行特别处理。

1. 放置字符标注

字符标注主要针对的是较短的文字说明。

（1）执行菜单命令"放置-文本字符串"，可以放置字符标注。

（2）在放置状态下按"Tab"键，可以对字符标注属性进行设置，如图 5-58 所示，默认的文本属性为"Text"，可以根据实际需要改成自己需要输入的标注内容。

2. 放置文本框

字符标注针对的是电路图中简单的文字标注，对于较多文字的说明，通常用放置文本框来处理。

（1）执行菜单命令"放置-文本框"（快捷键"PF"），单击需要放置的区域可以完成文本框的放置。

（2）在放置状态下按"Tab"键，或者放置完成之后双击，可以对文本框属性进行设置，如图 5-59 所示。

图 5-58　字符标注属性设置

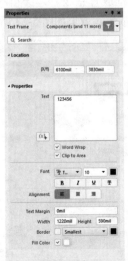

图 5-59　文本框属性设置

① Text：文本内容，在这里可以输入想要备注的内容文字。

② Font：字体格式，用来设置输入文字的字体，如宋体、楷体等。

③ Word Wrap：文字换行，如果需要文字换行，可以勾选，此处也建议进行勾选。

④ Clip to Area：区域内显示，用来设置如果文字过多，超过文本框之后是否显示，建议勾选。

3．放置注释

注释的功能和字符标注、文本框的功能是一样的，也是实现对电路的标注，不过注释可以以更加简洁的方式来显示，如图 5-60 所示。

（1）执行菜单命令"放置-注释"，单击鼠标左键可以进行注释的放置。

（2）在放置状态下按"Tab"键，或者放置完成之后双击，可以对注释属性进行设置，如图 5-61 所示，设置方法可以参照文本框属性设置。

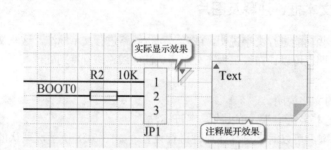

图 5-60　注释的显示效果

图 5-61　注释属性设置

4．放置图片

为了更加丰富地展示注释信息，Altium Designer 提供了可以放置图片的选项。

（1）执行菜单命令"放置-绘图工具-图像"，可以放置一个图片框，图片框作为放置图片的载体。

（2）图片框放置完成后，会自动弹出图片选择对话框，如图 5-62 所示，选择需要放置的图片，即可完成放置，效果如图 5-63 所示。

图 5-62　放置图片选择

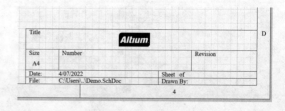

图 5-63　图片放置效果

5.6 原理图的全局编辑

5.6.1 元件的重新编号

原理图绘制常利用复制的功能，复制完之后会存在位号重复或者同类型元件编号杂乱的现象，使后期 BOM 表的整理十分不便。重新编号可以对原理图中的位号进行复位和统一，方便设计及维护。

（1）Altium Designer 提供非常方便的元件编号功能，执行菜单命令"工具-标注-原理图标注"（快捷键"TAA"），进入编号编辑对话框，如图 5-64 所示。

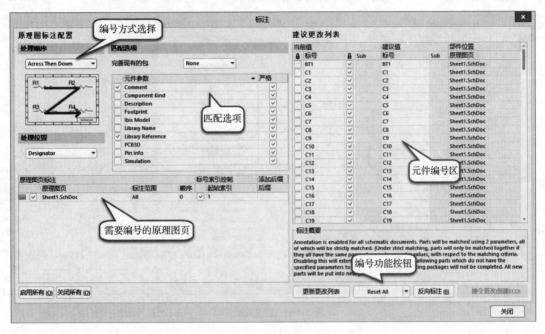

图 5-64 编号编辑对话框

（2）处理顺序：Altium Designer 提供 4 种编号方式。

① Up Then Across：先下而上，后左而右。

② Down Then Across：先上而下，后左而右。

③ Across Then Up：先左而右，后下而上。

④ Across Then Down：先左而右，后上而下。

4 种编号方式分别如图 5-65 所示。可以根据自己的需求进行选择，不过建议常规选择第 4 种"Across Then Down"方式。

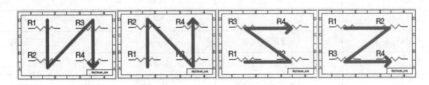

图 5-65 4 种编号方式

（3）匹配选项：按照默认设置即可。

（4）原理图页标注：用来设定工程中参与编号的原理图页，如果想对此原理图页进行编号，在前面进行勾选，不勾选表示不参与。

（5）建议更改列表：列出元件当前编号和执行编号之后的新编号。

（6）编号功能按钮如下。

① 单击"Reset All"按钮，复位所有的元件编号，使其变成"字母+?"的格式。

② 单击"更新更改列表"按钮，对元件列表进行编号变更，系统就会根据之前选择的编号方式进行编号。

③ 单击"接受更改（创建ECO）"按钮，接受编号变更，实现原理图的变更，如图5-66所示，会出现工程变更单，将变更选项提供给用户进行再次确认。可以单击"验证变更"按钮来验证变更是否可以，如果可以，则在右侧"检测"栏中会出现对钩表示全部通过。通过之后，单击"执行变更"按钮执行变更，即可完成原理图中位号的重新编辑。

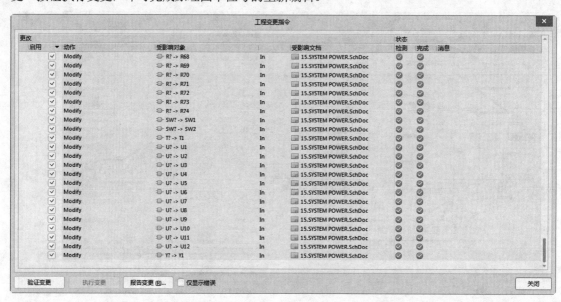

图5-66 工程变更单

 小 助 手 提 示

常用元件编号前缀可以参考表5-4。

表5-4 常用元件编号前缀

元 件	编 号 前 缀	元 件	编 号 前 缀
电阻	R	整流二极管	ZD
排阻	RN	发光二极管	LED
电容	C	连接器	CON
电解电容	EC	跳线	J
磁珠	FB	开关	K 或 SW
芯片	U	电池	BAT
模块	MOD 或 U	固定通孔	MH
晶振	X	Mark 点	H
三极管	Q 或 T	测试点	TP
二极管	D		

5.6.2 元件属性的更改

有时画好原理图后，又需要对某些同类型元件进行属性的更改，一个一个地更改比较麻烦，Altium Designer 提供了比较好的全局批量更改方法。下面以相同阻值电阻更改为另外阻值为例进行说明，其他属性更改，如更改封装、Comment 值等信息，可以参考这个方法。

（1）单击选中 120Ω 的电阻 R22，单击鼠标右键，执行"查找相似对象"命令，如图 5-67 所示，进入筛选对话框，如图 5-68 所示。

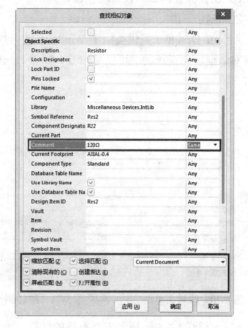

图 5-67　执行"查找相似对象"命令　　　　图 5-68　筛选对话框

① 在"Comment"栏中选择"Same"，表示 120Ω 的电阻适配。

② 对筛选对话框下端的"选择匹配"进行勾选，此处一定记得要勾选，否则更改不成功。

③ 可以选择适配文档。

- Current Document：当前原理图页。
- Open Document：打开的原理图页。
- Project Documents：工程里面的所有原理图页。

（2）适配选中元件后会弹出对应"Properties"面板，在"Comment"栏中可以全局更改参数值，即可更改成功，如图 5-69 所示。

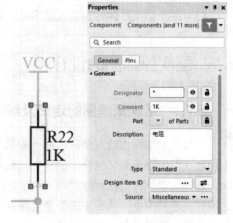

图 5-69　阻值更改成功

5.6.3 原理图的跳转与查找

大面积的原理图无法直接定位某个元件的位号、网络标签所在的位置，可以通过跳转和查找功能来实现定位查找。

1．跳转

（1）按快捷键"J"，出现如图 5-70 所示的跳转菜单，执行命令"跳转到器件"（快捷键"JC"）。

（2）在打开的如图 5-71 所示的对话框中，输入需要跳转到的位号名称，如"R15"，单击"确定"按钮，即可完成跳转。

使用跳转菜单还能实现其他跳转。

① 原点：跳转到原点，一般是原始元件，在左下角。

② 新位置：可以跳转到 X、Y 的坐标值处。

③ 位置标志：可以跳转到标记的地方。

④ 设置位置标志：设置跳转标记。

2. 查找

Altium Designer 提供类似于 Windows 的查找功能。按快捷键"Ctrl+F"，进入如图 5-72 所示的查找对话框。此查找功能可以对位号、字符、网络标签、管脚号进行查找。

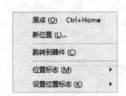

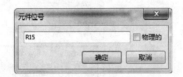

图 5-70 跳转菜单   图 5-71 跳转到元件 R15   图 5-72 查找对话框

（1）查找的文本：输入需要查找的字符。

（2）图纸页面范围：选择适配的原理图文档，可以选择当前原理图页，也可以选择整个文档。

（3）跳至结果：跳转到查找结果处，此处建议勾选，查到之后直接跳转到结果处非常方便。

5.7 层次原理图的设计

5.7.1 层次原理图的定义及结构

当设计的电路比较复杂时，用一张原理图来绘制显得比较困难，可读性也相对较差，此时可以采用层次型电路来简化电路。把一个完整的电路系统按照功能划分为若干子系统，即子功能电路模块。这样，设计人员就可以把每一个子功能电路模块的相应原理图绘制出来，然后在这些子原理图之间建立连接关系，从而完成整个电路系统的设计。不难看出，层次原理图的设计实际上就是一种化整为零、聚零为整的设计方法。

层次原理图设计的概念很像文件管理树状结构，设计者可以从绘制电路母原理图（简称母图）开始，逐级向下绘制子原理图（简称子图）；也可以从绘制基本的子原理图开始，逐级向上绘制相应的母原理图。因此，层次原理图的设计方法可以分为两种，即自上而下的层次原理图设计方法和自下而上的层次原理图设计方法。

（1）自上而下：先设计好母图，再用母图的方块图来设计子图，如图 5-73 所示。

（2）自下而上：先设计好子图，再用子图来产生方块图连接成母图，如图 5-74 所示。

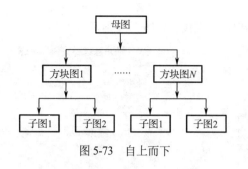

图 5-73　自上而下

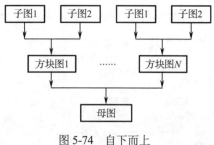

图 5-74　自下而上

5.7.2　自上而下的层次原理图设计

设计层次原理图需要先创建好一个工程，或者是在已经存在的工程中进行操作。此处以一个简单的电路为例进行说明。

（1）执行菜单命令"放置-页面符"或者图标命令，激活放置图纸方块图命令，单击空白位置，移动光标，放置方块图，如图 5-75 所示。

（2）在放置状态下按"Tab"键，或者放置完成之后双击，可以对方块图属性进行设置，如图 5-76 所示。

① Designator：方块图命名，此处设置举例更改为"CPU"。

② File Name：此即模块电路原理图的文件名，此处设置举例更改为"CPU 模块"。

图 5-75　放置方块图

图 5-76　方块图属性设置

（3）执行第（2）步的操作，放置同样的方块图，分别命名为"CPUCLK""MEMORY""RESET""8279""DRIVER""POWER"，如图 5-77 所示。

（4）执行菜单命令"放置-端口"或者图标命令，放置方块图的端口。在放置状态下按"Tab"键，可以对端口属性进行设置，如图 5-78 所示。

① Name：端口的名称。

② I/O Type：I/O 类型，共有 Unspecified（不指定）、Output（输出）、Input（输入）、Bidirectional（双向）4 种。

多次执行这个操作，放置 CPU 模块方块图的端口，如图 5-79 所示。

（5）执行菜单命令"放置-添加图纸入口"或者图标命令，放置方块图的内部 I/O 端口。与端口放置一样，在放置状态下按"Tab"键，可以对内部 I/O 端口属性进行设置。多次执行这个操作，同样放置 CPU 模块方块图的内部 I/O 端口，如图 5-80 所示。

（6）执行快捷命令"PW"，端口和内部 I/O 端口对应连接，如图 5-81 所示。

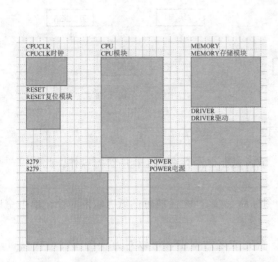

图 5-77　模块方块图

图 5-78　端口属性设置

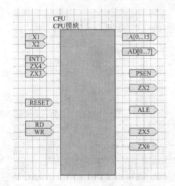

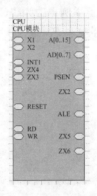

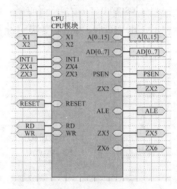

图 5-79　放置 CPU 模块方块图
的端口

图 5-80　放置 CPU 模块
方块图的内部 I/O 端口

图 5-81　端口和内部 I/O
端口对应连接

（7）重复第（4）、（5）、（6）步，完成其他几个模块方块图的端口、内部 I/O 端口的放置与连接，并对相同名称的端口用导线进行连接。完成的原理方块图如图 5-82 所示。

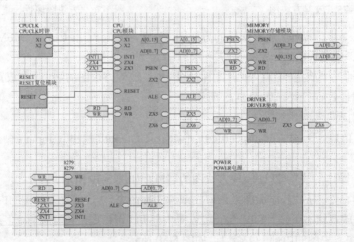

图 5-82　完成的原理方块图

（8）自上而下设计层次型电路，应先建立方块图，再绘制方块图相应的电路图。而绘制电路图时，其端口符号必须和方块图的内部 I/O 端口符号相对应，不能多也不能少。执行菜单命令"设计-从页面符创建图纸"，如图 5-83 所示，并单击 CPU 模块方块图，可以快速产生新图形文件，并且自动产生相应的端口和方块图的内部 I/O 端口对应，如图 5-84 所示。

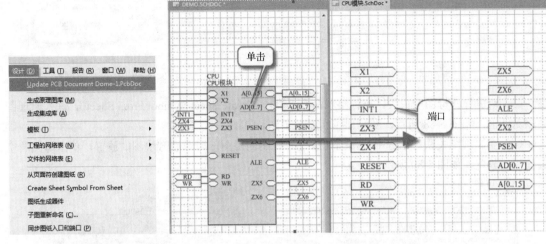

图 5-83　快速产生新图形文件　　　　　　图 5-84　子图的自动生成

（9）重复操作，可以对应产生 CPUCLK 时钟模块、MEMORY 存储模块、RESET 复位模块、8279 模块、DRIVER 驱动模块、POWER 电源模块的子图，如图 5-85 所示。

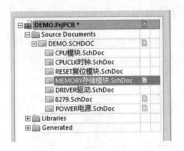

图 5-85　自动生成的子图页

（10）按照前面原理图设计的内容，分别完成子图设计，即完成整个层次原理图的设计。

　　层次原理图的设计核心要点是原理图母图的端口和子图的端口进行关联，子图的设计按照常规的原理图设计完成即可。

5.7.3　自下而上的层次原理图设计

　　自下而上的层次原理图设计和自上而下的层次原理图设计是刚好相反的顺序，首先设计好各个模块的子图，然后通过子图来生成母图的方块图。

　　（1）同样，设计的时候需要在一个工程中进行操作，或者创建一个工程。在这个工程中，按照原理图设计的常规方法，把子图设计好，如图 5-86 所示。

　　（2）执行菜单命令"文件-新的-原理图"，新建一个空白的层次原理图的母图页，保存为"MAIN.SchDoc"，如图 5-87 所示。

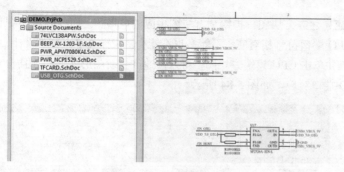

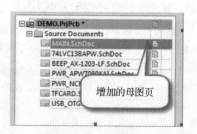

图 5-86　设计好的子图　　　　　　　　　　　　图 5-87　增加的母图页

（3）双击打开母图空白页，执行菜单命令"设计-Create Sheet Symbol From Sheet"，进入原理图关联对话框，如图 5-88 所示，罗列出了所有的子图。

（4）在原理图关联对话框中双击需要放置方块图的子图，即激活方块图的放置，单击母图的空白处可以放置，如图 5-89 所示。

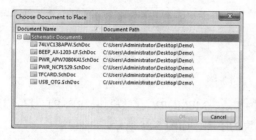
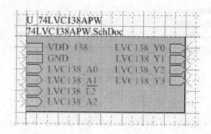

图 5-88　选择子图放置方块图　　　　　　　　　图 5-89　子图方块图的放置

（5）重复第（4）步，可以把需要放置的子图方块图都在母图中放置完毕，如图 5-90 所示。对整个工程进行保存，然后编译，即完成设计，如图 5-91 所示，可以看到编译之后的层次结构。

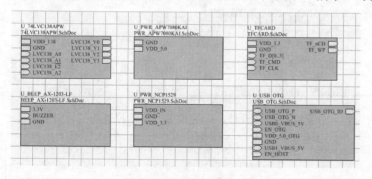
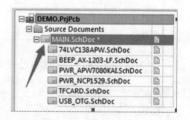

图 5-90　放置好的方块图　　　　　　　　　　　图 5-91　编译之后的层次结构

5.8　原理图的编译与检查

在设计完原理图之后、设计 PCB 之前，工程师可以利用软件自带的 ERC 功能对常规的一些电气性能进行检查，避免一些常规性错误和查漏补缺，以及为正确完整地导入 PCB 进行电路设计做准备。

5.8.1　原理图编译设置

（1）在工程文件上单击鼠标右键，执行"Project Options"命令，或者执行菜单命令"项目-Project

Options",单击"Error Reporting"选项卡,进入原理图编译设置窗口,如图5-92所示。

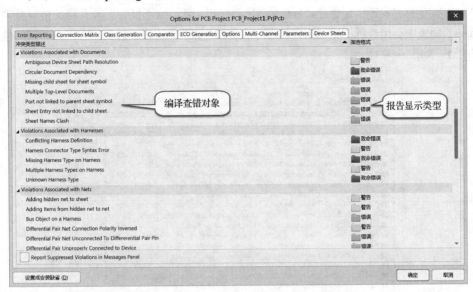

图 5-92　原理图编译设置

① 冲突类型描述:即编译查错对象。

② 报告格式:即报告显示类型。

● 不报告:对检查出来的结果不进行报告显示。

● 警告:对检查出来的结果只是进行警告。

● 错误:对检查出来的结果进行错误提示。

● 致命错误:对检查出来的结果提示严重错误,并用红色表示。

如果需要对某项进行检查,建议选择"致命错误",这样比较明显并具有针对性,方便查找定位。

(2)对常规检查来说,集中检查以下对象。

① Duplicate Part Designators:存在重复的元件位号,如图5-93(a)所示。

② Floating net labels:存在悬浮的网络标签,如图5-93(b)所示。

③ Floating Power Objects:存在悬浮的电源端口,如图5-93(b)所示。

④ Nets with only one pin:存在单端网络,如图5-93(c)所示。

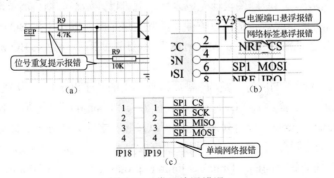

图 5-93　常见编译错误

5.8.2　编译与检查

(1)编译项设置之后即可对原理图进行编译,执行菜单命令"项目-Validate PCB Project

*.PrjPcb"，即可完成原理图编译。

（2）在界面的右下角执行命令"Panels-Messages"，显示编译报告。若有相关错误报告，则在"Messages"面板中会用红色标记出来，双击对应的红色报告，可以跳转到原理图相对应的位置进行查看和检查，如图 5-94 所示。

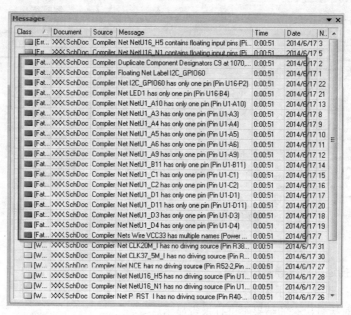

图 5-94 "Messages"面板

5.9 BOM 表

　BOM 表即物料清单。当原理图设计完成之后，就可以开始整理物料清单准备采购元件了。如何将设计中用到的元件的信息进行输出以方便采购呢？这个时候就会用到 BOM 表了。

　（1）执行菜单命令"报告-Bill of Materials"（快捷键"RI"），进入 BOM 表参数设置界面，如图 5-95 所示。

　（2）Columns：包含元件的所有参数项，需要进行导出的都予以选择，一般建议选择"Comment"（元件值）、"Description"（描述）、"Designator"（位号）、"Footprint"（封装）等。

　（3）Drag a column to group：分组列，让元件可以按照特定的方式分类。如果想把封装为 0805R、Comment 值为 5.7K 的电阻分到一组里面，那么就可以把"Comment""Footprint""LibRef"参数从下面的"Columns"拖动到上面的"Drag a column to group"中，如图 5-96 所示。

　（4）File Format：BOM 表的导出格式，一般执行导出后缀为.xls 的 Excel 文件。

　（5）Template：导出模板选择，可以选择"none"进行直接输出，或者使用 Altium Designer 提供的模板来生成 BOM 表。必要时可以用 Excel 打开一个模板看一下，BOM 表模板为安装目录下面的"Templates"文件夹下后缀为.XLT 的文件，如图 5-97 所示。

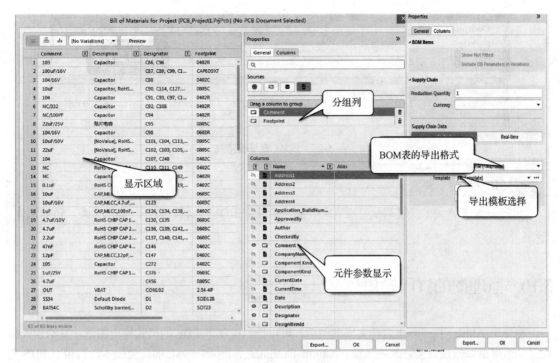

图 5-95　BOM 表参数设置

图 5-96　拖动到分组列中

图 5-97　BOM 表模板

　　例如，打开 BOM Purchase.XLT 模板，如图 5-98 所示，其中，"Column=LibRef"表示这一列为各元件的 LibRef 所对应的参数值。可以看到，模板中列出的参数有些是我们不需要的，有些我们需要的又没有。这时，只需要把每列的模板的语句修改一下就可以了。例如，将第一列的"Column=LibRef"改为"Column=Designator"，那么这一列就可以显示元件位号了。其他的一样修改。修改好后保存为 Excel 的.XLT 文件，放到"Templates"文件夹下，就可在下拉列表中看到了。

　　（6）单击右下角的"Export"按钮就可以生成所需要的 BOM 表了，一般文件保存在工程目录下，或者工程目录下的"Documents"目录下，找到它打开就可以了。

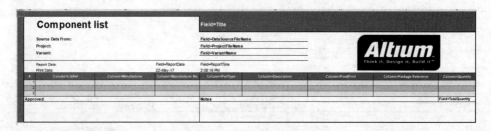

图 5-98　BOM 表模板格式

　　由于一些用户安装没有到位，造成文件夹下面没有 BOM 表模板文件。如果需要，请联系作者获取。

5.10　原理图的打印输出

在使用 Altium Designer 设计完原理图后，可以把原理图以 PDF 的形式输出图纸，发给别人阅读，从而尽量降低被直接篡改的风险。Altium Designer 是 Protel 99SE 的高级版本，自带有 PDF 文件输出功能，即"智能 PDF"这个功能，可以把原理图以 PDF 的形式进行输出。

（1）执行菜单命令"文件-智能 PDF"，进入 PDF 的创建向导，如图 5-99 所示，一般根据向导来进行设置。

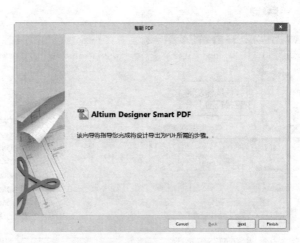

图 5-99　进入 PDF 的创建向导

（2）单击"Next"按钮，在打开的"选择导出目标"界面中可以选择输出的文档范围，如图 5-100 所示。

① 当前项目：对当前整个工程的文档进行 PDF 输出。

② 当前文档：对当前选中的文档进行 PDF 输出。

（3）在接下来的界面中可以选择是否对 BOM 表进行输出，如图 5-101 所示，一般单独对 BOM 表进行输出，所以这里不用勾选。

（4）在"添加打印设置"界面中可以对 PDF 输出参数进行一定的设置，如图 5-102 所示，一般对其输出颜色进行选择就好了，其他的直接按照默认推荐的设置即可。

图 5-100　选择输出的文档范围　　　　　　　　　图 5-101　选择是否对 BOM 表进行输出

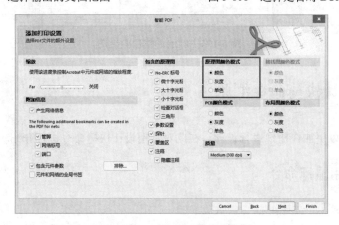

图 5-102　PDF 输出参数设置

① 颜色：彩色的，设计用的什么颜色输出的就是什么颜色。

② 灰度：灰色的，一般不选择。

③ 单色：黑白的，这个因为对比度高，一般常用。

（5）按照图 5-103 所示进行勾选后，单击"Finish"按钮，完成 PDF 的输出，并打开 PDF，效果图如图 5-104 所示。

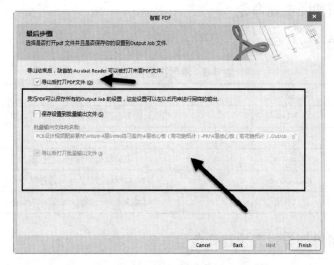

图 5-103　执行完成 PDF 的输出并打开 PDF

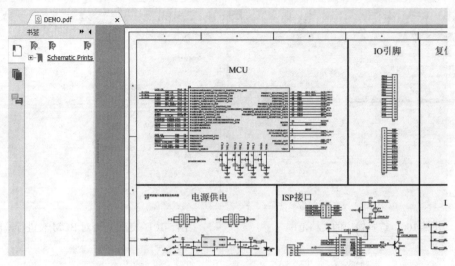

图 5-104 PDF 的输出效果图

5.11 常用设计快捷命令汇总

为了让读者可以更加快捷地进行设计，在此对常用设计快捷命令进行介绍。

5.11.1 常用鼠标命令

常用鼠标命令如表 5-5 所示。

表 5-5 常用鼠标命令

命 令	功 能	命 令	功 能
单击左键	选择命令	单击右键	取消或进行命令选择
长按左键	可以拖动对象	长按右键	拖动原理图页
双击左键	进行对象属性设置	按住鼠标中键+拖动	放大或缩小

5.11.2 常用视图快捷命令

常用视图快捷命令如表 5-6 所示。

表 5-6 常用视图快捷命令

命 令	快 捷 键	功 能 说 明
适合文件	VD	当设计图页不在目视范围内时，可以快速归位
适合所有对象	VF	对整个图纸文档进行图纸归位
放大	Page Up	以鼠标指针为中心进行放大
缩小	Page Down	以鼠标指针为中心进行缩小
选中的对象	VE	可以快速对选择的对象进行放大显示

5.11.3 常用排列与对齐快捷命令

常用排列与对齐快捷命令如表 5-7 所示。

表 5-7　常用排列与对齐快捷命令

命　令	快　捷　键	功　能　说　明
左对齐	AL	向左对齐
右对齐	AR	向右对齐
顶对齐	AT	向顶部对齐
底对齐	AB	向底部对齐
水平分布	AD	水平等间距分布对齐
垂直分布	AI	垂直等间距分布对齐

5.11.4　其他常用快捷命令

其他常用快捷命令如表 5-8 所示。

表 5-8　其他常用快捷命令

命　令	快　捷　键	功　能　说　明
放置-线	PW	放置导线
放置-总线	PB	放置总线
放置-器件	PP	放置元件
放置-网络标签	PN	放置网络标签
放置-文本字符串	PT	放置字符标注
删除	ED	删除操作
	Shift+拖动	递增复制
	Ctrl+F	快速查找
跳转到元件	JC	跳转到某元件
	Alt+单击	高亮相同网络
	TP	系统参数设置

5.12　原理图设计实例——AT89C51

通过前面的元件库及原理图设计的说明，相信读者看到这里已经可以进行一些简单的原理图设计了。本节给读者准备了一个实例讲述，使读者能够将理论与实践相结合，温习前面所讲述的内容，同时便于读者自学。作者可赠送全部的实例及教学视频，欢迎读者联系作者获取。

5.12.1　工程的创建

按照第 3 章中介绍的方法分别新建工程、元件库及原理图，并且命名为"89C51"，如图 5-105所示。

5.12.2　元件库的创建

（1）双击元件库文件，进入元件库编辑器界面，并在右下角执行命令"Panels-SCH Library"，调出元件库面板，单击元件栏中的"添加"按钮，添加一个"89C51"的元件，如图 5-106 所示。

图 5-105　工程的创建

图 5-106　添加新元件

（2）执行菜单命令"放置-矩形"，在工作区的中心位置放置一个合适的矩形框。

（3）执行菜单命令"放置-管脚"，在矩形框的边缘放置管脚。在放置状态下按"Tab"键，更改管脚名称为"P1.0"，管脚序号为"1"。

（4）重复第（3）步，直至把89C51芯片的管脚都放置完毕，如图5-107所示。

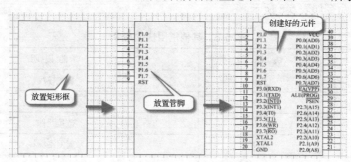

图 5-107　"89C51"元件创建的过程

（5）在元件列表中双击"89C51"元件，可以对此元件的属性进行设置，如图5-108所示。

① Designator：填写"U？"。

② Comment：填写"89C51"。

③ Footprint：填写封装名称为"DIP40"。

（6）重复第（1）步至第（5）步的操作，完成对元件"7805""CAP""CON2""CON8""CON11""CRY""RES""电源端子"的创建，如图5-109所示。

图 5-108　元件属性设置

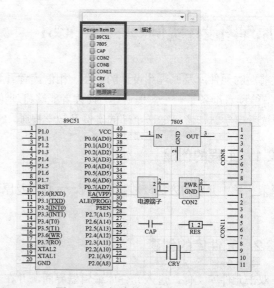

图 5-109　创建的元件及部分图形

5.12.3　原理图的设计

（1）双击打开原理图页，进行准备设置。

（2）在打开元件库的状态下，在元件库面板的元件列表中选择需要放置的元件，如"89C51"，单击"放置"按钮，这个时候鼠标光标会自动跳转到原理图页，并且鼠标光标附着"89C51"这个元件，单击放置在原理图页的合适位置，如图 5-110 所示。

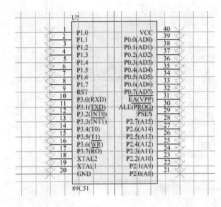

图 5-110　放置"89C51"元件

（3）在放置状态下按"Tab"键，或者放置完成之后双击，可以更改"89C51"元件的属性，如图 5-111 所示。

（4）重复第（2）、（3）步，放置其他元件，如图 5-112 所示，把所有需要放置的元件都放置到原理图中来。

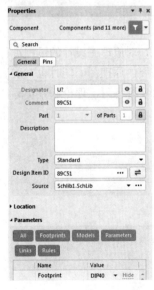

图 5-111　更改元件属性　　　　　　　　图 5-112　放置所有元件

（5）移动元件到合适的位置，分别执行菜单命令"放置-线"、菜单命令"放置-网络标签"和菜单命令"放置-电源端口"，可以放置导线、网络标签和电源端口，完成原理图的电气性能连接。

（6）对于多路电路，可以执行复制和粘贴进行操作。

（7）执行菜单命令"放置-绘图工具-线"，放置功能模块分块辅助线。

（8）按快捷键"TAA"，进入编号编辑对话框，单击"Reset All"按钮，可以对所有的元件编号进行复位，单击"更新更改列表"按钮，对元件列表进行编号变更，单击"接受更改（创建 ECO）"按钮，接受编号变更，实现原理图的变更。

绘制好的原理图如图 5-113 所示。

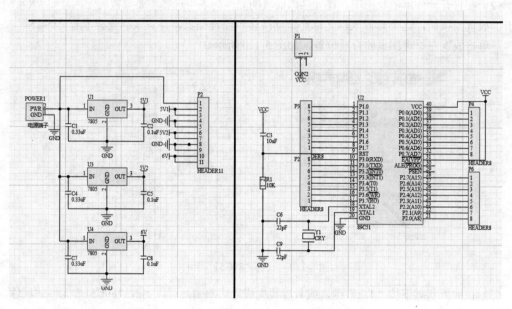

图 5-113　绘制好的原理图

5.13　本章小结

本章介绍了原理图编辑界面，并通过原理图设计流程化讲解的方式，对原理图设计的过程进行了详细讲述，目的是让读者可以一步一步地根据本章所讲设计出自己需要的原理图，同时也对层次原理图的设计进行了讲述，最后以一个实例教程结束，让读者可以结合实际练习，理论联系实际，融会贯通。

第6章

PCB 库开发环境及设计

电路设计完成之后，PCB 封装是元件实物映射到 PCB 上的产物。不能随意赋予 PCB 封装尺寸，应该按照元件规格书的精确尺寸进行绘制。元件库与 PCB 库的相互结合，是电路设计连接关系和实物电路板衔接的桥梁，创建 PCB 封装有其必要性。

本章主要讲述标准 PCB 封装、异形封装、集成库、3D PCB 封装的设计方法及相关的设计标准，从开发环境介绍到 PCB 库的完成，一步一个脚印，由浅入深，让读者充分了解 PCB 封装的设计。

 学习目标

➤ 熟悉 PCB 库开发环境
➤ 熟练利用向导法和手工法创建 PCB 封装
➤ 能熟练依据元件封装数据手册，处理好各类封装数据，准确地对各类数据进行输入，充分考虑到元件封装的补偿值
➤ 熟悉异形封装的组合方式及转换方式，注意异形封装层属性与标准焊盘的不同
➤ 了解常见 PCB 封装的设计规范，能充分应用到自身设计中
➤ 熟悉简单 3D 模型创建法及 STEP 模型导入法
➤ 熟悉集成库的创建、离散、安装与移除及封装的路径匹配

6.1 PCB 封装的组成

PCB 封装的组成一般有以下元素，如图 6-1 所示。

（1）PCB 焊盘：用来焊接元件管脚的载体。

（2）管脚序号：用来和元件进行电气连接关系匹配的序号。

（3）元件丝印：用来描述元件腔体大小的识别框。

（4）阻焊层：防止绿油覆盖，可以有效地保护焊盘焊接区域。

（5）1 脚标识/极性标识：主要是用来定位元件方向的标识符号。

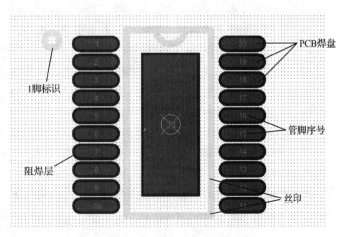

图 6-1　PCB 封装的组成

6.2 PCB 库编辑界面

PCB 库编辑界面主要包含菜单栏、工具栏、绘制工具栏、面板栏、PCB 封装列表、PCB 封装信息显示、层显示、状态信息显示及绘制工作区，如图 6-2 所示。丰富的信息及绘制工具组成了非常人性化的交互界面。同元件库编辑器界面一样，状态信息及工作面板会随绘制工作的不同而有所不同，读者可以根据自己的操作进行实时体验。

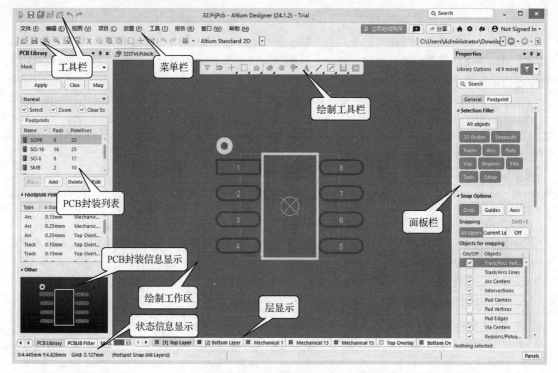

图 6-2　PCB 库编辑界面

1. 菜单栏

（1）文件：主要用于完成对各种文件的新建、打开、保存等操作。

（2）编辑：用于完成各种编辑操作，包括撤销、取消、复制及粘贴。

（3）视图：用于视图操作，包括窗口的放大、缩小，工具栏的打开、关闭及栅格的设置、显示。

（4）项目：主要用于对工程的各类编译及添加、移除。

（5）放置：用于放置过孔、焊盘、走线、圆弧、多边形等。

（6）工具：为设计者提供各类工具。

（7）报告：提供 PCB 封装检查报告及测量等功能。

（8）窗口：改变窗口的显示方式，可以切换窗口的双屏或者多屏显示等。

2. 工具栏

工具栏是菜单栏的延伸显示，为操作频繁的命令提供窗口按钮（有时也称图标）显示的方式。为了方便读者认识工具栏中的功能按钮，作者把最常用的功能按钮列于表 6-1 中。

表 6-1　工具栏中的功能按钮

功能按钮	功能说明	功能按钮	功能说明
🗁	打开	🖺	复制
🖫	保存	⬚	框选
🔍	放大	✛	移动
🔍	缩小	⤫	取消选择
🔍	打印预览	↰	撤销
✂	剪切	↱	重新执行

3. 绘制工具栏

根据作者的设计经验，在创建封装时，绘制工具栏中的功能按钮是用得最多的，在此介绍一下，如表 6-2 所示。

表 6-2　绘制工具栏中的功能按钮

功能按钮	功能说明	功能按钮	功能说明
▽	选择过滤器	⚿	放置过孔
⊃	捕捉过滤器	A	放置字符串
✛	移动	╱	放置线条
⬚	选中	╱	放置路线
ⅲ	对齐	⟂	放置尺寸
◈	放置 3D 模型	回	放置多边形铺铜挖空
◎	放置焊盘		

4. 工作面板

在 PCB 库编辑界面的右下角执行命令"Panels-PCB Library"，可以调出工作面板（也称"PCB Library"面板），用来显示 PCB 封装列表、PCB 封装信息及 PCB 封装的 PCB 预览，如图 6-3 所示。

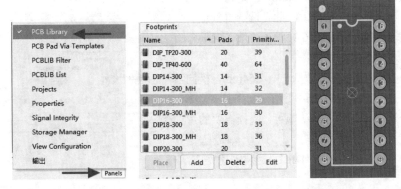

图 6-3　调出工作面板

6.3 2D 标准封装创建

常见的封装创建方法包含元器件向导创建法、IPC 封装向导创建法和手工创建法。对于一些管脚数目比较多、形状又比较规范的封装，一般倾向于利用向导法创建封装；对于一些管脚数目比较少或者形状比较不规范的封装，一般倾向于利用手工法创建封装。下面以 3 个实例来分别说明这 3 种方法的步骤及不同之处。

6.3.1 元器件向导创建法

PCB 库编辑界面包含一个封装向导，用它创建 PCB 封装是基于对一系列参数的问答。下面以创建 DIP14 封装为例详细讲解元器件向导创建法的步骤。

（1）在工作面板的"Footprints"栏中单击鼠标右键，执行向导命令"Footprint Wizard"，出现封装向导，如图 6-4 所示。

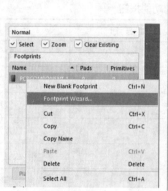

图 6-4 执行向导命令

（2）按照向导流程，选择创建 DIP 系列，单位选择 mm，如图 6-5 所示。

（3）下载 DIP14 的数据手册，如图 6-6 所示，按照数据手册填写相关问答参数。

焊盘参数：内径为 B——0.46mm，但是为了考虑余量，一般比数据手册的数据大，此处选择 0.8mm，外径为 B1——1.52mm，如图 6-7 所示，填入向导参数栏。

焊盘间距参数：纵向间距为 e——2.54mm，横向间距为 E1——7.62mm，如图 6-8 所示。

剩下部分选项按照向导默认即可，选择需要的焊盘数量为 14。

（4）单击"Finish"按钮，DIP14 封装创建完成，如图 6-9 所示。

图 6-5 向导参数选择

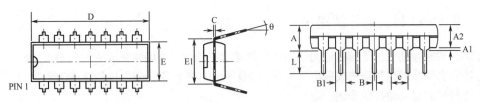

Symbol	Dimensions In Millmeters			Dimensions In Inches		
	Min	Nom	Max	Min	Nom	Max
A	—	—	4.31	—	—	0.170
A1	0.38	—	—	0.015	—	—
A2	3.15	3.40	3.65	0.124	0.134	0.144
B	—	0.46	—	—	0.018	—
B1	—	1.52	—	—	0.060	—
C	—	0.25	—	—	0.010	—
D	19.00	19.30	19.60	0.748	0.760	0.772
E	6.20	6.40	6.60	0.244	0.252	0.260
E1	—	7.62	—	—	0.300	—
e	—	2.54	—	—	0.100	—
L	3.00	3.30	3.60	0.118	0.130	0.142
θ	0°	—	15°	0°	—	15°

图 6-6　DIP14 的数据手册

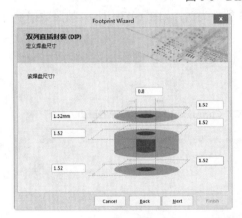

图 6-7　焊盘参数　　　　　　　图 6-8　焊盘间距参数

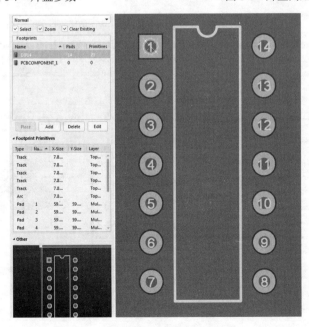

图 6-9　创建完成的 DIP14 封装

6.3.2 IPC 封装向导创建法

IPC 封装向导创建法是在前述元器件向导创建法的基础上使创建完成的封装多一个简单 3D 模型，可以省去向导创建封装完成后再手动添加 3D 元件体的步骤。下面以创建 SOP8 封装为例详细讲解 IPC 封装向导创建法的步骤。

（1）在使用之前需要先安装此插件，在右上角执行图标命令"Not Signed In"，然后执行插件安装命令"Extensions and Updates"，安装此插件，如图 6-10 所示。

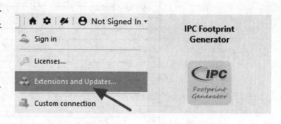

图 6-10　安装插件

（2）打开 PCB 库编辑界面，执行菜单命令"工具-IPC Compliant Footprint Wizard"，在弹出的"IPC Compliant Footprint Wizard"对话框中单击"Next"按钮执行下一步，如图 6-11 所示。

（3）在向导对话框的封装类型列表中找到"SOP/TSOP"类型，如图 6-12 所示。

（4）下载 SOP8 的数据手册，此处以 MC34063 器件为例，如图 6-13 所示，按照数据手册填写相关问答参数。

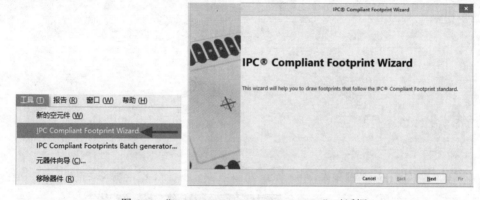

图 6-11　"IPC Compliant Footprint Wizard"对话框

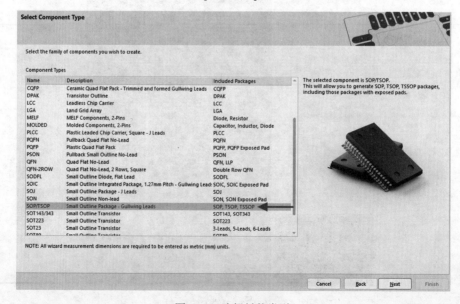

图 6-12　选择封装类型

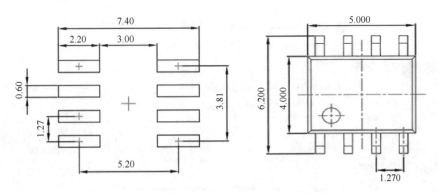

图 6-13　MC34063 器件 SOP8 封装的数据手册

焦盘尺寸：0.6mm×2.2mm。焊盘间距：横向间距为 5.20mm，纵向间距为 1.27mm。器件尺寸：5mm×6.2mm。根据数据手册推荐的封装参数，将封装参数填入向导参数栏，如图 6-14 所示。

剩下部分选项按照向导默认即可。

（5）单击"Finish"按钮，SOP8 封装创建完成，如图 6-15 所示。

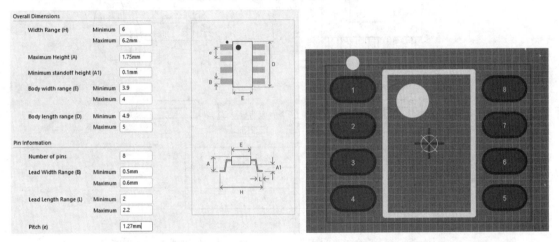

图 6-14　填写封装参数　　　　　　　　　　图 6-15　创建完成的 SOP8 封装

6.3.3　手工创建法

（1）按照 3.2.5 节中介绍的方法新建一个 PCB 库，出现默认命名为"PcbLib1.PcbLib"的 PCB 库文件和一个名为"PCBCOMPONENT_1"的元件，如图 6-16 所示。

（2）执行"保存"命令，将 PCB 库文件更名为"Demo.PcbLib"进行存储。

（3）双击"PCBCOMPONENT_1"，可以更改这个元件的名称；也可以在此"Footprints"栏中单击鼠标右键，执行"New Blank Footprint"命令，或者执行菜单命令"工具-新的空元件"，新建 PCB 封装添加到 PCB 封装列表中，如图 6-17 所示。

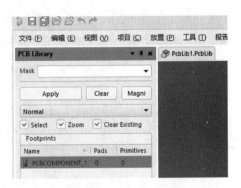

图 6-16　新建 PCB 库

（4）下载相关数据手册，此处以 TPS54550 芯片为例，数据手册上面详细地列出了焊盘的长和宽、焊盘间距、管脚序号和 1 脚标识等参数信息，据此来创建它的 PCB 封装，如图 6-18 所示。

图 6-17　更改元件名称或新建 PCB 封装

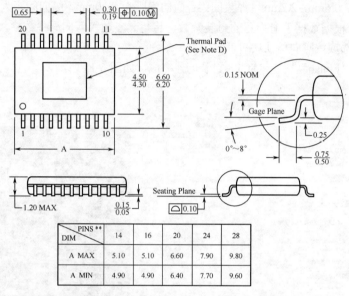

NOTES:　A. All linear dimensions are in millimeters.
　　　　B. This drawing is subject to change without notice.
　　　　C. Body dimensions do not include mold flash or protrusions. Mold flash and protrusion shall not exceed 0.15 per side.
　　　　D. This package is designed to be soldered to a thermal pad on the board. Refer to Technical Brief，PowerPad Thermally
　　　　　 Enhanced Package，Texas Instruments Literature No. SLMA002 for information regarding recommended board layout.
　　　　E. Falls within JEDEC MO-153.

图 6-18　TPS54550 的数据手册

（5）执行菜单命令"放置-焊盘"，可以放置焊盘。在放置状态下按"Tab"键，可以设置焊盘属性，焊盘是表贴焊盘，选择表贴焊盘模式、矩形图，如图 6-19 所示。

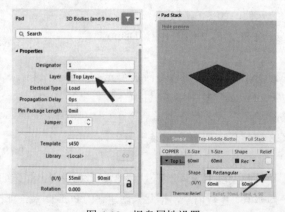

图 6-19　焊盘属性设置

表贴焊盘在层数选择处选择"Top Layer"，如果是通孔焊盘，请选择"Multi-Layer"。

（6）考虑到实际情况，通常制作封装焊盘的时候会加入补偿值。从数据手册可以看出，焊盘尺寸取中间值 0.6mm，内侧补偿 0.5mm，外侧补偿 0.5mm，焊盘长度为 1.6mm。同理，焊盘宽度加上补偿值之后可以取 0.4mm。

（7）从图 6-18 中可以看出，纵向焊盘与焊盘的中心间距为 0.65mm，横向间距为 6.5mm。按照管脚序号和间距一一摆放焊盘。注意，一般 1 号管脚为矩形，其他管脚为椭圆形，方便识别。

① 如图 6-20 所示，通过坐标法排列管脚序号。

② 如图 6-21 所示，通过阵列法排列管脚序号。

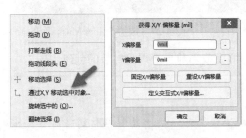

图 6-20　坐标法　　　　　　　　　　　　　　图 6-21　阵列法

③ 一般来说，结合使用前述两种方法可以达到快速创建的效果，排列效果图如图 6-22 所示。

（8）按照数据手册放置散热焊盘。

（9）按照数据手册，在丝印层绘制丝印本体，丝印线宽一般选择 5mil。

（10）放置 1 号管脚标识符号，定位元件原点（快捷键"EFC"）为中心点。

（11）核对以上参数即完成此 2D 封装的创建，如图 6-23 所示。

（12）当然也可以为元件添加高度及描述信息，方便布线工程师清楚它的高度。双击 PCB 封装列表中相应的元件，即可添加，如图 6-24 所示。

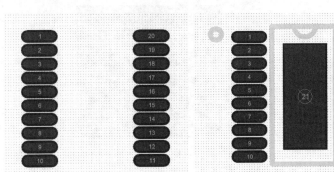

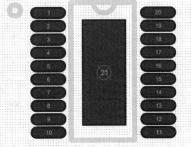

图 6-22　排列效果图　　　　图 6-23　创建完成的封装　　　图 6-24　添加元件高度及描述信息

6.4　异形焊盘封装创建

形状不规则的焊盘被称为异形焊盘。锅仔片封装，或者 PCB 设计中需要添加特殊形状的铜箔等，都可以通过制作异形焊盘封装代替。

此处以锅仔片封装为例进行说明，如图 6-25 所示。

（1）执行菜单命令"放置-圆弧（任意角度）"，放置圆弧，双击更改到需要的尺寸需求。

（2）放置中心表贴焊盘，并赋予焊盘管脚序号，如图6-26所示。

（3）放置Solder Mask（阻焊层）及Paste（钢网层），如图6-27所示。一般，Solder Mask比焊盘单边大2.5mil，即可以在Solder Mask放置比顶层宽5mil的圆弧。一般，Paste和焊盘区域是一样大的，所以放置与顶层一样大的圆弧。

图6-25　完整的锅仔片封装　　图6-26　放置焊盘　　图6-27　放置Solder Mask及Paste

（4）按快捷键"TVE"，放置好原点到元件的中心，即完成当前异形焊盘封装的创建。

小助手提示

复制某个元素之后，按快捷键"EA"，采用特殊粘贴法，可以快速复制粘贴到当前层，如图6-28所示。

Altium Designer 24新增将填充或实心区域直接转换成焊盘的功能，焊盘转换完成之后会自动生成阻焊焊盘、钢网焊盘和焊盘属性，可以提升异形焊盘制作的便捷性和效率。

首先要计算出焊盘的所有顶点的坐标，可以放置小焊盘到顶点的坐标上用于定位，如图6-29所示；然后执行菜单命令"放置-实心区域"，以抓取中心的方式单击所有顶点焊盘的中心点，把这些顶点焊盘连接起来，创建一个实心区域，如图6-30所示，异形焊盘的顶层就做好了，但现在还只是一块铜皮，不是一个完整的焊盘，因为还缺少阻焊层、钢网层、焊盘属性和管脚序号；选中实心区域，执行菜单命令"工具-转换-将选定区域添加到自定义焊盘"，如图6-31所示，则此实心区域便成为一个完整的焊盘。

图6-28　复制粘贴到当前层　　　　图6-29　放置小焊盘到顶点的坐标上用于定位

图6-30　创建实心区域

图 6-31　转换自定义焊盘

6.5　PCB 文件生成 PCB 库

有时自己或客户会提供放置好元件的 PCB 文件，这时候可以不必一个一个地创建 PCB 封装，而是直接从已存在的 PCB 文件导出 PCB 库即可。

（1）打开目标 PCB 文件。

（2）执行菜单命令"设计-生成 PCB 库"（快捷键"DP"），即可完成 PCB 库的生成，如图 6-32 所示。

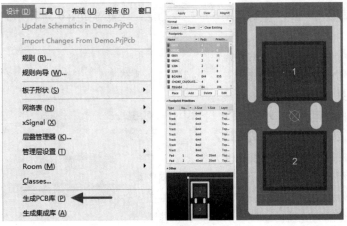

图 6-32　PCB 库的生成

6.6　PCB 封装的复制

类似于元件库，有时候由于拥有多个 PCB 库，不方便管理，需要把多个 PCB 封装合并到一个库中。

（1）在 PCB 库编辑界面的右下角执行命令"Panels-PCB Library"，调出工作面板。

（2）在 PCB 封装列表中，按住"Shift"键，单击选中需要复制的 PCB 封装。

（3）在选中的 PCB 封装上单击鼠标右键，执行"Copy"（复制）命令，或者按快捷键"Ctrl+C"。

（4）在需要合并的目的 PCB 库的 PCB 封装列表中单击鼠标右键，执行 "Paste N Components"（粘贴封装）命令，或者按快捷键 "Ctrl+V"，完成从其他 PCB 库复制封装到当前库中的操作，如图 6-33 所示。

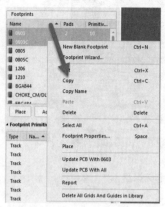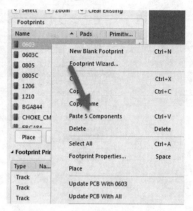

图 6-33　元件 PCB 封装的复制与粘贴

6.7　PCB 封装的检查与报告

Altium Designer 提供 PCB 封装错误的检查功能。创建完封装之后，可以执行菜单命令 "报告-元件规则检查"，对所创建的封装进行一些常规检查，如图 6-34 所示，可以对 PCB 封装进行选择性的检查。

为了方便读者充分认识 PCB 封装错误的检查功能，这里对如图 6-34 所示的对话框中的选项进行一定的介绍。

（1）重复的–焊盘：检查重复的焊盘。

（2）重复的–基元：检查重复的元素，包括丝印、填充等。

（3）重复的–封装：检查重复的封装。

（4）约束–丢失焊盘名称：检查 PCB 封装中缺失的焊盘名称。

（5）约束–短接铜皮：检查导线短路。

（6）约束–镜像的元件：检查镜像的元件。

（7）约束–未连接铜皮：检查没有连接的导线铜皮。

（8）约束–元件参考偏移：检查参考点是否设置在元件内部。

（9）约束–检查所有元器件：检查所有的 PCB 封装。

一般，为了创建 PCB 封装的正确性，会按照图 6-34 所示的那样对其进行常规检查，如果需要特殊检查某项，单独勾选检查即可。单击 "确定" 按钮之后，系统会生成一个如图 6-35 所示的报告栏，从中获知封装检查的相关信息，从而可以根据信息更新更正 PCB 封装。

图 6-34　封装错误检查

图 6-35　封装检查报告

6.8 常见 PCB 封装的设计规范及要求

PCB 封装是元件物料在 PCB 上的映射。封装是否设计规范牵涉到元件的贴片装配，需要正确地处理封装数据，满足实际生产的需求。有的工程师做的封装无法满足手工贴片，有的无法满足机器贴片，也有的未创建 1 脚标识，手工贴片的时候无法识别正反，造成 PCB 短路的现象时有发生，这个时候需要设计工程师对自己创建的封装进行一定的约束。

封装设计应统一采用公制单位，对于特殊元件，资料上没有采用公制标注的，为了避免英制到公制的转换误差，可以按照英制单位。精度要求：采用 mil 为单位时，精度为 2；采用 mm 为单位时，精度为 4。

6.8.1 SMD 贴片封装设计

1. 无管脚延伸型 SMD 贴片封装设计

图 6-36 给出了无管脚延伸型 SMD（表面贴装元件）贴片封装尺寸数据，给出如下数据定义说明。

A——元件的实体长度   X——PCB 封装焊盘宽度

H——元件的可焊接高度   Y——PCB 封装焊盘长度

T——元件的可焊接长度   S——两个焊盘的间距

W——元件的可焊接宽度

注：A、T、W 均取数据手册推荐的平均值。

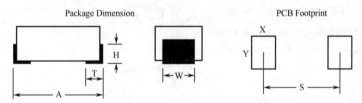

图 6-36　无管脚延伸型 SMD 贴片封装

定义：

T1 为 T 尺寸的外侧补偿常数，取值范围为 0.3～1mm；

T2 为 T 尺寸的内侧补偿常数，取值范围为 0.1～0.6mm；

W1 为 W 尺寸的侧边补偿常数，取值范围为 0～0.2mm。

通过实践经验并结合数据手册参数得出以下经验公式。

X=T1+T+T2

Y=W1+W+W1

S=A+T1+T1−X

实例演示如图 6-37 所示，根据图上数据及结合经验公式，可以得到如下实际封装的创建数据。

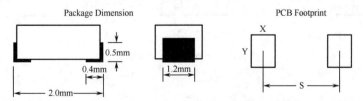

图 6-37　无管脚延伸型 SMD 贴片封装实例数据

X=0.6mm（T1）+0.4mm（T）+0.3mm（T2）=1.3mm

Y=0.2mm（W1）+1.2mm（W）+0.2mm（W1）=1.6mm

S=2.0mm（A）+0.6mm（T1）+0.6mm（T1）−1.3mm（X）=1.9mm

2. 翼形管脚型 SMD 贴片封装设计

图 6-38 给出了翼形管脚型 SMD 贴片封装尺寸数据，给出如下数据定义说明。

A——元件的实体长度　　　　　　　　X——PCB 封装焊盘宽度

T——元件管脚的可焊接长度　　　　　Y——PCB 封装焊盘长度

W——元件管脚宽度　　　　　　　　　S——两个焊盘的间距

注：A、T、W 均取数据手册推荐的平均值。

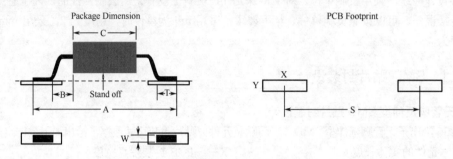

图 6-38　翼形管脚型 SMD 贴片封装

定义：

T1 为 T 尺寸的外侧补偿常数，取值范围为 0.3～1mm；

T2 为 T 尺寸的内侧补偿常数，取值范围为 0.3～1mm；

W1 为 W 尺寸的侧边补偿常数，取值范围为 0～0.2mm。

通过实践经验并结合数据手册参数得出以下经验公式。

X=T1+T+T2

Y=W1+W+W1

S=A+T1+T1−X

3. 平卧型 SMD 贴片封装设计

图 6-39 给出了平卧型 SMD 贴片封装尺寸数据，给出如下数据定义说明。

A——元件管脚的可焊接长度　　　　　X——PCB 封装焊盘宽度

C——元件管脚间隙　　　　　　　　　Y——PCB 封装焊盘长度

W——元件管脚宽度　　　　　　　　　S——两个焊盘的间距

注：A、C、W 均取数据手册推荐的平均值。

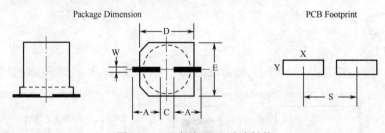

图 6-39　平卧型 SMD 贴片封装

定义：

A1 为 A 尺寸的外侧补偿常数，取值范围为 0.3～1mm；

A2 为 A 尺寸的内侧补偿常数，取值范围为 0.2～0.5mm；

W1 为 W 尺寸的侧边补偿常数，取值范围为 0～0.5mm。

通过实践经验并结合数据手册参数得出以下经验公式。

X=A1+A+A2

Y=W1+W+W1

S=A+A+C+A1+A1−X

4. J 形管脚型 SMD 贴片封装设计

图 6-40 给出了 J 形管脚型 SMD 贴片封装尺寸数据，给出如下数据定义说明。

A——元件的实体长度   X——PCB 封装焊盘宽度

D——元件管脚中心间距   Y——PCB 封装焊盘长度

W——元件管脚宽度   S——两个焊盘的间距

注：A、D、W 均取数据手册推荐的平均值。

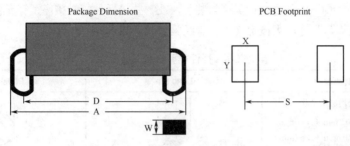

图 6-40　J 形管脚型 SMD 贴片封装

定义：

T 为元件管脚的可焊接长度；

T1 为 T 尺寸的外侧补偿常数，取值范围为 0.2～0.6mm；

T2 为 T 尺寸的内侧补偿常数，取值范围为 0.2～0.6mm；

W1 为 W 尺寸的侧边补偿常数，取值范围为 0～0.2mm。

通过实践经验并结合数据手册参数得出以下经验公式。

T=（A−D）/2

X=T1+T+T2

Y=W1+W+W1

S=A+T1+T1−X

5. 圆柱式管脚型 SMD 贴片封装设计

圆柱式管脚型 SMD 贴片封装如图 6-41 所示，其尺寸数据公式可以参考无管脚延伸型 SMD 贴片封装的经验公式。

6. BGA 类型 SMD 贴片封装设计

常见 BGA 类型 SMD 贴片封装模型如图 6-42 所示。此类封装可以根据 BGA 的 Pitch 间距来进行常数的添加补偿，如表 6-3 所示。

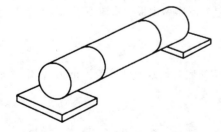

图 6-41　圆柱式管脚型 SMD 贴片封装

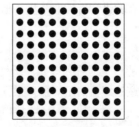

图 6-42　常见 BGA 类型 SMD 贴片封装模型

表 6-3　常见 BGA 焊盘补偿常数推荐

Pitch 间距/mm	焊盘直径/mm		Pitch 间距/mm	焊盘直径/mm	
	最　　小	最　　大		最　　小	最　　大
1.50	0.55	0.6	0.75	0.35	0.375
1.27	0.55	0.60（0.60）	0.65	0.275	0.3
1.00	0.45	0.50（0.48）	0.50	0.225	0.25
0.80	0.375	0.40（0.40）	0.40	0.17	0.2

6.8.2　插件类型封装设计

除贴片封装外，剩下的就是插件类型封装了，在一些接插件、对接座子等元件上面比较常见。对于插件类型封装焊盘尺寸，大概定义了一些经验公式，如表 6-4 所示。

表 6-4　插件类型封装焊盘尺寸

焊盘尺寸计算规则	Lead Pin	Physical Pin
圆形管脚，使用圆形钻孔 $D' = \begin{cases} 管脚直径D + 0.2mm（D < 1mm) \\ 管脚直径D + 0.3mm（D \geqslant 1mm) \end{cases}$		
矩形或正方形管脚，使用圆形钻孔 $D' = \sqrt{W^2 + H^2} + 0.1mm$		
矩形或正方形管脚，使用矩形钻孔 $W' = W + 0.5mm$ $H' = H + 0.5mm$		
矩形或正方形管脚，使用椭圆形钻孔 $W' = W + H + 0.5mm$ $H' = H + 0.5mm$		
椭圆形管脚，使用圆形钻孔 $D' = W + 0.5mm$		
椭圆形管脚，使用椭圆形钻孔 $W' = W + 0.5mm$ $H' = H + 0.5mm$		

6.8.3　沉板元件的特殊设计要求

1．开孔尺寸

元件四周开孔尺寸应保证比元件最大尺寸单边大 0.2mm（8mil），这样可以保证元件装配的时候能正常放进去。有的设计者按照数据手册做了封装，但是实际中做出板子来放不下，往往就是因为这个原因。

2．丝印标注

为了在板上能清楚地看到该元件所处位置，它的丝印在原有基础上外扩 0.25mm，保证丝印在板上，丝印必须避让焊盘的阻焊层，根据具体情况向外让或切断丝印。

图 6-43 给出了一个沉板的 RJ45 接口进行示例。

6.8.4 阻焊层设计

阻焊层就是 Solder Mask，是指印制电路板上要上绿油的部分。实际上这阻焊层使用的是负片输出，所以在阻焊层的形状映射到板子上以后，并不是上了绿油阻焊，反而是露出了铜皮。阻焊层的主要目的是防止波峰焊焊接时桥连现象的产生。

一般常规设计的时候采取单边开窗 2.5mil 的方式即可，如图 6-44 所示。如果有特殊要求的，需要在封装里面设计或者利用软件的规则进行约束。

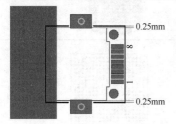

图 6-43　RJ45 接口沉板式封装

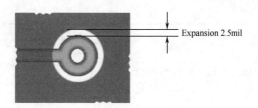

图 6-44　阻焊层单边开窗 2.5mil

6.8.5 丝印设计

（1）元件丝印，一般默认字符线宽为 0.2032mm（8mil），建议不小于 0.127mm（5mil）。

（2）焊盘在元件体之内时，轮廓丝印应与元件体轮廓等大，或者丝印比元件体轮廓外扩 0.1～0.5mm，以保证丝印与焊盘之间保持 6mil 以上的间隙；焊盘在元件体之外时，轮廓丝印与焊盘之间保持 6mil 及以上的间隙，如图 6-45 所示。

（3）管脚在元件体的边缘上时，轮廓丝印应比元件体大 0.1～0.5mm，丝印为断续线，丝印与焊盘之间保持 6mil 以上的间隙；丝印不要上焊盘，以免引起焊接不良，如图 6-46 所示。

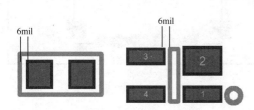

图 6-45　丝印与焊盘之间的间隙

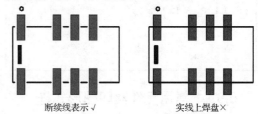

图 6-46　丝印为断续线的表示方法

6.8.6 元件 1 脚、极性及安装方向的设计

元件 1 脚标识可以表示元件的方向，防止在装配的时候出现芯片、二极管、极性电容等装反的现象，有效地提高了生产效率和良品率。

元件 1 脚、极性及安装方向的设计如表 6-5 所示，放置时注意丝印与焊盘之间仍然需要保持 6mil 以上的间隙。

表 6-5　元件 1 脚、极性及安装方向的设计

文　字　描　述	图　形　描　述
圆圈"○"	

文 字 描 述	图 形 描 述
正极极性符号"+"	
片式元件、IC 类元件等的安装标识端用 0.6～0.8mm 的 45°斜角表示	
BGA 的"A"和"1"(2 号字)	
IC 类元件管脚超过 64 个,应标注管脚分组标识符号。分组标识符号用线段表示,逢 5、逢 10 分别用长为 0.6mm、1mm 的线段表示	
接插件等类型的元件一般用文字"1""2""N-1""N"标识第 1、2、N-1、N 脚	

6.8.7 常用元件丝印图形式样

为了方便设计者设计标准的封装,在此列出了一些常用元件丝印图形式样,可供参考,如表 6-6 所示。

表 6-6 常用元件丝印图形式样

元 件 类 型	丝印图形式样	备 注
电阻		
电容		(1)无极性 (2)中间丝印未连接
钽电容		(1)要标出正极极性符号 (2)有双线一边为正极
二极管		要标出正极极性符号

元 件 类 型	丝印图形式样	备　　注
三极管/MOS 管		
SOP		（1）1 脚标识清晰 （2）管脚序号正确
BGA		用字母 "A" 及数字 "1" 标出元件 1 脚及方向
插装电阻	水平安装 立式安装	注意安装空间
插装电容	极性电容 非极性电容	注意极性方向标识

6.9　3D 封装创建

近年来，Altium 公司在 Altium Designer 6 系列以后不断加强三维显示的能力，可以帮助 PCB 工程师更直观地进行 PCB 设计。Altium Designer 的 3D PCB 设计比较简单，只需要拥有建立所需库的 3D 模型就可以了（工作就在库的设计）。

那么 3D 模型怎么来呢？有以下 3 种来源。

（1）用 Altium Designer 自带的 3D 元件体，创建简单的 3D 模型构架。

（2）在相关网站供应商处下载 3D 模型，导入 3D 体。

（3）用 SolidWorks 等专业三维软件来建立。

6.9.1　常规 3D 模型绘制

用 Altium Designer 自带的 3D 元件体，可以创建简单的 3D 模型构架。下面以 0603C 封装为例进行简单介绍。

（1）导入打开常用的 PCB 库，选择 0603C 封装，如图 6-47 所示。

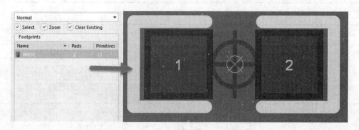

图 6-47　选择 0603C 封装

（2）首先确定 Mechanical 层打开，因为 3D 元件体只有在 Mechanical 层可有效放置成功。跳转到 Mechanical 层，执行菜单命令"放置-3D 元件体"，会出现如图 6-48 所示的 3D 模型模式选择及参数设置对话框。

（3）这里是自己手工绘制简单的 3D 模型，所以此处选择绘制模型模式，按照 0603C 封装规格在高度信息填写处填写参数，如图 6-49 所示。

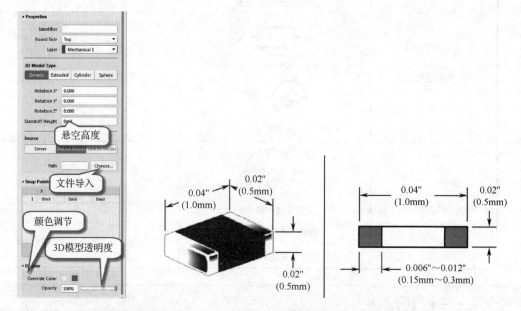

图 6-48　3D 模型模式选择及参数设置对话框　　　图 6-49　0603C 封装规格及填写参数

（4）按照实际尺寸绘制 0603C 的边框（自绘制的一般是颜色丝印本体绘制即可），如图 6-50 所示，绘制好的网状范围即 0603C 的实际尺寸。

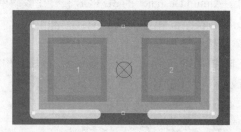

图 6-50　绘制 3D 元件体

（5）绘制完成之后一般会切换到 3D 模式下，验证之前一般先检查下 3D 显示选项设置是否正常，按快捷键"L"打开 3D 显示选项设置对话框，如图 6-51 所示，按照图示标记设置相关选项。

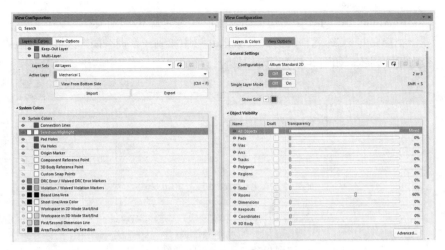

图 6-51　3D 显示选项设置

（6）设置好之后，可以在 PCB 库编辑界面中再切换到 3D 视图（快捷键"3"），可以查看绘制好的 3D 元件体的效果，如图 6-52 所示。

图 6-52　绘制好的 3D 元件体

小 助 手 提 示

在 3D 模式下，按住"Shift"键，然后再按住鼠标右键，可以对 3D 模型进行旋转操作，从各个方向查看 3D 模型的情况。

（7）存储绘制好的 3D 封装库，在 PCB 封装列表中单击鼠标右键，执行"Update PCB With 0603C"命令，更新此库到 PCB 中即可。同样，在 PCB 中切换到 3D 视图，即可查看效果，如图 6-53 所示。

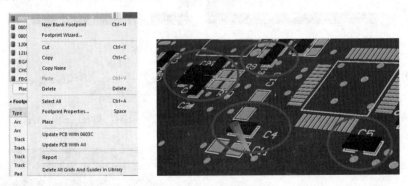

图 6-53　PCB 中 3D 效果预览

6.9.2　异形 3D 模型绘制

对于一些异形的 PCB 封装，会针对其进行异形的 3D 元件体绘制，如 PCB 上常用到的屏蔽罩

等，此时可以利用 Altium Designer 中多边形闭合图形自动生成 3D 元件体。

（1）新建一个空白的 PCB 元件，在 Mechanical 层中绘制一个拥有闭合区域的屏蔽罩，一定要是闭合的，否则无法创建，如图 6-54 所示。

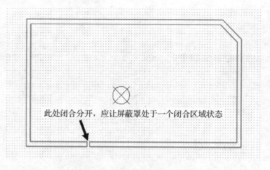

图 6-54　屏蔽罩 2D 元素

（2）执行菜单命令"工具–Manage 3D Bodies for Current Component"，出现 3D 元件体，然后拉伸缺口使缺口重合，如图 6-55 所示。

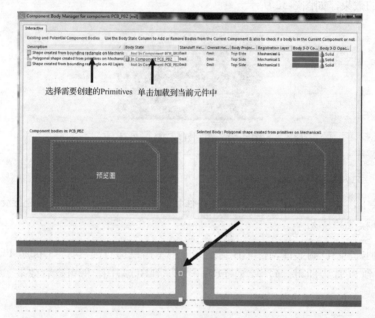

图 6-55　创建异形 3D 元件体

（3）双击刚刚创建好的 3D 元件体，添加屏蔽罩的高度及其他各项参数信息。

（4）结合常规 3D 元件体的绘制方法绘制屏蔽罩顶盖，如图 6-56 所示。

（5）切换到 3D 视图，即可查看到所绘制的屏蔽罩 3D 效果图，如图 6-57 所示。

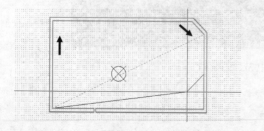

图 6-56　屏蔽罩顶盖 3D 元件体绘制

图 6-57　屏蔽罩 3D 效果图

6.9.3　3D STEP 模型导入

对于一些复杂的 3D 模型，可以利用第三方软件进行创建或者通过第三方网站下载资源，保存为格式为 STEP 的文件之后，利用模型导入方式进行 3D 体的放置。下面对这种方法进行介绍。

（1）同样导入打开常用的 PCB 库，选择 0603C 封装，如图 6-58 所示。

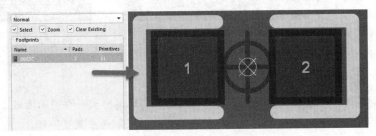

图 6-58　选择 0603C 封装

（2）跳转到 Mechanical 层，执行菜单命令"放置–3D 体"，会出现如图 6-59 中右图所示的对话框，此时不再选择绘制模型模式，而是选择模型导入模式，在弹出的对话框中单击加载 0603C 的 STEP 格式的 3D 体。

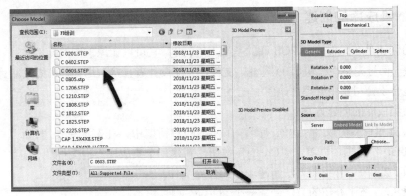

图 6-59　STEP 格式的 3D 体导入

（3）单击"打开"按钮，可将 3D 体放置到相应的焊盘位置，切换到 3D 视图，查看放置效果，如图 6-60 所示。

图 6-60　放置好的 3D 体

（4）此时可以看到模型斜了，需要进行手工调整。在 3D 视图下双击模型，出现之前如图 6-57 中右图所示的对话框，可以调整 X、Y、Z 的坐标直到模型放置正确，如图 6-61 所示。

（5）同样，存储制作好的 3D 封装库，更新此库到 PCB 中，切换到 3D 视图，即可查看制作的 3D 效果图，如图 6-62 所示。

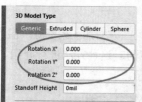

图 6-61　3D 体的参数调整及正确视图

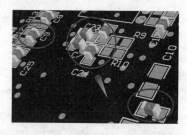

图 6-62　制作的 3D 效果图

　　由于设计封装时，一般要考虑余量，封装焊盘会做得比实际大一些，而通过 STEP 格式导入的 3D 模型为实际大小，和 PCB 会存在一定的差异，此时采取居中放置即可。

　　一些常见的模型作者进行了整理，可以直接联系作者获取。

6.10　集成库

6.10.1　集成库的创建

　　集成库的创建是在元件库和 PCB 库的基础上进行的。它可以让原理图的元件关联好 PCB 封装、电路仿真模块、信号完整性模块、3D 模型等文件，方便设计者直接调用存储。集成库具有很好的共享性，特别适合于公司集中管理。

　　下面介绍集成库的创建方法。

　　（1）执行菜单命令"文件-新的-库"，在弹出的对话框中，在左侧单击"File"，在右侧选择"Integrated Library"选项，再单击"Create"按钮，新建一个集成库工程文件。

　　（2）按照 3.2.3 节中介绍的方法新建一个元件库文件。

　　（3）按照 3.2.5 节中介绍的方法新建一个 PCB 库文件。

　　如图 6-63 所示保存以上 3 个新建的文件：在新建的文件上单击鼠标右键，选择保存。

　　（4）按照前文提到过的创建元件和创建 PCB 封装的方法，创建电阻元件，分别在元件库和 PCB 库中添加库元素，如图 6-64 所示。

图 6-63　保存 3 个新建的文件

图 6-64　为元件库添加相对应的 PCB 库

（5）添加好之后，元件库中的元件和 PCB 库中的 PCB 封装其实还是没有关联的，需要对这个库工程文件进行编译才行。在库工程文件上单击鼠标右键，执行"Compile Integrated Library Integrated_Library1.LibPkg"命令，对其进行编译操作，如图 6-65 所示。

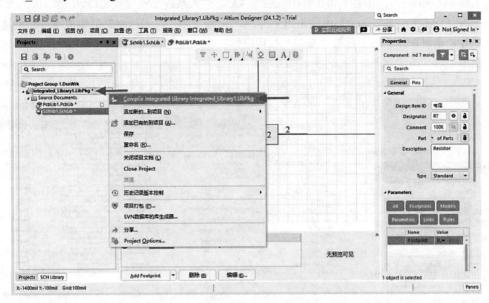

图 6-65　编译库工程文件

（6）编译完成之后，在文件夹"Project Outputs for Integrated_Library1"中，会自动生成一个"Integrated_Library1.IntLib"文件，这个文件就是集成库文件，如图 6-66 所示。

图 6-66　集成库文件

6.10.2　集成库的离散

反过来，我们有时候会从同事那里复制他们的集成库，但是因为考虑到需要与我们自己的库进行关联，这个时候需要把他们的集成库离散开来，方便我们来修改和关联，那么如何做呢？

（1）双击打开需要离散的 PCB 集成库文件，系统会自动提示一个如图 6-67 所示的对话框，可以选择下一步操作："Extract"（离散集成库）、"Install"（安装集成库）、"Cancel"（取消）。

（2）单击"Extract"按钮，离散这个集成库，可以看到如图 6-68 所示分散开的元件库文件和PCB 库文件，如果需要编辑，双击它们，单独编辑即可。

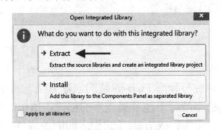

图 6-67　离散集成库　　　　　　　　　图 6-68　离散之后的元件库文件及 PCB 库文件

6.10.3 集成库的安装与移除

集成库创建完成后，如何对创建好的集成库进行调用呢？这时就涉及集成库的安装使用了。

（1）如图 6-69 所示，在右上角执行图标命令 ⚙️ ，进入系统参数设置窗口。

（2）在"Data Management–File-based Libraries"选项卡中，显示已安装的集成库，如果需要额外的集成库，则可以单击右下角的"安装"按钮进行安装，如图 6-70 所示。

图 6-69 在右上角执行图标命令 ⚙️   图 6-70 集成库的安装

（3）对于不需要的集成库，可以在选中之后单击"删除"按钮进行移除；同样，可以根据目前安装的集成库，使用"上移"或"下移"按钮来调整默认的顺序，如图 6-71 所示。

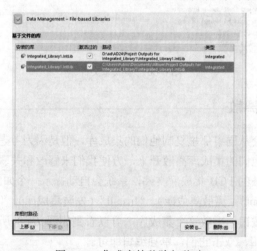

图 6-71 集成库的移除与移动

6.11 本章小结

本章主要讲述了 PCB 库编辑界面、标准 PCB 封装与异形 PCB 封装的创建方法、常见 PCB 封装的设计规范及要求，还介绍了 3D 封装的创建方法，最后概述了集成库的创建、离散、安装与移除，方便后期元件及封装的调用，让读者充分理解元件库、PCB 库及它们之间的关联性。

为了方便读者学习，作者为本书提供了丰富的 2D 标准库和 3D 库文件，读者可以联系作者获取。

第 7 章

PCB 设计开发环境及快捷键

本章通过图文的形式介绍 PCB 设计开发环境最常用的视图和命令,并对各类操作的快捷键和自定义快捷键进行了介绍。

 学习目标

➤ 熟悉常用窗口、面板的调出和路径
➤ 掌握 PCB 设计常用操作命令
➤ 了解系统快捷键的组合方式
➤ 学会快捷键自定义的方法
➤ 学会解决设置过程中快捷键的冲突问题

7.1 PCB 设计工作界面介绍

7.1.1 PCB 设计交互界面

与 PCB 库编辑界面类似,PCB 设计交互界面主要包含菜单栏、工具栏、绘制工具栏、工作面板、层显示、状态信息显示及绘制工作区,如图 7-1 所示。丰富的信息及绘制工具组成了非常人性化的交互界面。状态信息及工作面板会随绘制工作的不同而有所不同,读者可以根据自己的操作进行实时体验。

7.1.2 PCB 对象编辑窗口

在 PCB 设计交互界面的右下角执行命令 "Panels-PCB",可以调出 PCB 对象编辑窗口(也称 "PCB" 面板),如图 7-2 所示。该窗口主要涉及对 PCB 相关的对象进行编辑操作,如元件选择、差分添加、铜皮管理、孔分类信息等,可以专门以总体的形式进行处理。

7.1.3 PCB 设计常用面板

Altium Designer 提供非常丰富的面板,为 PCB 设计效率的提高起到了很大的促进作用。
执行右下角的 "Panels" 命令,可以从中调出 "PCB Filter" 和 "PCB List" 等实用面板,如图 7-3 所示。

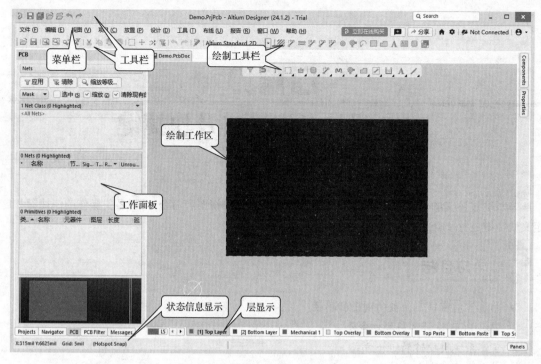

图 7-1   PCB 设计交互界面

图 7-2   调出 PCB 对象编辑窗口

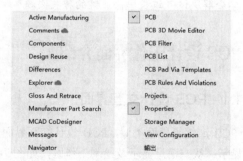

图 7-3   调出 PCB 设计常用面板

7.1.4   PCB 设计工具栏

Altium Designer 提供非常实用的工具栏及工具操作命令,直接在 PCB 设计交互界面中单击即可激活所需要的操作命令,增强了人机交互的联动性。

这里针对 PCB 设计常用操作命令,进行介绍说明。

1. 常用布局布线放置命令

对于各种电气属性的连接,可以通过走线、铺铜、放置填充等操作来实现。Altium Designer 提供丰富的放置电气连接元素的命令,如表 7-1 所示。

2. 常用绘制命令

除放置电气属性元素外,经常需要绘制一些非电气性能的辅助线及图表,可以利用常用绘制命令,如表 7-2 所示。

3. 常用排列与对齐命令

类似于原理图的排列与对齐命令,PCB 设计也有同样的排列与对齐命令,并且用得比原理图更加频繁,如表 7-3 所示。

4．常用尺寸标注命令

在设计中，经常需要用到尺寸标注。清晰的尺寸标注，有助于设计者或客户对设计进行清晰的尺寸大小认识。常用尺寸标注命令如表7-4所示。

表7-1　常用布局布线放置命令

命 令 图 标	功 能 说 明
	区域自动布线
	放置电气导线
	交互式总线布线
	放置差分走线
	放置环绕电气导线
	放置环绕差分走线
	放置焊盘
	放置过孔
	放置圆弧导线
	放置填充
	放置铺铜
	放置字符串
	放置元件

表7-2　常用绘制命令

命 令 图 标	功 能 说 明
	放置线条
	放置任意两点的距离标识
	放置相对坐标点
	放置坐标原点
	放置任意圆弧
	放置完整圆弧
	阵列粘贴

表7-3　常用排列与对齐命令

命 令 图 标	功 能 说 明
	左对齐
	右对齐
	顶对齐
	底对齐
	水平分布
	垂直分布
	在矩形区域排列

表7-4　常用尺寸标注命令

命 令 图 标	功 能 说 明
	放置线性尺寸标注
	放置角度尺寸标注
	放置任意两点的尺寸标注
	放置数据尺寸标注
	放置基线尺寸标注

7.2　常用系统快捷键

Altium Designer 自带很多组合快捷键（简称快捷键），可以多次执行字母按键组合成需要的操作，很是方便。那么组合快捷键如何得来呢？

其实，系统的组合快捷键都是依据菜单中命令的下画线字母组合起来的。如图 7-4 所示，对于"放置（P）-线条（L）"这个命令，组合快捷键就是"PL"。平时多记忆操作这些快捷的组合方式，有利于 PCB 设计效率的提高。

Altium Designer 也推荐很多默认的快捷键，下面将其列出，相信在实际项目中会给读者带来很大的帮助。

（1）L：打开层设置开关选项（在元件移动状态下，按下"L"键换层）。

（2）S：打开选择，如 S+L（线选）、S+I（框选）、S+E（滑动选择）。

（3）J：跳转，如 J+C（跳转到元件）、J+N（跳转到网络）。

（4）Q：英寸和毫米相互切换。

（5）Delete：删除已被选择的对象，E+D 点选删除。

（6）按鼠标中键向前后推动或者按 Page Up、Page Down：放大、缩小。

（7）小键盘上面的"+"和"−"，点选下面层选项：切换层。

（8）A+T：顶对齐。A+L：左对齐。A+R：右对齐。A+B：底对齐。

（9）Shift+S：单层显示与多层显示切换。

（10）Ctrl+M：哪里要测点哪里。R+P：测量边距。

（11）空格键：翻转选择某对象（导线、过孔等），同时按"Tab"键可改变其属性（导线长度、过孔大小等）。

图 7-4　放置线条

（12）Shift+空格键：改走线模式。

（13）P+S：字体（条形码）放置。

（14）Shift+W：线宽选择。Shift+V：过孔选择。

（15）T+T+M：不可更改间距的等间距走线。P+M：可更改间距的等间距走线。

（16）Shift+G：走线时显示走线长度。

（17）Shift+H：显示或关闭坐标显示信息。

（18）Shift+M：显示或关闭放大镜。

（19）Shift+A：局部自动走线。

此处仅列出以上最常用的一些快捷键，其他快捷键可以参考系统帮助文件中的快捷键（在不同的界面中检索出来的会不相同），执行命令"帮助-快捷键"即可调出来，如图 7-5 所示。

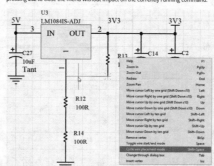

图 7-5　系统快捷键

7.3　快捷键的自定义

由于 Altium Designer 的快捷键多种多样，如果利用系统默认的快捷键来进行 PCB 设计，特别是那种执行 3 次按键的组合快捷键，我们速度优先，那么这时候是否可以把这类默认的快捷键设置为我们自己喜欢的、只需要按键一次的快捷键呢？这涉及快捷键自定义的方法。自定义快捷键更加方便了设计，同时也存在个性化设置。

目前，Altium Designer 的自定义快捷键设置方法大概可以分为两种。

7.3.1 菜单选项设置法

（1）在菜单栏空白处单击鼠标右键，执行"Customize"命令，如图 7-6 所示。

（2）打开如图 7-7 所示的对话框，在左边栏中适配"All"，在右边栏中找到需要设置快捷键的栏目双击，进入快捷键设置界面。

图 7-6　执行"Customize"命令

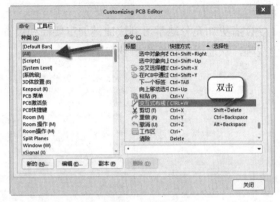

图 7-7　选择需要设置快捷键的栏目

（3）在"可选的"栏中输入需要设置的快捷键，如"F2"，同时可以给设置的快捷键设置个性化图标，按住图标拖动到菜单栏上面，如图 7-8 所示。

当发现与其他设置键有冲突时，如果一定要用此设置项，可以把之前的设置清除，如图 7-9 所示，再按照前述方法重新设置。

图 7-8　设置快捷键及设置快捷图标

图 7-9　快捷键清除

小 助 手 提 示

对于自己首次设置的快捷键，可以在表格里面进行一个记录，方便后期记忆，熟悉之后就可以忽略了。

7.3.2 Ctrl+左键单击设置法

把鼠标指针放置在需要设置的图标上，再执行"Ctrl+左键单击这个图标"，可以直接进入快捷键设置界面，如图 7-10 所示。同样按照上面的快捷键设置方法，完成设置。

 小助手提示

设置快捷键最好不要选择英文字母键，而是选择键盘上的功能键 F2 至 F10 及数字小键盘。因为系统默认的快捷键基本上是字母键组合的，这里不设置是为了避免系统快捷键和自定义快捷键识别混乱。

为了使读者更加充分地学习到快捷键的重要性和设置方法，作者专门录制了一套快捷键设置方法的教学视频，欢迎读者联系作者获取学习。

图 7-10 快捷键的设置

同时，这里作者推荐了一份自己设置的快捷键，仅供读者参考学习，如表 7-5 所示。

表 7-5 作者推荐的自己设置的快捷键

键 盘 名	Esc		F1	F2	F3	F4	F5	F6	F7
执 行 动 作	退出		帮助	电气走线	放置过孔	铺铜	颜色开关	矩形框放置元件	交互映射
Alt+			测量边缘距离	差分走线	放置填充	重新铺铜			
键 盘 名	`	1	2	3	4	5	6	7	
执 行 动 作	删除	选择物理连接	线选	框选	单线等长	保持原间距走线	坐标移动	割铜	
Alt+	删除物理连接	显示长度	测量中心距	移动选择	差分等长	等间距走线			

7.4 本章小结

本章主要介绍了 Altium Designer 的 PCB 设计工作界面、常用系统快捷键和自定义快捷键，让读者对各个面板及快捷键有一个初步的认识，为后面进行 PCB 设计及提高设计效率打下一定的基础。

第8章

流程化设计——PCB 前期处理

一个优秀的电子设计工程师不但要原理图制作完美，也要求 PCB 设计完美，而 PCB 画得再完美，一旦原理图出了问题，也是前功尽弃，有可能要从头再来。原理图和 PCB 是相辅相成的，原理图的设计和检查是前期准备工作，经常见到初学者直接跳过这一步开始绘制 PCB，这样的做法得不偿失。对于一些简单的板子，如果熟悉流程，可以跳过。但对初学者而言，一定要按照流程来，这样一方面可以养成良好的习惯，另一方面处理复杂电路时也能避免出现错误。由于软件的差异性及电路的复杂性，有些电路可能存在单端网络、电气开路等问题，不经过相关检测工具检查就盲目生产，等板子生产完毕，错误就无法挽回了，所以 PCB 流程化设计是很必要的。

第8章至第10章学习目标

➢ 掌握原理图封装完整性检查及 PCB 的导入方法
➢ 掌握板框定义、层叠的定义及添加
➢ 掌握交互式布局及模块化布局操作
➢ 掌握常用类及规则的创建与应用
➢ 掌握常用走线技巧及铜皮的处理方式
➢ 掌握差分线的添加及应用
➢ 熟悉蛇形线的走法及常见等长方式处理

由于篇幅限制，书中有些操作步骤叙述不够详细的，可以参考凡亿教育录制的 PCB 设计教学视频，相信读者可以更快速地上手 PCB 设计。

8.1 原理图封装完整性检查

在执行原理图导入 PCB 操作之前，通常需要对原理图封装的完整性进行检查，以确保所有的元件都存在封装或者路径匹配好，以避免出现无法导入或者导入不完全的情况。

8.1.1 封装的添加、删除与编辑

（1）对于封装检查，一个一个地去检查是非常麻烦的，Altium Designer 提供一个集中管理元件的功能。执行菜单命令"工具-封装管理器"，如图 8-1 所示，进入封装管理器，可以查看及管理所有元件的封装信息。

图 8-1　执行菜单命令进入封装管理器

（2）在如图 8-2 所示的封装管理器中，原理图中涉及的元件都在"元件列表"里面进行了显示，单击"Current Footprint"，可对同类型的封装进行集中排序，方便设计者按照封装类型去检查封装的完整性，若某个元件没有添加封装，则会优先在前排显示处理。

如果选中元件没有封装，则可以在右侧单击"添加"按钮添加新的封装。添加方法可以参考前面封装创建的内容。

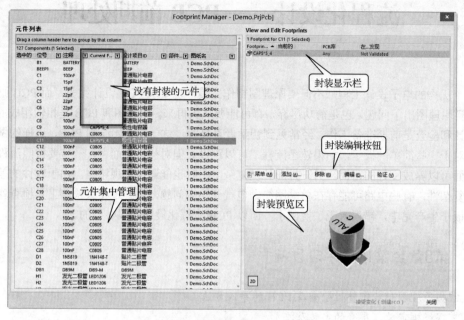

图 8-2　封装的检查与操作

（3）在封装管理器中，可以对一个或多个元件进行封装的添加、移除、编辑等操作，同时可以通过注释值筛选同类型元件，如图 8-3 所示，可以局部或全局更改（或添加）同类型元件封装名。

（4）对封装进行完编辑或添加等操作之后，单击右下角的"接受变化（创建 ECO）"按钮，在所得到的对话框中，对更新内容单击"执行变更"按钮，更新到原理图当中，如图 8-4 所示。

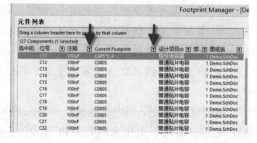

图 8-3　通过注释值筛选同类型元件

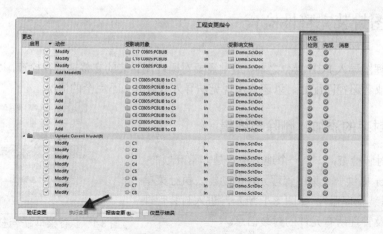

图 8-4　更新封装信息

8.1.2 库路径的全局指定

很多原理图工程师喜欢从系统自带库或者自己积累的 PCB 库中调用封装,将原理图关联的封装指定在本地某个文件路径下面,但是当移动工程到另外一台电脑中时,由于另外一台电脑中不存在指定路径下的库,原理图元件就没办法识别匹配到 PCB 库了,需要同时复制 PCB 库来重新指定路径,让其相关联。

这个时候同样存在一个问题,就是效率问题。是一个一个改,还是可以统一修改?这里同样需要用到封装管理器。

(1)在指定库路径前,要移除 PCB 中已关联的系统库。打开 PCB 设计交互界面,在右下角执行命令"Panels-Components",进入"Components"面板,执行如图 8-5 所示的图标命令,选择"Libraries Preferences",进入集成库安装界面。

(2)在如图 8-6 所示的集成库安装界面中,选择"已安装的库"下的所有库,再单击"删除"按钮,完成已关联系统库的移除操作。

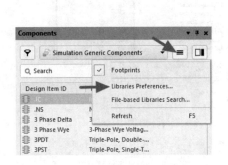

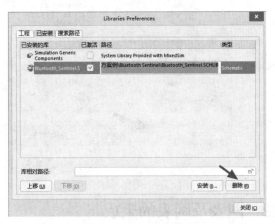

图 8-5 "Components"面板   图 8-6 已关联系统库的移除

(3)执行菜单命令"工具-封装管理器",进入封装管理器,全选或局部选中左框中元件和右框中封装名,在右框中单击鼠标右键,执行下拉菜单中的"改变 PCB 库"命令,如图 8-7 所示,在如图 8-8 所示的匹配路径对话框中,选择"任意"选项,可以实现工程目录下多个 PCB 库的任意匹配,或者可以选择"库路径"选项,选择指定的路径。

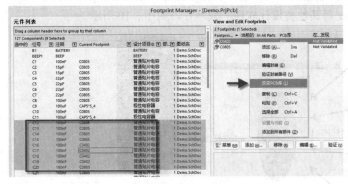

图 8-7 批量修改封装匹配   图 8-8 PCB 库路径的匹配

（4）修改完库的匹配路径后，单击"确定"按钮，然后单击封装管理器右下角的"接受变化（创建 ECO）"按钮，在所得到的对话框中，单击"执行变更"按钮，即可完成全局指定 PCB 库路径的操作，如图 8-9 所示。

图 8-9　执行变更

8.2　网表及网表的生成

8.2.1　网表

网表也称网络表，顾名思义，就是网络连接和联系的表示，其内容主要是电路图中各个元件类型、封装信息、连接流水序号等数据信息。在使用 Altium Designer 进行 PCB 设计时，可以通过导入网络连接关系进行 PCB 的导入。当今几大主流 PCB 设计软件都支持 Altium Designer 格式网表导出，这也极大地提高了 Altium Designer 对其他类设计软件的兼容性，如图 8-10 所示。

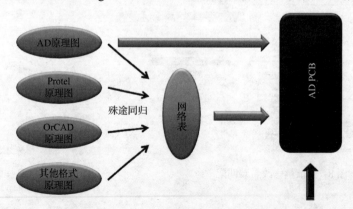

图 8-10　PCB 的网表导入方法——殊途同归

8.2.2 Protel 网表的生成

（1）用 Protel 打开原理图，在原理图界面中，执行菜单命令"Design-Create Netlist"，如图 8-11 所示，选择输出"Protel"的网表格式，并选择应用范围"Active project"，单击"OK"按钮，即可进行网表输出。

（2）在输出的网表上单击鼠标右键，执行"Export"命令，可以对产生的网表设置路径查找，如图 8-12 所示。

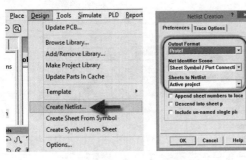
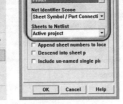

图 8-11　Protel 网表输出

图 8-12　网表的导出

8.2.3 Altium 网表的生成

（1）在整个工程下，执行菜单命令"设计-工程的网络表-Protel"，如图 8-13 所示，这个时候会在"Generated"文件目录下生成一个包含整个工程的网表。

（2）在网表上单击鼠标右键，执行"浏览"命令，寻到所在路径，可以单独调用该网表，如图 8-14 所示。

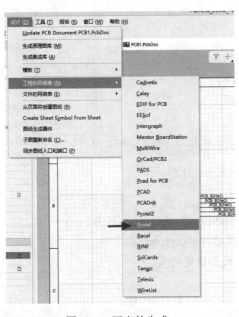
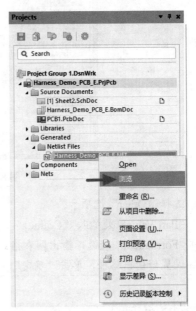

图 8-13　网表的生成

图 8-14　网表的查找

　小 助 手 提 示

扩展知识：由 OrCAD 原理图生成 Altium 网表

（1）用 Allegro Design Entry CIS 软件打开 OrCAD 版本的原理图，如图 8-15 中左图所示，一定要先选中主结构的原理图页。

（2）执行菜单命令"Tools–Create Netlist"或者工具栏中的图标命令 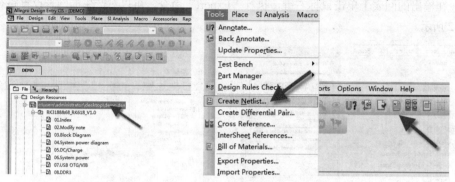，如图 8-15 中右图所示，准备对网表输出进行设置。

（3）执行完第（2）步的操作后，会进入如图 8-16 所示的网表输出设置对话框。

图 8-15　选中原理图并执行命令

图 8-16　网表输出设置

① 选择"Other"选项卡。

② "Part Value"处输入"{Value}"，"PCB Footprint"处输入"{PCB Footprint}"。

③ "Formatters"处选择输出网表格式，这里选择"orprotel2.dll"格式。

④ 设置好输出路径，单击"确定"按钮，网表创建完成。

8.3　PCB 的导入

Altium Designer 的原理图设计导入 PCB，存在两种方法：一种是直接导入法，类似于 Allegro 的第一方导入；另一种是间接法，即网表对比导入法。

8.3.1　直接导入法（适用于 Altium Designer 原理图）

导入之前必须创建好相关工程，对于"Free Document"类型的原理图是无法导入的。

（1）在完整工程下，双击打开原理图，在原理图编辑界面中，执行菜单命令"设计-Update PCB Document Demo.PcbDoc"，或者在 PCB 设计交互界面中，执行菜单命令"设计-Import Changes From Demo.PrjPcb"，如图 8-17 所示。

图 8-17　Altium Designer 的直接导入

（2）进入如图 8-18 所示的导入执行窗口，单击"执行变更"按钮可以进行导入操作，通过右边的"状态"栏可以查看导入状态，对钩表示导入没问题，错叉表示导入存在问题。通过发现导入问题、修正问题、再导入的重复操作，直至"状态"栏中全部为对钩为止。

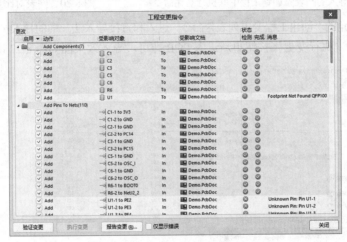

图 8-18　导入执行窗口

> 对于导入的常见的一些问题解决办法，作者在 PCB 联盟网"凡亿百问百答"板块进行了详细的说明，大家可以以问答的方式学习。

8.3.2　网表对比导入法（适用于 Protel、OrCAD 等第三方软件）

（1）在工程目录下单击鼠标右键，执行"添加已有的到项目"命令，把需要对比导入的网表添加到工程中。

（2）在工程中的任意文件上单击鼠标右键，执行"显示差异"命令，如图 8-19 所示，进入如图 8-20 所示的网表对比窗口，并按照图示序号操作。

① 勾选"高级模式"选项。

② 选择左边需要导入的网表。

③ 选择右边需要更新进入的 PCB，单击"确定"按钮。

（3）出现对比结果反馈窗口，如图 8-21 中左图所示，继续在窗口中单击鼠标右键，执行"Update All in>> PCB Document [Demo.PcbDoc]"命令，即把网表和 PCB 对比的相关所有结果准备导入 PCB。

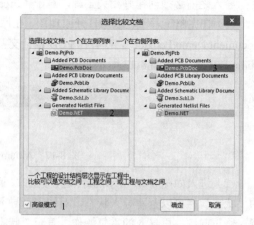

图 8-19　把需要对比导入的网表添加到工程中并执行对比命令　　　图 8-20　网表对比导入法

（4）执行左下角的"创建工程变更列表"命令，进入和直接导入法一样的导入执行窗口，如图 8-21 中右图所示，单击"执行变更"按钮更新进入 PCB 即可。导入效果图如图 8-22 所示。

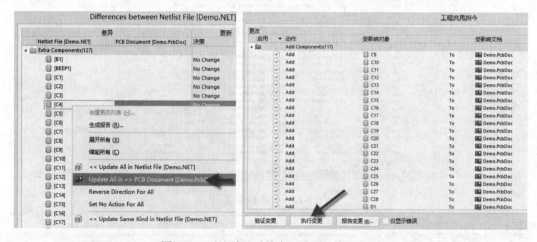

图 8-21　对比结果反馈窗口及导入执行窗口

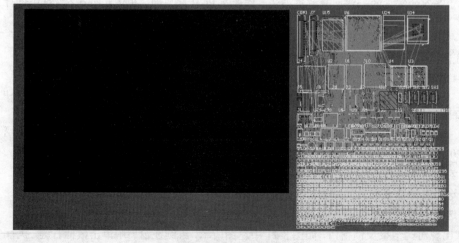

图 8-22　导入效果图

8.4 板框定义

很多消费类板卡的结构都是异形的，由专业的 CAD 结构工程师对其进行精准的设计，PCB 布线工程师可以根据结构工程师提供的 2D 图（DWG 或 DXF 格式）进行精准的导入操作，在 PCB 中定义板型结构。

同时，对于一些工控板或者开发板，往往板框都是一个规则的圆形或者矩形，这种类型的板框，可以通过手工进行绘制并定义。板框结构图的导入如图 8-23 所示。

图 8-23　板框结构图的导入

8.4.1　DXF 结构图的导入

在进行结构导入之前，建议把 CAD 文件版本转换至 2004 及以下，这样导入的时候，Altium Designer 兼容性会更高。

（1）执行菜单命令"文件–新的–PCB"，新建一个 PCB，执行菜单命令"文件–导入–DXF/DWG"，选择需要导入的 DXF 文件，如图 8-24 所示。

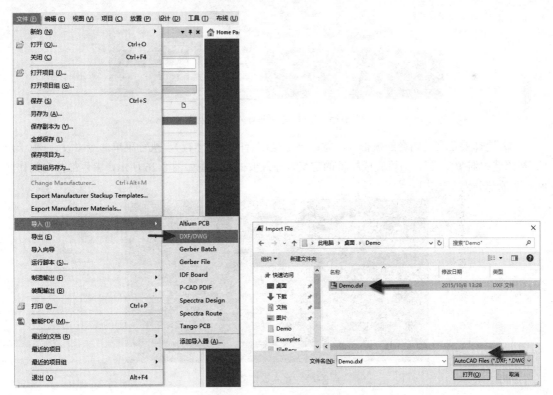

图 8-24　DXF 文件的导入

若这里无法选择DXF或者DWG格式，请参照后文高级应用技巧中提到的关于插件的安装方法，先进行插件的安装，再来操作。

　　（2）DXF文件的导入属性设置如图8-25所示。

　　① 设置导入的单位（注意：需要和CAD单位保持一致）。

　　② 设置比例尺，即CAD放大缩小系数。

　　③ 在"层映射"栏下选择CAD文件需要导入到的层。

　　④ 为方便识别，可以单个更改导入的层数，也可以全部更改到某一层。

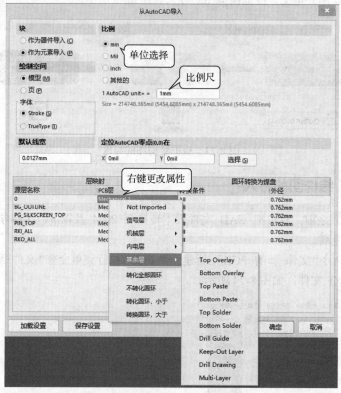

图 8-25　DXF 文件的导入属性设置

　　（3）选择要定义的闭合的板框（注意：一定是闭合的板框才行），执行菜单命令"设计-板子形状-按照选中对象定义"，即可完成板框的定义。导入板框效果图如图8-26所示，黑色部分为工作区域，灰色部分为非工作区域。

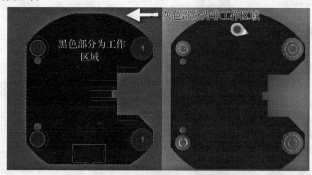

图 8-26　导入板框效果图

8.4.2 自定义绘制板框

一些比较常见并简单的圆形或者矩形规则板框，在 PCB 中可以直接利用放置 2D 线来进行自定义绘制，也比较直观简单，板框一般放置在机械层或者 Keep-Out（禁止布线）层。下面以放置在机械 1 层为例进行演示说明。

（1）把当前层切换到"Mechanical 1"层，按快捷键"EOS"，在某个位置放置一个原点，如图 8-27 中左图所示。

（2）执行菜单命令"放置-线条"，单击原点位置开始放置 2D 线，按空格键可以旋转线条放置方向。

（3）对于放置线条的长度尺寸，放置完成后可以双击，然后通过更改线条的顶点开始坐标及末端结束坐标，来精准定义其长度，如图 8-27 中右图所示。

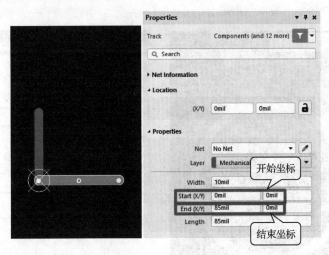

图 8-27　自定义绘制板框

（4）重复前述操作步骤，按照要求绘制出一个封闭的板框区域。

（5）选中所绘制的闭合的板框（一定是闭合的，不然会定义不成功），执行菜单命令"设计-板子形状-按照选中对象定义"，即可完成板框的定义。手绘板框效果图如图 8-28 所示。

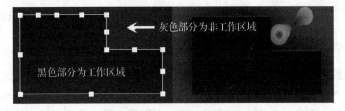

图 8-28　手绘板框效果图

8.5 固定孔的放置

对于固定孔的放置，一般分为两种类型：一种是开发板类型固定孔的放置，另一种是导入型板框固定孔的放置。

8.5.1 开发板类型固定孔的放置

对于开发板，因为不需要考虑有外壳，只需要 PCBA 即可，对于固定孔的位置及大小要求不那么严格，一般按照常规进行设置即可，如图 8-29 所示。

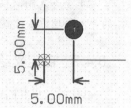

图 8-29　固定孔的位置及大小要求

（1）位置要求：放置在离交流中心间距 X 轴 5mm、Y 轴 5mm 的位置。

（2）大小要求：一般采用直径为 3mm 的非金属化孔。

8.5.2 导入型板框固定孔的放置

对于导入型板框，其有实物结构模型，固定孔的位置及大小已经定义好，只能严格按照要求的位置和大小精准地放置。

（1）双击导入型板框的固定孔标识，可以从弹出的面板中看出固定孔的大小及中心 X、Y 轴的坐标信息，如图 8-30 所示，复制这些信息。

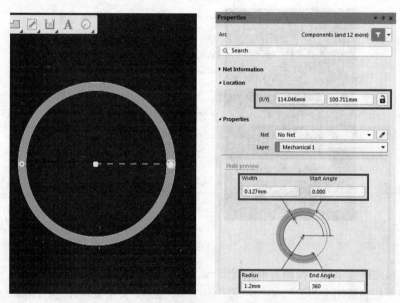

图 8-30　固定孔标识信息读取

（2）按快捷键"PP"，放置一个焊盘，按照刚才的信息要求对焊盘属性进行设置，如图 8-31 所示。

① Pad Hole：固定孔尺寸，按照标识的尺寸输入直径尺寸。

② Plated：金属化和非金属化的选择，固定孔一般为非金属化，但是也有例外，这个根据实际需求进行勾选。

一般非金属化孔，焊盘和孔等大设置，比如这个例子，孔的大小和焊盘的大小都是 2.4mm。

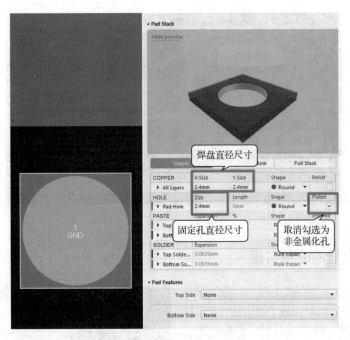

图 8-31 焊盘属性设置

8.6 层叠的定义及添加

对高速多层板来说，默认的两层设计无法满足布线信号质量及走线密度要求，这个时候需要对 PCB 层叠进行添加，以满足设计的要求。

8.6.1 正片层与负片层

正片层就是平常用于走线的信号层（直观上看到的地方就是铜线），可以用"线""铜皮"等进行大块铺铜与填充操作，如图 8-32 所示。

图 8-32 正片层

负片层则正好相反，即默认铺铜，就是生成一个负片层之后整一层就已经被铺铜了，走线的地方是分割线，没有铜存在。要做的事情就是分割铺铜，再设置分割后的铺铜的网络即可，如图 8-33 所示。

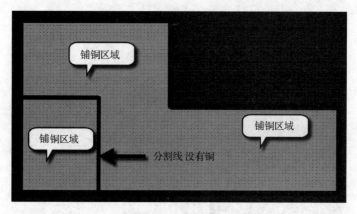

图 8-33　负片层

8.6.2　内电层的分割实现

在 Protel 版本中，内电层是用"分裂"来分割的，而现在用的版本 Altium Designer 24 直接用"线条"、快捷键"PL"来分割。分割线不宜太细，可以选择 15mil 及以上。分割铺铜时，只要用"线条"画一个封闭的多边形框，再双击框内铺铜设置网络即可，如图 8-34 所示。

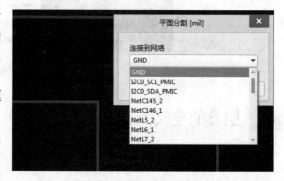

图 8-34　内电层网络的添加

正、负片都可以用于内电层，正片通过走线和铺铜也可以实现。负片的好处在于默认大块铺铜填充，再进行添加过孔、改变铺铜大小等操作都不需要重新铺铜，这样省了重新铺铜计算的时间。中间层用电源层和 GND 层（也称地层、地线层、接地层）时，层面上大多是大块铺铜，这样用负片的优势就很明显。

8.6.3　PCB 层叠的认识

随着高速电路的不断涌现，PCB 的复杂度也越来越高，为了避免电气因素的干扰，信号层和电源层必须分离，所以就牵涉到多层 PCB 的设计。在设计多层 PCB 之前，设计者需要首先根据电路的规模、电路板的尺寸和电磁兼容（EMC）的要求来确定所采用的电路板结构，也就是决定采用 4 层、6 层，还是更多层数的电路板。这就是设计多层板的一个简单概念。

确定层数之后，再确定内电层的放置位置及如何在这些层上分布不同的信号。这就是多层 PCB 层叠结构的选择问题。层叠结构是影响 PCB 的 EMC 性能的一个重要因素，一个好的层叠设计方案将会大大减小电磁干扰（EMI）及串扰的影响。

板的层数不是越多越好，也不是越少越好，确定多层 PCB 的层叠结构需要考虑较多的因素。从布线方面来说，层数越多越利于布线，但是制板成本和难度也会随之增加。对生产厂家来说，层叠结构对称与否是 PCB 制造时需要关注的焦点。所以，层数的选择需要考虑各方面的需求，以达到最佳的平衡。

对有经验的设计人员来说，在完成元件的预布局后，会对 PCB 的布线瓶颈处进行重点分析，再综合有特殊布线要求的信号线（如差分线、敏感信号线等）的数量和种类来确定信号层的层数，然后根据电源的种类、隔离和抗干扰的要求来确定内电层的层数。这样，整个电路板的层数就基本确定了。

1. 常见的PCB层叠

确定了电路板的层数后,接下来的工作便是合理地排列各层电路的放置顺序。图8-35和图8-36分别列出了常见的4层板和6层板的层叠结构。

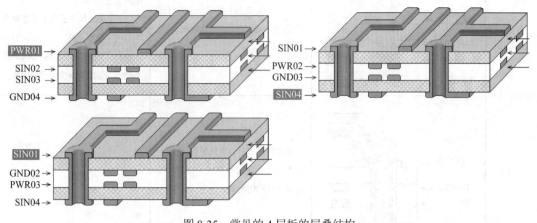

图 8-35 常见的 4 层板的层叠结构

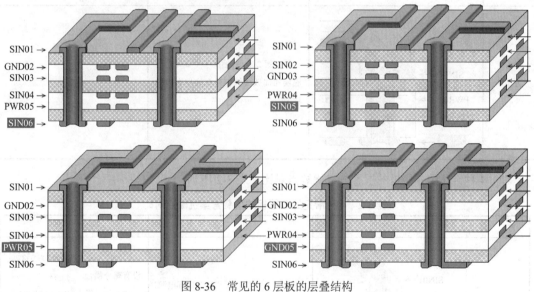

图 8-36 常见的 6 层板的层叠结构

2. 层叠分析

怎么层叠?哪种层叠更好?一般遵循以下几点基本原则。

① 元件面、焊接面为完整的地平面(屏蔽)。

② 尽可能无相邻平行布线层。

③ 所有信号层尽可能与地平面相邻。

④ 关键信号与地层相邻,不跨分割区。

可以根据以上原则,对如图8-35和图8-36所示的常见的层叠方案进行分析,分析情况如下。

(1)3种常见的4层板的层叠方案优缺点对比如表8-1所示。

通过方案1到方案3的对比发现,对于4层板的层叠,通常选择方案2或者方案3,请结合板子的实际情况和层叠原则来正确选择。

表 8-1　3 种常见的 4 层板的层叠方案优缺点对比

方　案	方　案　图　示	优　点	缺　点
方案 1	PWR01→ SIN02→ SIN03→ GND04→	此方案主要为了达到一定的屏蔽效果，把电源、地平面分别放在顶层、底层	（1）电源、地相距过远，电源平面阻抗过大 （2）电源、地平面由于元件焊盘等影响，极不完整 （3）由于参考面不完整，信号阻抗不连续，预期的屏蔽效果很难实现
方案 2	SIN01→ GND02→ PWR03→ SIN04→	在元件面下有一个地平面，适用于主要元件在顶层布局或关键信号在顶层布线的情况	
方案 3	SIN01→ PWR02→ GND03→ SIN04→	同方案 2 类似，适用于主要元件在底层布局或关键信号在底层布线的情况	

（2）4 种常见的 6 层板的层叠方案优缺点对比如表 8-2 所示。

表 8-2　4 种常见的 6 层板的层叠方案优缺点对比

方　案	方　案　图　示	优　点	缺　点
方案 1	SIN01→ GND02→ SIN03→ SIN04→ PWR05→ SIN06	采用 4 个信号层和两个内部电源/地线层，具有较多的信号层，有利于元件之间的布线工作	（1）电源层和地线层分隔较远，没有充分耦合 （2）信号层 SIN03 和 SIN04 直接相邻，信号隔离性不好，容易发生串扰，在布线的时候需要错开布线
方案 2	SIN01→ SIN02→ GND03→ PWR04→ SIN05→ SIN06	电源层和地线层耦合充分	表层信号层的相邻层也为信号层，信号隔离性不好，容易发生串扰

| 130 |

方　案	方案图示	优　点	缺　点
方案 3	SIN01 → GND02 → SIN03 → GND04 → PWR05 SIN06 →	（1）电源层和地线层耦合充分 （2）每个信号层都与内电层直接相邻，与其他信号层均有有效的隔离，不易发生串扰 （3）信号层 SIN03 和两个内电层 GND02 与 GND04 相邻，可以用来传输高速信号。两个内电层可以有效地屏蔽外界对 SIN03 的干扰和 SIN03 对外界的干扰	
方案 4	SIN01 → GND02 → SIN03 → PWR04 → GND05 SIN06 →	（1）电源层和地线层耦合充分 （2）每个信号层都与内电层直接相邻，与其他信号层均有有效的隔离，不易发生串扰	

通过方案 1 到方案 4 的对比发现，在优先考虑信号的情况下，选择方案 3 和方案 4 会明显优于前面两种方案。但是在实际设计中，产品都是比较在乎成本的，然后又因为布线密度大，通常会选择方案 1 来做层叠结构，所以在布线的时候一定要注意相邻两个信号层的信号交叉布线，尽量让串扰降到最低。

（3）常见的 8 层板的层叠推荐方案如图 8-37 所示，优选方案 1 和方案 2，可用方案 3。

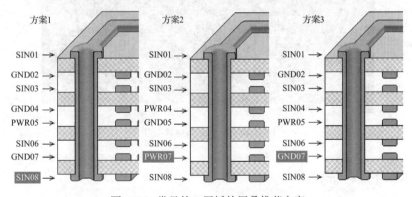

图 8-37　常见的 8 层板的层叠推荐方案

8.6.4　层的添加及编辑

确认层叠方案之后，如何在 Altium Designer 中进行层的添加操作呢？下面简单举例说明。

（1）执行菜单命令"设计-层叠管理器"（快捷键"DK"），进入如图 8-38 所示的层叠管理器，进行相关参数设置。

（2）单击鼠标右键，执行"Insert layer above"或"Insert layer below"命令，可以进行添加层操作，可添加正片或负片；执行"Move layer up"或"Move layer down"命令，可以对添加的层顺序进行调整。

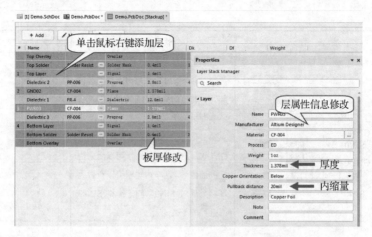

图 8-38　层叠管理器

（3）双击相应的名称，可以更改名称，一般可以改为 TOP、GND02、SIN03、SIN04、PWR05、BOTTOM 这样，即采用"字母+层序号"，这样方便读取识别。

（4）根据层叠结构设置板层厚度。

（5）为了满足设计的 20H，可以设置负片层的内缩量。

（6）单击"OK"按钮，完成层叠设置。一个 4 层板的层叠效果如图 8-39 所示。

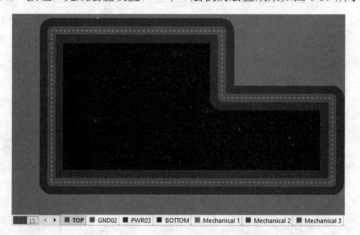

图 8-39　4 层板的层叠效果

小助手提示

建议信号层采取正片的方式处理，电源层和地线层采取负片的方式处理，可以在很大程度上减小文件数据量的大小和提高设计的速度。

8.7　本章小结

本章主要描述了 PCB 设计开始的前期准备，包括原理图封装完整性检查、网表的生成、PCB 的导入、层叠的定义及添加等。只有把前期工作做好了，才能更好地把握后面的设计，保证设计的准确性和完整性。

书中描述的一些设计资料和参考资料，读者可以联系作者获取。

第 9 章

流程化设计——PCB 布局

一块好的电路板，除实现电路原理功能外，还要考虑 EMI、EMC、ESD（静电释放）、信号完整性等电气特性，也要考虑机械结构、大功耗芯片的散热问题，在此基础上再考虑电路板的美观问题，就像进行艺术雕刻一样，对其每一个细节进行斟酌。

9.1 常见 PCB 布局约束原则

在对 PCB 元件布局时经常会有以下几个方面的考虑。

（1）PCB 板形与整机是否匹配？

（2）元件间距是否合理？有无水平上或高度上的冲突？

（3）PCB 是否需要拼版？是否预留工艺边？是否预留安装孔？如何排列定位孔？

（4）如何进行电源模块的放置及散热？

（5）需要经常更换的元件放置位置是否方便替换？可调元件是否方便调节？

（6）热敏元件与发热元件之间是否考虑距离？

（7）整板 EMC 性能如何？如何布局能有效增强抗干扰能力？

小助手提示

对于元件间距问题，基于不同封装的不同距离要求和 Altium Designer 自身的特点，如果通过规则设置来进行约束，设置太过复杂，较难实现。一般是在机械层上画线来标出元件的外围尺寸，如图 9-1 所示，这样当其他元件靠近时，就大概知道其间距了。这对于初学者非常实用，也能使初学者养成良好的 PCB 设计习惯。

图 9-1　机械辅助线

通过以上的考虑分析，可以对常见 PCB 布局约束原则进行如下分类。

9.1.1　元件排列原则

（1）在通常条件下，所有的元件均应布置在 PCB 的同一面上，只有在顶层元件过密时，才能将一些高度有限并且发热量小的元件（如贴片电阻、贴片电容、贴片 IC 等）放在底层。

（2）在保证电气性能的前提下，元件应放置在栅格上且相互平行或垂直排列，以求整齐、美观。一般情况下不允许元件重叠，元件排列要紧凑，输入元件和输出元件尽量分开远离，不要出现交叉。

（3）某些元件或导线之间可能存在较高的电压，应加大它们的距离，以免因放电、击穿而引起意外短路，布局时尽可能地注意这些信号的布局空间。

（4）带高电压的元件应尽量布置在调试时手不易触及的地方。

（5）位于板边缘的元件，应该尽量做到离板边缘有两个板厚的距离。

（6）元件在整个板面上应分布均匀，不要一块区域密，另一块区域疏松，以提高产品的可靠性。

9.1.2 按照信号走向布局原则

（1）放置固定元件之后，按照信号的流向逐个安排各个功能电路单元的位置，以每个功能电路的核心元件为中心，围绕它进行局部布局。

（2）元件的布局应便于信号流通，使信号尽可能保持一致的方向。在多数情况下，信号的流向安排为从左到右或从上到下，与输入、输出端直接相连的元件应当放在靠近输入、输出接插件或连接器的地方。

9.1.3 防止电磁干扰

（1）对于辐射电磁场较强的元件及对电磁感应较灵敏的元件，应加大它们相互之间的距离，或者考虑添加屏蔽罩加以屏蔽。

（2）尽量避免高、低电压元件相互混杂及强、弱信号的元件交错在一起。

（3）对于会产生磁场的元件，如变压器、扬声器、电感等，布局时应注意减少磁力线对印制导线的切割，相邻元件磁场方向应相互垂直，减少彼此之间的耦合。图 9-2 所示为电感与电感垂直 90°进行布局。

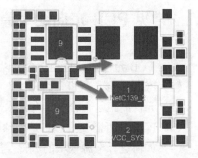

图 9-2　电感与电感垂直 90°进行布局

（4）对干扰源或易受干扰的模块进行屏蔽，屏蔽罩应有良好的接地。屏蔽罩的规划如图 9-3 所示。

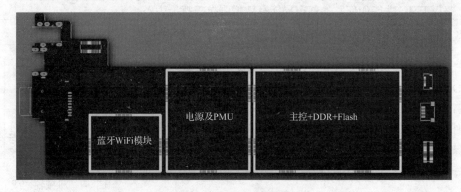

图 9-3　屏蔽罩的规划

9.1.4 抑制热干扰

（1）对于发热元件，应优先安排在利于散热的位置，必要时可以单独设置散热器或小风扇，以降低温度，减小对邻近元件的影响，如图 9-4 所示。

（2）一些功耗大的集成块、大功率管、电阻等，要布置在容易散热的地方，并与其他元件隔开一定距离。

图 9-4　布局的散热考虑

（3）热敏元件应紧贴被测元件并远离高温区域，以免受到其他发热功当量元件的影响，引起误动作。

（4）双面放置元件时，底层一般不放置发热元件。

9.1.5　可调元件布局原则

对于电位器、可变电容器、可调电感线圈、微动开关等可调元件的布局，应考虑整机的结构要求：若是机外调节，则其位置要与调节旋钮在机箱面板上的位置相适应；若是机内调节，则应放置在 PCB 上便于调节的地方。

9.2　PCB 布局基本思路

面对如今硬件平台的集成度越来越高、系统越来越复杂的电子产品，对于 PCB 布局应该具有交互式、模块化的思维，要求无论是在硬件原理图的设计中还是在 PCB 布线中均使用交互式、模块化的设计方法。作为硬件工程师，在了解系统整体架构的前提下，应该在原理图设计和 PCB 布线中自觉融合交互式、模块化的设计思想，结合 PCB 的实际情况，按照图 9-5 所示的基本思路进行 PCB 布局。

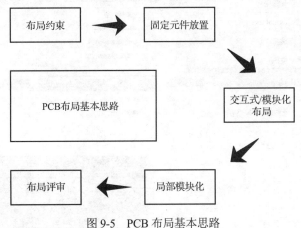

图 9-5　PCB 布局基本思路

9.3　固定元件的放置

固定元件的放置类似于固定孔的放置，也是讲究一个精准的位置放置。这个主要是根据设计结构来进行放置的。对元件的丝印和结构的丝印进行归中、重叠放置，如图 9-6 所示。板子上的固定元件放置好之后，可以根据飞线就近原则和信号优先原则对整个板子的信号流向进行梳理。

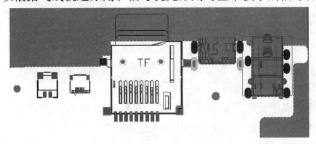

图 9-6　固定元件的放置

9.4　原理图与PCB的交互设置

为了方便元件的找寻，需要把原理图与PCB对应起来，使两者之间能相互映射，简称交互。利用交互式布局可以比较快速地定位元件，从而缩短设计时间，提高工作效率。

（1）为了达到原理图和PCB两两交互的目的，需要在原理图编辑界面和PCB设计交互界面中都执行菜单命令"工具-交叉选择模式"，激活交叉选择模式，如图9-7所示。

（2）如图9-8所示，可以看到在原理图中选中某个元件后，PCB中相对应的元件会同步被选中；反之，在PCB中选中某个元件后，原理图中相对应的元件也会被选中。

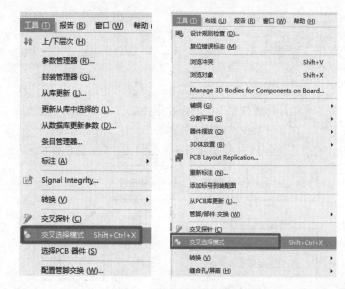

图9-7　激活交叉选择模式

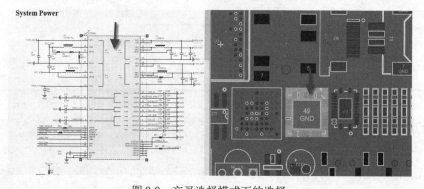

图9-8　交叉选择模式下的选择

9.5　模块化布局

这里介绍一个元件排列的功能，即在矩形区域排列，可以在布局初期结合元件的交互，方便地把一堆杂乱的元件按模块分开并摆放在一定的区域内。

（1）在原理图中选中其中一个模块的所有元件，这时PCB中与原理图相对应的元件都被选中。

（2）执行菜单命令"工具-器件摆放-在矩形区域排列"。

（3）在PCB中某个空白区域框选一个范围，这时这个功能模块的元件都会排列到这个框选的范围内，如图 9-9 所示。利用这个功能，可以把原理图中所有的功能模块进行快速的分块。

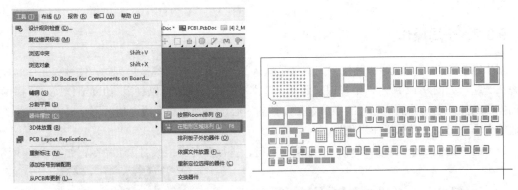

图 9-9　在矩形区域排列与元件的框选排列

模块化布局和交互式布局是密不可分的。利用交互式布局，在原理图中选中模块的所有元件，一个个地在 PCB 中排列好，接下来，就可以进一步细化布局其中的 IC、电阻、二极管了，这就是模块化布局，效果图如图 9-10 所示。

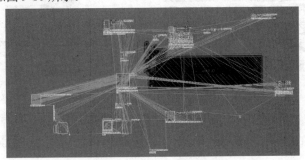

图 9-10　模块化布局效果图

![小助手提示]

在模块化布局时，可以通过"垂直分割"命令对原理图编辑界面和 PCB 设计交互界面进行分屏处理，如图 9-11 所示，方便我们查看视图从而快速布局。

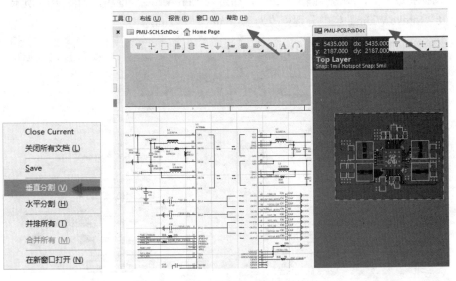

图 9-11　Altium Designer 的分屏处理

9.6　布局常用操作

9.6.1　全局操作

对于刚导入 PCB 的元件，其位号大小都是默认的，对元件进行离散排列时，位号和元件的焊盘重叠在一起，如图 9-12 所示，不好识别元件，非常不方便。这时可以利用 Altium Designer 提供的全局操作功能，把元件的位号先改小放置在元件的中心，等到布局完成之后再用全局操作功能改到合适的大小即可，其具体操作步骤如下。

（1）选中其中一个元件的丝印，单击鼠标右键，执行"查找相似对象"命令，如图 9-13 所示。

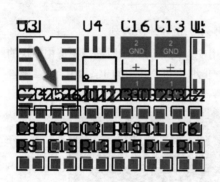

图 9-12　丝印过大和元件的焊盘重叠

图 9-13　执行"查找相似对象"命令

（2）在弹出的如图 9-14 所示的对话框中，对于"Designator"选项，选择"Same"，表示只对同是"Designator"属性的丝印位号进行选择。值得注意的是，对于下方的选择适配项应进行选择性的勾选。

① 缩放匹配：对于匹配项进行缩放显示。

② 选择匹配：对于匹配项进行选择。

③ 清除现有的：退出当前状态。

④ 打开属性：选择完成之后进入"Properties"面板。

（3）选择完成之后，单击"确定"按钮，即进入"Properties"面板，如图 9-15 所示，在"Text Height"及"Stroke Width"栏中分别更改为"10mil"与"2mil"。

图 9-14　全局操作设置 1

图 9-15　全局操作设置 2

（4）对位号大小进行更改后，全选元件，并按快捷键"AP"，弹出如图 9-16 所示的对话框，把"位号"放置在元件的中心，单击"确定"按钮。此时，丝印位号不会阻碍视线，可以分辨出元件位号对应的元件，方便布局，如图 9-17 所示。

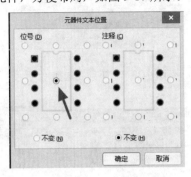

图 9-16　元件位号快速放置在元件的中心

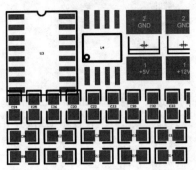

图 9-17　元件位号与元件

全局操作功能还可以用来修改、编辑元件的锁定、过孔大小、线宽大小等属性，如图 9-18 所示，其操作与上面的操作类似。

图 9-18　全局属性的修改

选择相同属性的对象之后，可以通过集中方式调出"Properties"面板，方便我们快速操作。

（1）执行"Shift+双击"，可用于数量较少对象的全局修改。

（2）按键盘上的功能键"F11"。

（3）在右下角执行命令"Panels-Properties"。

9.6.2　选择

在 PCB 设计中，多种多样的选择是怎么实现的呢？下面介绍选择的方法。

1．单选

单击鼠标左键可以进行单个选择。

2．多选

（1）按住"Shift"键，多次单击鼠标左键。

（2）在左上角按住鼠标左键，向右下角拖动鼠标，在框选范围内的对象都会被选中，如图 9-19 所示，框选外面的或者和框选搭边的元件无法被选中。

（3）在右下角按住鼠标左键，向左上角拖动鼠标，框选矩形框所碰到的对象都会被选中，如图 9-20 所示，和框选搭边的元件也被选中了。

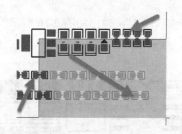

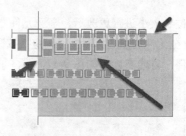

图 9-19 从上往下选择   图 9-20 从下往上选择

（4）除前述选择方法外，Altium Designer 还提供选择命令。选择命令是 PCB 设计中用到最多的命令之一。按快捷键"S"，弹出选择命令菜单，如图 9-21 所示。在此介绍几种常用的选择命令。

① Lasso 选择：滑选，按快捷键"SE"，激活滑选命令，在 PCB 设计交互界面中滑动，把需要选择的对象包含在滑选滑动的范围之内即可完成选择，如图 9-22 所示。

② 区域内部：框选，按快捷键"SI"，把完全包含在框选范围内的对象选中。

图 9-21 选择命令菜单

③ 区域外部：反选，和框选相反，按快捷键"SO"，把框选范围之外的所有对象全部选中。

④ 线接触到的对象：线选，按快捷键"SL"，可以把走线碰到的对象全部选中，如图 9-23 所示。

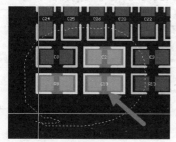

图 9-22 滑选操作   图 9-23 线选操作

⑤ 网络：网络选择，按快捷键"SN"，单击一下需要选择的网络，只要和单击的网络相同的对象都会被选中。

⑥ 连接的铜皮：物理选择，按快捷键"SP"或者"Ctrl+H"，物理上相连接的对象（不管网络是否相同）都会被选中。

⑦ 自由对象：选择自由对象，按快捷键"SF"，可以选中 PCB 中独立放置的一些自由对象，如丝印标识、手工添加的固定孔等。

9.6.3 移动

选择完元件或其他对象之后，需要对选择的对象进行移动，方法如下。

（1）将鼠标光标放置在对象上，按住鼠标左键，然后直接移动鼠标光标，即可完成对象的移动，常见于对单个对象进行移动的情况。

（2）可利用移动命令进行移动。按快捷键"M"，弹出移动命令菜单，如图 9-24 所示。在此介绍几种常用的移动命令。

① 器件：按快捷键"MC"，弹出"选择元器件"对话框，如图 9-25 所示。选择"跳至元器件"

时，选择需要移动的元件位号，鼠标光标即激活移动此元件的命令，并且鼠标光标跳放到此元件的位置。选择"移动元器件到光标"时，可以直接自己选择单击需要移动的元件。

② 移动选中对象：对象被选中之后，按快捷键"MS"，在空白处或移动参考点上单击，即可实现对选中对象的移动。

③ 通过 X,Y 移动选中对象：可以实现对选中对象的坐标精准移动，如图 9-26 所示。

图 9-24　移动命令菜单　　图 9-25　"选择元器件"对话框　　图 9-26　对象的坐标精准移动

④ 翻转选择：按快捷键"MI"，将选中对象移动到顶层或者底层，可以实现元件或者走线的换层操作。不过在移动状态下按快捷键"L"，可以更加快捷地实现此操作。

9.6.4　对齐

其他类设计软件通常是通过栅格来对齐元件、过孔、走线的，Altium Designer 提供非常方便的对齐功能，如图 9-27 所示，可以对选中的元件、过孔、走线等元素实行顶对齐、底对齐、左对齐、右对齐、水平分布、垂直分布。

因为对齐的操作和原理图的类似，这里不再进行详细的说明，下面只给读者提供快捷键的说明。

（1）左对齐：快捷键"AL"。

（2）右对齐：快捷键"AR"。

（3）水平分布：快捷键"AD"。

（4）顶对齐：快捷键"AT"。

（5）底对齐：快捷键"AB"。

（6）垂直分布：快捷键"AS"。

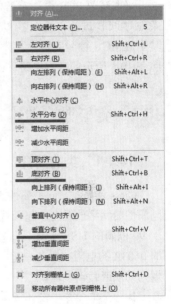

图 9-27　对齐功能

9.7　本章小结

PCB 布局的好坏直接关系到板子生产的成败，根据基本原则并掌握快速布局的方法，有利于对整个产品的质量把控。

本章讲解了常见 PCB 布局约束原则、PCB 布局基本思路、固定元件的放置、原理图与 PCB 的交互设置、模块化布局及布局常用操作。

第 10 章

流程化设计——PCB 布线

在 PCB 设计中，布线是完成产品设计的重要步骤，可以说前面的工作都是为它而做的。在整个 PCB 设计中，布线的设计过程要求最高，技巧最细，工作量也最大。PCB 布线有单面布线、双面布线及多层布线。布线的方式也有两种：自动布线及手工布线。对于一些比较敏感的线、高速的走线，自动布线不能再满足设计要求，一般都需要采用手工布线。

采取高速 PCB 设计人工布线，不是毫无头绪地一条一条地对 PCB 进行布线，也不是常规简单的横竖走线，而是基于 EMC、信号完整性、模块化等的布线方式。一般按照图 10-1 所示的基本思路进行 PCB 布线。

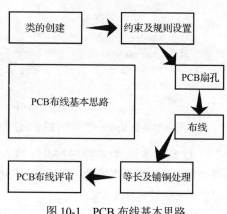

图 10-1   PCB 布线基本思路

10.1   类与类的创建

10.1.1   类的简介

Class 就是类，同一属性的网络、元件、层或差分放置在一起构成一个类别，即常说的类。把相同属性的网络放置在一起，就是网络类，如 GND 网络和电源网络放置在一起构成电源网络类。属于 90 欧姆的 USB 差分、HOST、OTG 的差分放置在一起，构成 90 欧姆差分类。把封装名称相同的 0603R 的电阻放置在一起，就构成一组元件类。分类的目的在于可以对相同属性的类进行统一的规则约束或编辑管理。

执行菜单命令"设计-Classes"（快捷键"DC"），进入类管理器，如图 10-2 所示，可以看到主要分为如下类别。

（1）Net Classes：网络类。

（2）Component Classes：元件类。

（3）Layer Classes：层类。

（4）Pad Classes：焊盘类。

（5）From To Classes。

（6）Differential Pair Classes：差分类。

（7）Design Channel Classes。

（8）Polygon Classes：铜皮类。

（9）Structure Classes。

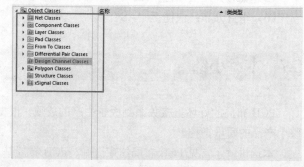

图 10-2   类的划分

（10）xSignal Classes：等长类。

在 PCB 设计中，因为网络类和差分类比较常见，下面重点进行介绍。

10.1.2　网络类的创建

网络类就是按照模块总线的要求，把相应的网络汇总到一起，如 DDR 的数据线、TF 卡的数据线等。

（1）执行菜单命令"设计-Classes"（快捷键"DC"），进入类管理器，选中"Net Classes"。

（2）在"Net Classes"上单击鼠标右键，可以添加（创建）类、删除类和重命名类，如图 10-3 所示，这里添加一个类，并命名为"PWR"。

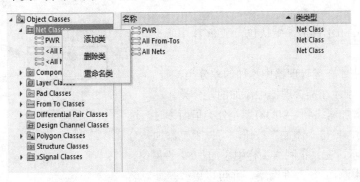

图 10-3　添加类、删除类与重命名类

（3）单击"PWR"，出现如图 10-4 所示的界面，左边框选的网络是目前没有分类的所有网络，右边是已经分类添加好的网络。在左边框中选中需要添加的网络，然后单击按钮 ，把左边没有分类的网络添加到右边已经分类好的网络中。

（4）同样，只要我们有需要，就可以按照前述操作步骤创建想要的网络类。

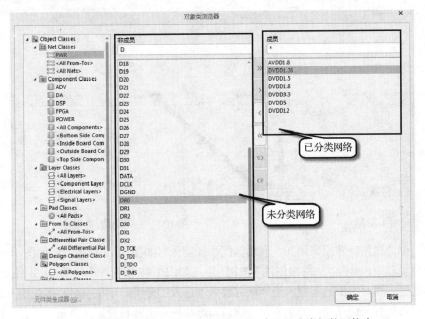

图 10-4　把左边没有分类的网络添加到右边已经分类好的网络中

10.1.3　差分类的创建

差分一般有 90 欧姆差分和 100 欧姆差分。差分类的创建（添加）和网络类的创建（添加）稍微有点差异，需要在类管理器中添加分类名称，然后在差分对编辑器中进行网络的添加。

（1）按快捷键"DC"，进入类管理器，选中"Differential Pair Classes"。

（2）在"Differential Pair Classes"上单击鼠标右键，添加两个类，分别命名为"90OM"和"100OM"，如图 10-5 所示。

（3）在右下角执行命令"Panels-PCB"，调出 PCB 对象编辑窗口，选择"Differential Pairs Editor"，进入差分对编辑器，如图 10-6 所示，可以看到这里总共有 3 个差分类。

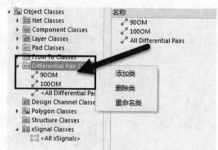

① All Differential Pairs：默认包含了 PCB 中所设置的所有差分对。

② 90OM：刚才在类管理器中添加的差分类。

③ 100OM：刚才在类管理器中添加的差分类。

（4）当需要添加网络到"90OM"差分类里面去时，选中"90OM"类别，单击"添加"按钮，可以手工添加差分对，如图 10-7 所示，在"正网络"栏中添加"+"性网络，在"负网络"栏中添加"−"性网络，并可以更改差分对名称，方便识别。

图 10-5　差分类的添加

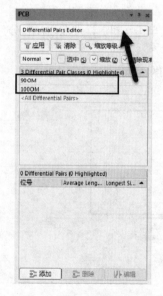

图 10-6　差分对编辑器

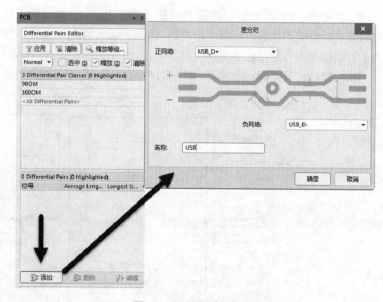

图 10-7　手工添加差分对

当然也可以通过网络匹配来添加，网络匹配添加差分对如图 10-8 所示。在如图 10-8 中左图所示的差分对编辑器中，单击"从网络创建"按钮，进入如图 10-8 中右图所示的"从网络创建差分对"界面。在匹配栏中填写匹配的前缀，选择好需要添加进入的分类，审核下自动匹配出来的差分对：如果是，就对其进行勾选添加；如果不是，取消勾选即可。选择设置后，单击"执行"按钮，完成匹配添加。通常用到的匹配符有"+""−"和"_P""_N"等。

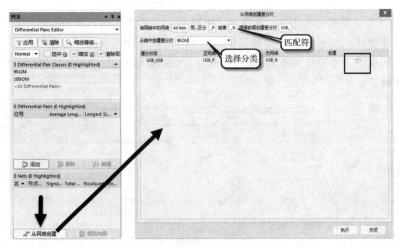

图 10-8　网络匹配添加差分对

10.2　常用 PCB 规则设置

规则设置是 PCB 设计中至关重要的一个环节，可以通过 PCB 规则设置，保证 PCB 符合电气要求和机械加工（精度）要求，为布局、布线提供依据，也为 DRC 提供依据。PCB 编辑期间，Altium Designer 会实时地进行一些规则检查，违规的地方会做标记（亮绿色）。

对于 PCB 设计，Altium Designer 提供详尽的十大类不同的设计规则，包括电气、元件放置、布线、元件移动和信号完整性等规则。对于常规的电子设计，不需要用到全部的规则，为了使读者能直观地快速上手，这里只对最常用的规则设置进行说明。按照下面的方法设置好这些规则之后，其他规则可以忽略设置。

> 🖋 **小助手提示**
>
> "切换到文档视图"功能是查看、创建和管理 PCB 规则的一种新的替代方法。
>
> 执行菜单命令"设计–规则"（快捷键"DR"），进入 PCB 规则及约束编辑器，如图 10-9 所示，单击左下角的"切换到文档视图"按钮，进入 PCB 文档视图编辑界面。
>
>
>
> 图 10-9　PCB 规则及约束编辑器

PCB 文档视图编辑界面如图 10-10 所示，PCB 规则及约束编辑器作为互动规则文件打开，可分别对网络、差分对、xSignals、多边形铺铜、元件和高级设计规则进行查看及编辑，高级设计规则是指更复杂的规则（通常使用查询语句）。单击 "Switch to Dialog View" 按钮，即可返回 PCB规则及约束编辑器。

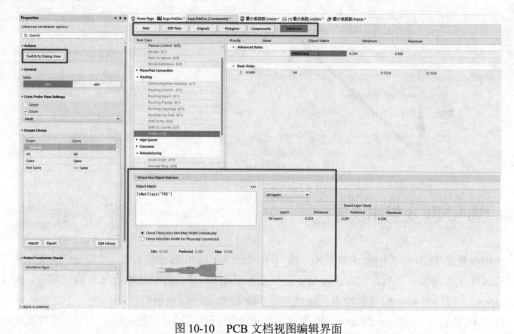

图 10-10　PCB 文档视图编辑界面

10.2.1　规则设置界面

执行菜单命令 "设计–规则"（快捷键 "DR"），进入 PCB 规则及约束编辑器，如图 10-11 所示，左边显示的是设计规则的类型，共分十大类，右边列出的是设计规则的具体设置。

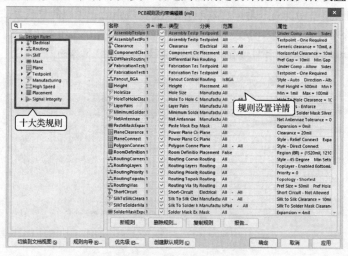

图 10-11　PCB 规则及约束编辑器

10.2.2　电气规则设置

电气（Electrical）规则设置是设置电路板在布线时必须遵守的规则，包括安全距离、开路、短路方面的设置。这几个参数的设置会影响所设计 PCB 的生产成本、设计难度及设计的准确性，应严谨对待。

1．安全距离（间距）规则设置

（1）在"Clearance"上单击鼠标右键，执行"新规则"命令，新建一个间距规则，如图 10-12 所示。系统将自动以当前设计规则为准，生成名为"Clearance_1"的新设计规则，不过可以对规则进行重命名，如图 10-13 所示。

（2）对网络适配范围进行选择，Altium Designer 提供 5 种范围。

① Different Nets Only：设置规则仅对不同网络起作用。

② Same Nets Only：设置规则仅对相同网络起作用。

③ Any Net：设置规则对所有网络都起作用。

④ Different Differential Pairs：设置规则对不同的差分对起作用。

⑤ Same Differential Pairs：设置规则对相同的差分对起作用。

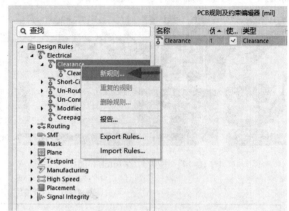

图 10-12　规则的新建

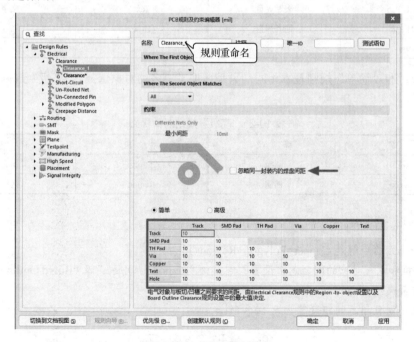

图 10-13　规则设置界面

（3）在"约束"选项区域中的"最小间距"文本框中输入需要设置的参数值，这个参数值就是需要设置的间距参数。

（4）"忽略同一封装内的焊盘间距"指对于封装本身的间距不计算到设计的规则当中。这是为什么呢？因为如图 10-14 所示，我们创建的封装因为 Pitch 间距比较小，焊盘和焊盘的间距是5.905mil，如果设计规则为 6mil，按理这个封装是不满足设计规则的，但是因为封装规格就是如此，我们就不想这个封装自身进行报错提示，这时可以勾选这个选项，就不会再进行报错提示了。

（5）Altium Designer 24 提供"简单"和"高级"两种对象与对象的间距设置，不再像低版本那样对每一个对象与对象的间距设置规则进行叠加。

① 简单：这个选项主要是 PCB 设计中最常用规则之间的对象配对。例如，想设置 Via 和 Via 的间距为 5mil，只需要在十字交叉处更改自己想用的数据即可；又如，想设置 Via 和 Track 的间距为 6mil，同样在十字交叉处更改自己想用的数据即可，如图 10-15 所示。"简单"规则提供常用的对象规则，"简单"规则对象释义如表 10-1 所示。

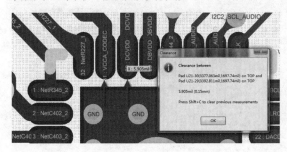

图 10-14 测量封装 Pitch 间距　　　　　图 10-15 "简单"规则设置

表 10-1 "简单"规则对象释义

对　　象	释　　义	对　　象	释　　义
Track	走线	Copper	铜皮
SMD Pad	表贴焊盘	Text	文字
TH Pad	通孔焊盘	Hole	钻孔
Via	过孔		

② 高级：和"简单"规则基本相同，只是增加了更多的对象选择，"高级"规则对象释义如表 10-2 所示。

表 10-2 "高级"规则对象释义

对　　象	释　　义	对　　象	释　　义
Arc	圆弧	Fill	填充
Polygon	铺铜	Region	区域

小助手提示

（1）个人经验理解是 Copper=Polygon+Region+Fill。

（2）板框和电气对象的间距怎么设置？它是由"Region to Object"及"Board Outline Clearance"规则设置中最大值决定的。

（3）常用对象推荐间距设置如表 10-3 所示。

表 10-3 常用对象推荐间距设置

	All	Via	Copper	Track
All	5mil			
Via		5mil	5mil	5mil
Copper		5mil	10mil	6mil
Track		5mil	6mil	

（6）Altium Designer 24 也提供类似低版本那样的多个间距规则叠加的方法设置，通过选择第一

个适配对象和第二个适配对象来筛选规则应用对象和范围。

① Where The First Object Matches：选择规则第一个适配对象。

● All：针对所有对象。

● Net：针对单个网络。

● Net Class：针对所设置的网络类。

● Net and Layer：针对网络与层。

● Custom Query：自定义适配项。

② Where The Second Object Matches：选择规则第二个适配对象，与第一个适配对象进行配合构成筛选，即完成规则定义的范围。

下面通过几个例子来说明。

A．过孔与走线的间距规则设置

（a）如图10-16所示，在"Where The First Object Matches"栏中选择"Custom Query"。

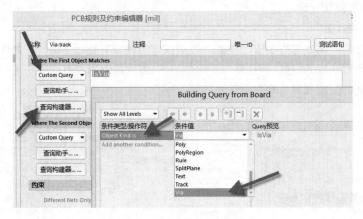

图10-16　自定义选择对象

（b）再单击"查询构建器"按钮，在"条件类型/操作符"处选择"Object Kind is"，在"条件值"处选择对象"Via"，这时可以看到自定义对象出现一个代码"IsVia"。

（c）在"Where The Second Object Matches"栏中，进行同样操作选择规则对象"IsTrack"。

（d）在"约束"选项区域中的"最小间距"文本框中输入需要设置的参数值，如5mil。

后期如果对规则代码比较熟悉了，可以在"Custom Query"窗口中直接输入相关规则代码，在输入过程中，一般会提示，直接选择即可，如图10-17所示。

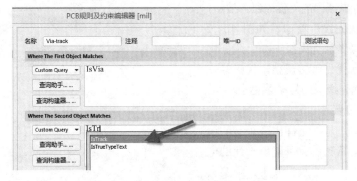

图10-17　过孔与走线的间距规则设置

B．走线与焊盘的间距规则设置

参考前述方法，可以设置走线与焊盘的间距规则，如图10-18所示。

C. 铜皮与所有对象的间距规则设置

参考前述方法,可以设置铜皮与所有对象的间距规则,如图 10-19 所示。值得注意的是,对应铜皮前缀不再是"Is"而是"In",在选择时注意代码的变化。

图 10-18 走线与焊盘的间距规则设置   图 10-19 铜皮与所有对象的间距规则设置

规则设置好之后,可以对所创建的规则进行命名,方便对规则的识别读取,如图 10-20 所示。

2．规则的使能及优先级设置

1）规则的使能设置

规则设计好之后,需要对规则进行使能,否则设计的规则不会起作用。在具体设计中,很多设计者反馈自己明明设计好了规则,但是就是不起作用,一般就是因为没有对规则进行使能。如图 10-21 所示,勾选"使能的"选项以便启用设计的规则。

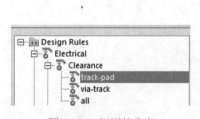

图 10-20 规则的命名   图 10-21 规则的使能设置

2）规则的优先级设置

如果利用了规则叠加的方法进行规则设置,因为考虑到有些对象是包含与被包含的关系,则需要设置规则的优先级来进行适配对象的区分。比如"All",这个代码是包含"IsTrack""IsVia"等对象的,假如设置了"IsTrack-All"的间距为 6mil,"All-All"的间距为 5mil,这时必须把"IsTrack-All"间距规则放在"All-All"的前面,否则系统无法识别。

单击规则设置界面中的"优先级"按钮,进入"编辑规则优先级"窗口,如图 10-22 所示,可以通过"增加优先级"和"降低优先级"按钮来进行优先级的调整。优先的规则,其前面的"优先级"序号必须更小。

3．短路规则设置

在电路设计中,是不允许出现短路的板卡的,因为短路就意味着有可能所设计的电路板会报废。所以,在一般设计中,不要去勾选"允许短路"选项,如图 10-23 所示。

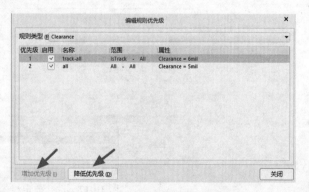

图 10-22 "编辑规则优先级"窗口

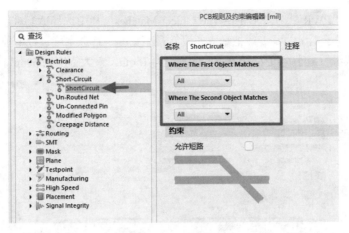

图 10-23　短路规则设置

4. 开路规则设置

和短路规则一样，也不允许开路的存在。对于这个开路规则的选项，适配"All"，对所有的选项都不允许开路的存在。勾选"检查不完全连接"选项，对连接不完善或者说"接触不良"的线段进行开路检查，如图 10-24 所示。

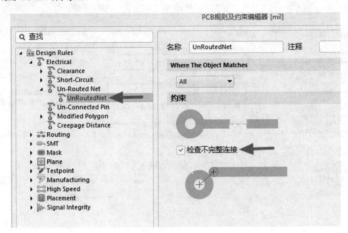

图 10-24　开路规则设置

10.2.3　布线规则设置

布线规则中着重关注的是线宽规则和过孔规则。在进行高速 PCB 设计时一般需要用到阻抗线，对每一层的线宽要求是不一致的，同时考虑到电源特性，对电源走线线宽有特殊线宽的要求。考虑到生产时不要过多的过孔属性类型，因为种类太多，生产时得换多种钻头，建议一个 PCB 的设计中不要超过两种；一般也需要对过孔的种类进行设置，以控制板子上的过孔种类，可以把信号孔设置为一类，把电源孔设置为一类。

1. 线宽规则设置

（1）Width（导线宽度）有 3 个值可供设置，分别为最大宽度、最小宽度、首选宽度。系统对导线宽度的默认值为 10mil，建议 3 个数据设置为一样的。

（2）在"Where The Object Matches"栏中选择适配对象。如果需要对其阻抗线宽进行设置，那么在如图 10-25 所示的设置界面中，把对应的层、最大宽度、最小宽度、首选宽度进行设置。

（3）如果需要对某个网络或者网络类单独设置线宽，则在"Width"规则上单击鼠标右键，新建一个规则，命名为"PWR"；在"Where The Object Matches"栏中选择适配对象，如选择设置好的"PWR"电源类。对于电源线，一般把最大宽度、最小宽度、首选宽度进行单独设置，让走线在一个范围之内，一般设置最小宽度为8mil，首选宽度为15mil，最大宽度为60mil，如图10-26所示。

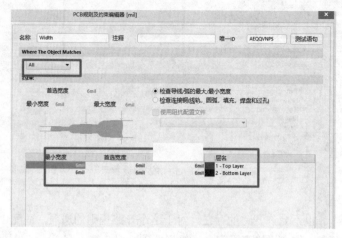

图 10-25　线宽规则设置

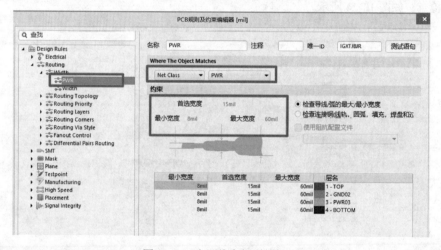

图 10-26　电源线宽规则的创建

 小 助 手 提 示

为什么最大宽度设置为60mil，而不是更大呢？

因为在板子设计中会有很多过孔，过孔无法自动避让铜皮，在PCB中进行60mil以上的走线，无法做到避让时会存在很多DRC报错，不方便调整；又因为铺铜有很好的避让效果，所以60mil以上的走线选择铺铜来处理就好了。走线和铺铜的对比如图10-27所示。这里最大宽度设置为60mil即可。

图 10-27　走线和铺铜的对比

2．过孔规则设置

过孔规则设置是设置布线中过孔的尺寸，如图 10-28 所示，可以设置的参数有过孔直径和过孔孔径大小，包括最大值、最小值和优先值。设置时要注意过孔直径和过孔孔径大小的差值不宜过小，否则将不宜于制板加工，常规设置为 0.2mm 及以上的孔径大小。

可以对电源类过孔进行单独设置，也可以针对电源单独设置大一些的过孔，同时注意过孔规则的优先级设置，如图 10-29 所示。

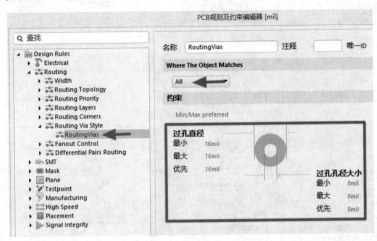

图 10-28　常规过孔规则设置

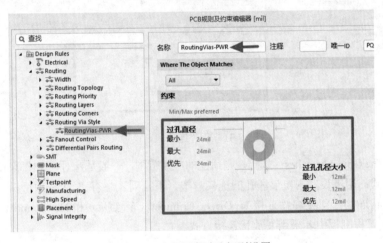

图 10-29　电源类过孔规则设置

10.2.4　阻焊规则设置

阻焊规则设置是设置焊盘到绿油的距离。在电路板制作时，阻焊层要预留一部分空间给焊盘，绿油不至于覆盖到焊盘上去，造成锡膏无法上锡到焊盘，这个延伸量就是防止绿油和焊盘相重叠，如图 10-30 所示，不宜设置过小，也不宜设置过大，一般设置为 2.5mil。

10.2.5　内电层规则设置

1．负片连接规则设置

内电层规则主要用于多层板设计中的负片层。

图 10-30 阻焊规则设置

（1）在"Power Plane Connect Style"上单击鼠标右键，创建一个"PlaneConnect"负片连接规则，如图 10-31 所示。

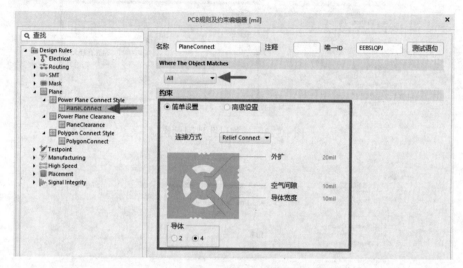

图 10-31 负片连接规则设置

① Where The Object Matches：选择规则适配的应用范围，一般是针对"All"来设计就好了。

② 连接方式：用于设置内电层和孔的连接方式，下拉列表中有 3 个选项可以选择，即 Relief Connect（发散状连接，即花焊盘连接）、Direct Connect（全连接）和 No Connect（不连接），如图 10-32 所示。工程制板中多采用发散状连接方式。

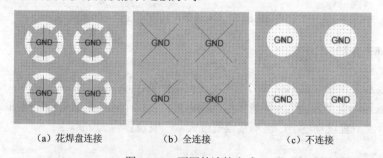

（a）花焊盘连接　　　　　（b）全连接　　　　　（c）不连接

图 10-32 不同的连接方式

③ 导体：用于选择导通的导线数目，可以有 2 条或者 4 条导线供选择。

④ 导体宽度：用于设置导通的导线宽度。

⑤ 空气间隙：用于设置空隙的间隔宽度。

⑥ 外扩：用于设置从过孔到空隙的间隔之间的距离。

（2）选择"高级设置"选项，可以分别单独设置焊盘连接方式和过孔连接方式，如图 10-33 所示。一般焊盘选择花焊盘连接方式，过孔选择全连接方式。

图 10-33　单独设置焊盘连接方式、过孔连接方式

2. 负片反焊盘规则设置

反焊盘（Anti-pad）指的是负片中铜皮与焊盘的距离。反焊盘规则设置是设置反焊盘的大小，有效地防止因为间距过小造成生产困难或引起电气不良。负片反焊盘规则设置如图 10-34 所示，一般其应用范围选择"All"，反焊盘的大小设置为 8～12mil。

要设置合适大小的反焊盘。反焊盘大小合适如图 10-35（a）所示。反焊盘不宜设置过大，过大会造成平面完整性的破坏，带入信号完整性方面的问题。如图 10-35（b）所示，反焊盘设置过大，对平面进行了割裂，也产生了孤立铜。

图 10-34　负片反焊盘规则设置

（a）反焊盘大小合适

（b）反焊盘设置过大

图 10-35　设置合适大小的反焊盘

3. 正片铺铜连接规则设置

该规则的设置可以类比于负片连接规则设置。正片就是常规的多边形铺铜与焊盘或过孔之间的

连接方式，如图 10-36 所示，该规则设置界面中的"连接方式""导体""导体宽度"的设置与负片连接规则设置相同，在此不再赘述。

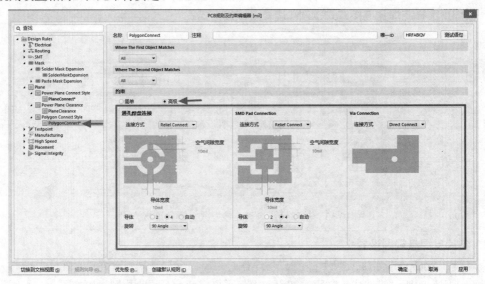

图 10-36　正片铺铜连接规则设置

"高级"设置中，提供 3 种焊盘的连接设置。

（1）通孔焊盘连接：通孔焊盘的连接，一般默认设置为花焊盘连接，这样散热均匀，在进行手工焊接时不会造成虚焊。

（2）SMD Pad Connection：表贴焊盘的连接，一般默认设置为花焊盘连接，如果某些电源网络需要增大电流，则可以单独对某个网络或者某个元件采用全连接方式。

（3）Via Connection：过孔的连接，一般默认设置为全连接。

10.2.6　区域规则设置

区域（Room）规则设置是针对某个区域来设置规则。为了满足设计阻抗和工艺能力的要求，需要对个别区域设置特殊的线宽走线、间距或者过孔大小等，这时可以对这个区域进行特殊规则设置，常用于各类不同 Pitch 间距的 BGA。

（1）在设置规则之前，执行菜单命令"设计-Room-放置矩形 Room"，放置区域。

（2）在放置区域的同时按"Tab"键，可以对区域的名称和参数进行设置，如图 10-37 所示，放置一个名称为"RoomBGA"的区域，并选择好放置的层。

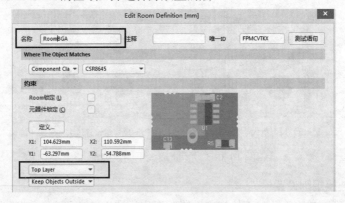

图 10-37　区域的设置

（3）执行菜单命令"设计-规则"（快捷键"DR"），进入 PCB 规则及约束编辑器，在"Where The First Object Matches"栏中选择"Custom Query"，并输入"WithinRoom（'RoomBGA'）"这个代码，适配之前设置的区域，在"Where The Second Object Matches"栏中适配"All"。这里以设置间距 4mil、线宽 4.5mil、过孔 8/14mil 为例进行说明。区域间距、线宽、过孔规则设置分别如图 10-38～图 10-40 所示。

图 10-38　区域间距规则设置

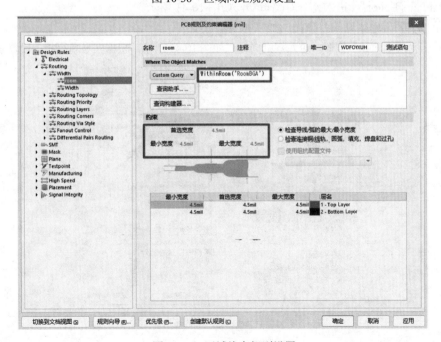

图 10-39　区域线宽规则设置

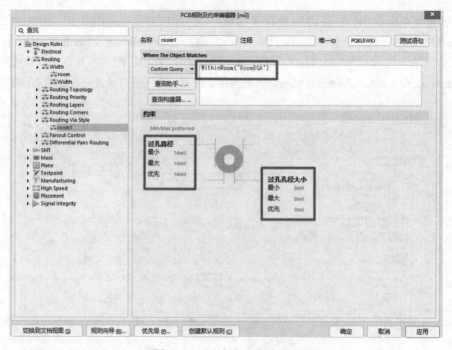

图 10-40　区域过孔规则设置

其他区域规则可以在 PCB 规则及约束编辑器中用类似方法设置。

10.2.7　差分规则设置

前文对差分类的添加进行了详细的讲述，在此不再赘述，这里对差分规则设置进行讲述。

1．向导法

（1）在 PCB 设计交互界面的右下角执行命令"Panels-PCB"，调出 PCB 对象编辑窗口，选择"Differential Pairs Editor"，进入差分对编辑器，如图 10-41 所示。

（2）单击需要创建规则的差分类，如"90OM"。

（3）单击"规则向导"按钮，进入规则向导，如图 10-42 所示，根据向导填写相关设置参数。

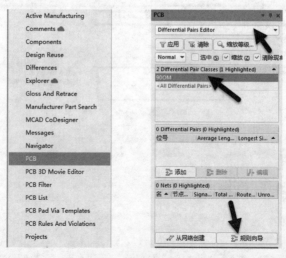

图 10-41　进入差分对编辑器

① 设置差分规则名称：可以设置差分规则的前缀名，下面会自动根据这个前缀名适配差分规则名称，如图 10-42 所示。

图 10-42　设置差分规则名称

② 设置差分组误差：误差要求以组为单位进行设置，如果对差分阻抗误差要求严格，可以减小其填入的数值，在要求不严格的情况下可以采取默认的 1000mil，如图 10-43 所示。

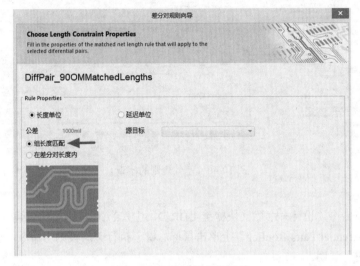

图 10-43　设置差分组误差

③ 设置阻抗线宽和间距：根据阻抗要求，不同的层填入线宽和间距值，最大、最小、优选宽度值和间距（间隙）值建议都填写成一样的，不要填写一个范围，不然在设计时线宽或者间距会突变，造成阻抗不连续，如图 10-44 所示。

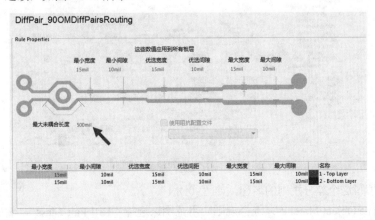

图 10-44　设置阻抗线宽和间距

④ 数据预览：规则创建完成，会提示对创建的数据进行预览，如图 10-45 所示，方便检查确认。确认相关信息后，单击"Finish"按钮，完成规则的创建。

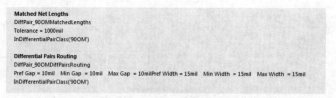

图 10-45　数据预览

（4）设置完成之后，需要在 PCB 规则及约束编辑器中再核查一下差分规则是否已经匹配上，如果没有匹配上，用手工法再次匹配即可。差分规则的核查如图 10-46 所示。

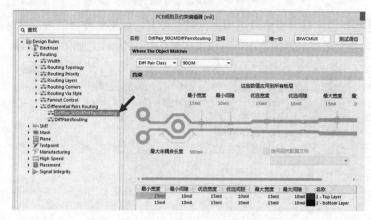

图 10-46　差分规则的核查

2. 手工法

（1）执行菜单命令"设计-规则"（快捷键"DR"），进入 PCB 规则及约束编辑器。

（2）在"Differential Pairs Routing"上单击鼠标右键，执行"新规则"命令，这里以创建 90 欧姆差分规则为例进行说明。

（3）按照图 10-47 所示填写相关参数。

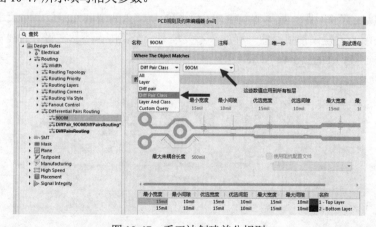

图 10-47　手工法创建差分规则

① 名称：填写这个差分规则的名称，如"90OM"。

② Where The Object Matches：选择规则应用范围，选择"Diff Pair Class"，然后选择创建好的"90OM"。

③ 约束：根据阻抗要求填入线宽和间距的数据。

（4）单击"应用"按钮，差分规则创建完毕。

10.2.8　规则的导入与导出

有时设置的规则可以套用多个板子，或者设置一个原始规则进行规则复位，这时需要用到规则的导入与导出。

（1）在 PCB 规则及约束编辑器中单击鼠标右键，执行"Export Rules"命令进行规则的导出，如图 10-48 所示。

（2）在弹出的窗口中选择需要导出的规则项，按住"Ctrl"键并单击可以多选，也可以全选，如图 10-49 所示。一般进行全选导出，简单方便。

图 10-48　规则的导出

图 10-49　导出规则项的选择

（3）导出之后会生成一个后缀为.RUL 的文件，这个文件就是规则文件，对其进行保存。

（4）在另外一个 PCB 中，按快捷键"DR"，进入 PCB 规则及约束编辑器，在任意规则上单击鼠标右键，执行"Import Rules"命令进行规则的导入，如图 10-50 所示。

（5）在弹出的窗口中选择需要导入的规则项，如图 10-51 所示。一般也是全选。

（6）选择之前保存的后缀为.RUL 的文件，规则导入成功。

图 10-50　规则的导入

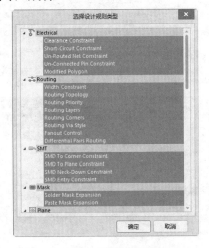

图 10-51　导入规则项的选择

10.3 阻抗计算

在线宽规则设置中提到过阻抗线，那么什么是阻抗线？如何知道设计中的信号走线线宽与间距？这就涉及阻抗的计算。

10.3.1 阻抗计算的必要性

当电压、电流在传输线中传播时，特性阻抗不一致会造成所谓的信号反射现象等。在信号完整性领域里，反射、串扰、电源平面切割等问题都可以归为阻抗不连续问题，因此匹配的重要性在此展现出来。

10.3.2 常见的阻抗模型

一般利用 Polar SI9000 阻抗计算工具进行阻抗计算。在计算之前需要认识常见的阻抗模型。常见的阻抗模型有特性阻抗模型、差分阻抗模型、共面性阻抗模型，细分如下。

（1）特性阻抗模型

① 外层特性阻抗模型。

② 内层特性阻抗模型。

（2）差分阻抗模型

① 外层差分阻抗模型。

② 内层差分阻抗模型。

（3）共面性阻抗模型

① 外层共面特性阻抗模型。

② 内层共面特性阻抗模型。

③ 外层共面差分阻抗模型。

④ 内层共面差分阻抗模型。

常见的阻抗模型如图 10-52 所示。

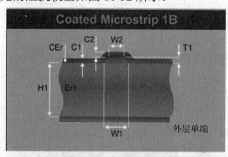
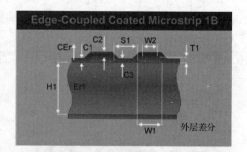
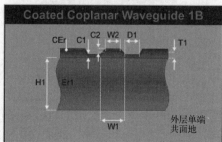
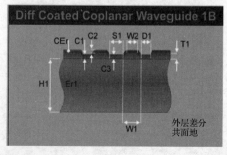

图 10-52　常见的阻抗模型

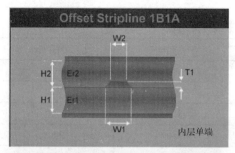
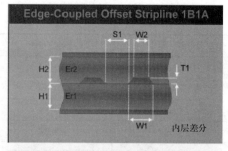

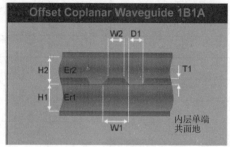
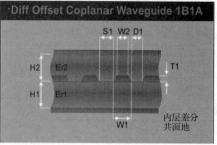

图 10-52　常见的阻抗模型（续）

10.3.3　阻抗计算详解

1. 阻抗计算的必要条件

阻抗计算的必要条件有板厚、层数（信号层数、电源层数）、板材、表面工艺、阻抗值、阻抗公差、铜厚。

2. 影响阻抗的因素

影响阻抗的因素有介质厚度、介电常数、铜厚、线宽、线距、阻焊厚度，如图 10-53 所示。

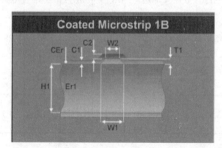
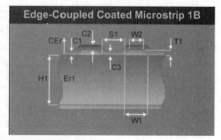

图 10-53　影响阻抗的因素

在图 10-53 中，H1 为介质厚度（PP 片或者板材，不包括铜厚）；Er1 为 PP 片（又称半固化片）或者板材的介电常数，多种 PP 片或者板材压合在一起时取平均值；W1 为阻抗线下线宽；W2 为阻抗线上线宽；T1 为成品铜厚；CEr 为绿油的介电常数（3.3）；C1 为基材的绿油厚度（一般取 0.8mil）；C2 为铜皮或者走线上的绿油厚度（一般取 0.5mil）。

　一般来说，上、下线宽存在如表 10-4 所示的关系。

表 10-4　上、下线宽关系表

基 铜 厚	上线宽/mil	下线宽/mil	线距/mil
内层 18μm	W0-0.1	W0	S0
内层 35μm	W0-0.4	W0	S0
内层 70μm	W0-1.2	W0	S0
负片 42μm	W0-0.4	W0+0.4	S0-0.4
负片 48μm	W0-0.5	W0+0.5	S0-0.5
负片 65μm	W0-0.8	W0+0.8	S0-0.8
外层 12μm	W0-0.6	W0+0.6	S0-0.6
外层 18μm	W0-0.6	W0+0.7	S0-0.7
外层 35μm	W0-0.9	W0+0.9	S0-0.9
外层 12μm（全板镀金工艺）	W0-1.2	W0	S0
外层 18μm（全板镀金工艺）	W0-1.2	W0	S0
外层 35μm（全板镀金工艺）	W0-2.0	W0	S0

注：其中 W0 为设计线宽，S0 为设计线距。

3. 阻抗计算方法

下面通过一个实例来演示阻抗计算的方法及步骤。

普通的 FR-4 板材一般有生益、建滔、联茂等板材供应商。生益 FR-4 及同等材料芯板可以根据板厚来划分。表 10-5 列出了常见生益 FR-4 芯板厚度参数及介电常数。

表 10-5　常见生益 FR-4 芯板厚度参数及介电常数

类　别	芯板厚度/mm	0.051	0.076	0.102	0.11	0.13	0.15	0.18	0.21	0.25	0.37	0.51	0.71	≥0.8
	芯板厚度/mil	2	3	4	4.33	5.1	5.9	7	8.27	10	14.5	20	28	≥31.5
Tg≤170	介电常数	3.6	3.65	3.95	无	3.95	3.65	4.2	3.95	3.95	4.2	4.1	4.2	4.2
IT180A S1000-2	介电常数	3.9	3.95	4.25	4	4.25	3.95	4.5	4.25	4.25	4.5	4.4	4.5	4.5

PP 片一般包括 106、1080、2116、7628 等。表 10-6 列出了常见 PP 片厚度参数及介电常数。

表 10-6　常见 PP 片厚度参数及介电常数

类　别	PP 片类型	106	1080	3313	2116	7628
Tg≤170	理论厚度/mm	0.0513	0.0773	0.1034	0.1185	0.1951
	介电常数	3.6	3.65	3.85	3.95	4.2
IT180A S1000-2B	理论厚度/mm	0.0511	0.07727	0.0987	0.1174	0.1933
	介电常数	3.9	3.95	4.15	4.25	4.5

对于 Rogers 板材，Rogers4350 0.1mm 板材介电常数为 3.36，其他 Rogers4350 板材介电常数为 3.48；Rogers4003 板材介电常数为 3.38；Rogers4403 PP 片介电常数为 3.17。

我们知道，每个多层板都是由芯板和 PP 片通过压合而成的。当计算层叠结构时，通常需要把芯板和 PP 片叠在一起，组成板子的厚度。例如，一块芯板和两张 PP 片叠加“芯板+106+2116”，那么它的理论厚度就是 0.25mm+0.0513mm+0.1185mm=0.4198mm。但需要注意以下几点。

（1）一般不允许 4 张或 4 张以上 PP 片叠放在一起，因为压合时容易产生滑板现象。

（2）7628 的 PP 片一般不允许放在外层，因为 7628 表面比较粗糙，会影响板子的外观。

（3）3 张 1080 也不允许放在外层，因为压合时也容易产生滑板现象。

（4）芯板一般选择大于 0.11mm 的，6 层的一般两块芯板，8 层的一般 3 块芯板。

由于铜厚的原因，理论厚度和实测厚度有一定的差值，具体可以参考图 10-54。

图 10-54　理论厚度与实测厚度

从图 10-54 中可以看出，理论厚度和实测厚度存在铜厚的差值，可以总结出如下公式。

实测厚度=理论厚度−铜厚 1(1−X_1)−铜厚 2(1−X_2)

式中，X_1、X_2 表示残铜率，表层取 1，光板取 0。电源地平面残铜率一般取值为 70%，信号层残铜率一般取值为 23%。

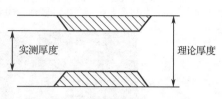

小助手提示

残铜率是指板平面上有铜的面积和整板面积之比。例如，没有加工的原材料残铜率就是 100%，蚀刻成光板时就是 0%。

在 PCB 行业中，1OZ（通常用大写，也称盎司）的意思是质量为 1 盎司（1oz，1 盎司=28.3495 克）的铜均匀平铺在 1 平方英尺（1 平方英尺=0.09290304 平方米）的面积上所达到的厚度，1OZ=0.035mm。

10.3.4　阻抗计算实例

（1）层叠要求：板厚为 1.2mm，板材为 FR-4，层数为 6 层，内层铜厚为 1OZ，表层铜厚为 0.5OZ。

（2）根据芯板和 PP 片常见厚度参数组合，并根据层叠厚度要求，可以堆叠出如图 10-55 所示的层叠结构。

Finished Thickness(mm):1.2±0.12
AccountThickness(mm):1.15
LAYER STACKING

TOP			0.5OZ +Plating	positive
	PP(3313)	3.65		
GND02			1OZ	negative
	Core	5.10		
ART03			1OZ	positive
	PP(7628*3)	20.92		
ART04			1OZ	positive
	Core	5.10		
PWR05			1OZ	negative
	PP(3313)	3.65		
BOTTOM			0.5OZ +Plating	positive

图 10-55　6 层层叠结构图

图 10-55 中标出的 PP 片厚度为实测厚度，计算公式如下。

PP（3313）[实测值]=0.1034mm[理论值]−0.035/2mm×（1−1）[表层铜厚为 0.5OZ，残铜率取 1]−0.035mm×（1−0.7）[内层铜厚为 1OZ，残铜率取 70%]=0.0929mm≈3.65mil

PP（7628×3）[实测值]=0.1951mm×3[理论值]−0.035mm×（1−0.23）[内层铜厚为 1OZ，相邻信号层残铜率取 0.23%]−0.035mm×（1−0.23）[内层铜厚为 1OZ，相邻信号层残铜率取 0.23%]=0.5314mm≈20.92mil

板子总厚度=0.5OZ+3.65mil+1OZ+5.1mil+1OZ+20.92mil+1OZ+5.1mil+1OZ+3.65mil+0.5OZ≈1.15mm

（3）打开 Polar SI9000 软件，选择需要计算阻抗的阻抗模型，计算表层 50 欧姆单线阻抗线宽。如图 10-56 所示，根据压合层叠数据，填入相关已知参数，计算得出走线线宽 W0=6.8mil。这个是计算出比较粗的走线，有时候会基于走线难度准许阻抗存在一定的误差，所以可以根据计算得出的走线线宽来稍微调整。例如，调整计算参数走线线宽 5.5mil 时，计算阻抗 Zo=54.82，如图 10-57 所示。

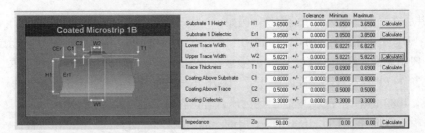

图 10-56　根据阻抗计算线宽

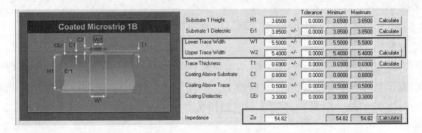

图 10-57　根据线宽微调阻抗值

（4）需要计算内层（以第3层为例）90欧姆差分阻抗走线线宽与间距，如图10-58所示，选择内层差分阻抗模型，根据压合层叠数据，填入已知参数，然后可以通过阻抗要求，调整线宽和间距，分别计算，考虑到板卡设计难度，微调阻抗在准许范围之内即可。

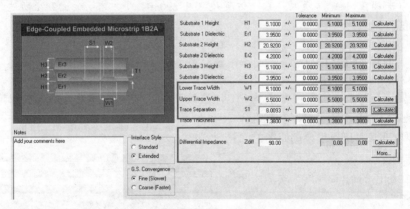

图 10-58　90欧姆差分阻抗计算结果

（5）最终计算结果如表10-7所示。

表 10-7　阻抗计算结果

Layer	Width/mil	Impedance/Ω	Precision	Refer Layer
Single Trace Impedance Control				
L1/L6	5.5	50	±10%	L2/L5
L3/L4	6.5	50	±10%	L2/L5
Differential Trace Impedance Control				
L1/L6	4.5/5.0	100	±10%	L2/L5
L3/L4	4.5/8.0	100	±10%	L2/L5
L1/L6	8.0/8.0	90	±10%	L2/L5
L3/L4	5.5/8.5	90	±10%	L2/L5

10.4　PCB 扇孔

在 PCB 设计中，过孔的扇出很重要，扇孔的方式会影响信号完整性、平面完整性、布线的难度，以至于影响生产的成本。

从扇孔的直观目的来讲，主要有两个。

（1）缩短回流路径，比如 GND 孔，就近扇孔可以达到缩短路径的目的。

（2）打孔占位，预先打孔是为了防止后面走线很密集时无法打孔，要绕很远连一条线，这样就形成很长的回流路径了。这种情况在进行高速 PCB 设计及多层 PCB 设计时经常遇到。预先打孔后面删除很方便，反之等走线完了再想去加一个过孔则很难，这时通常的想法就是随便找条线连上便是，不能考虑到信号完整性，不太符合规范做法。

10.4.1　扇孔推荐及缺陷做法

从图 10-59 中可以看出，推荐做法可以在内层两孔之间过线，参考平面也不会被割裂；反之，缺陷做法增加了走线难度，也把参考平面割裂了，破坏了平面完整性。

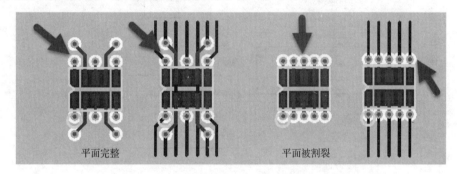

图 10-59　常规 CHIP 元件扇出方式对比

同样，这样的元件扇孔方式也适用于打孔换层的情景，如图 10-60 所示。

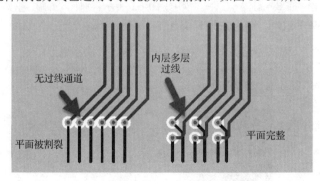

图 10-60　打孔换层的情景

10.4.2　BGA 扇孔

对于 BGA 扇孔，同样过孔不宜打孔在焊盘上，推荐打孔在两个焊盘的中间位置。很多工程师为了出线方便，随意挪动 BGA 里面过孔的位置，甚至打在焊盘上面，如图 10-61 所示，从而造成 BGA 区域过孔不规则，易造成后期焊接虚焊的问题，同时可能破坏平面完整性。

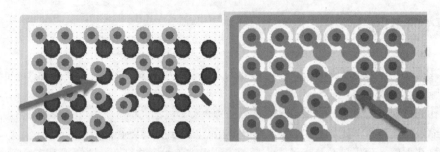

图 10-61　BGA 盘中孔示例

对于 BGA 扇孔，Altium Designer 提供快捷的自动扇出功能。

（1）对 BGA 扇出之前，根据 BGA 的 Pitch 间距（BGA 两个焊盘中心间距）和 10.2 节内容对整体的间距规则、网络线宽规则及过孔规则进行设置。

（2）在布线规则中找到"Fanout Control"，对其进行如图 10-62 所示的扇出控制规则设置。

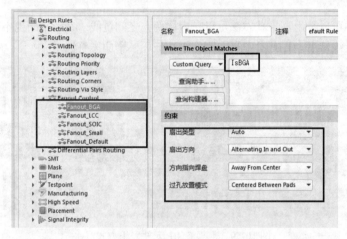

图 10-62　扇出控制规则设置

（3）执行菜单命令"布线-扇出-器件"，如图 10-63 所示，弹出"扇出选项"对话框，如图 10-64 所示，选择好需要配置的选项。每个选项释义如下。

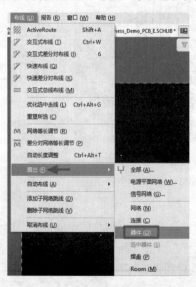

图 10-63　扇出命令

图 10-64　"扇出选项"对话框

① 无网络焊盘扇出：没有网络的焊盘也进行扇出。

② 扇出外面 2 行焊盘：前两排的焊盘也进行扇出。

③ 扇出完成后包含逃逸布线：扇出后进行引线。

④ Cannot Fanout using Blind Vias（no drill pairs defined）：无埋孔、盲孔扇出。

⑤ 如果可能，逃逸差分对焊盘优先（同层，同边）：在同层同边对差分对进行扇出。

（4）设置完成之后，即激活扇出命令，单击需要进行扇出的 BGA 元件，软件会自动完成扇出，效果图如图 10-65 所示。

图 10-65　扇出完全效果图

 小 助 手 提 示

　　在扇出之前一定先设置好阻抗线宽、电源线宽、整体间距、过孔或区域等规则，不然因为规则的限制，扇出不完全，如图 10-66 所示。

图 10-66　扇出不完全效果图

10.4.3　扇孔的拉线

扇孔不仅仅打孔，也会进行短线的拉线处理，所以有必要对扇孔的拉线的一些要求进行说明。

（1）为满足国内制板厂的生产工艺能力要求，常规扇孔拉线线宽大于或等于 4mil（0.1016mm）（特殊情况可用 3.5mil，即 0.0889mm）；小于这个值会极大挑战工厂的生产能力，报废率提高。

（2）不能出现任意角度走线，任意角度走线会挑战工厂的生产能力，很多在蚀刻铜线时出现问题，推荐 45°或 135°走线，如图 10-67 所示。

图 10-67　任意角度走线和 135°走线

（3）如图 10-68 所示，同一网络不宜出现直角或锐角走线。直角或锐角走线一般是 PCB 布线中要求尽量避免的情况，这也几乎成为衡量布线好坏的标准之一。直角走线会使传输线的线宽发生

变化，造成阻抗不连续及信号的反射，尖端产生 EMI 影响线路。

（4）设计的焊盘的形状一般都是规则的，如 BGA 的焊盘是圆形的，QFP 的焊盘是长圆形的，CHIP 元件的焊盘是矩形的等。但实际做出的 PCB 焊盘却不规则，可以说是奇形怪状。以 0402R 电阻封装的焊盘为例，

图 10-68　不宜出现直角或锐角走线

如图 10-69 所示，由于生产时存在工艺偏差，设计的规则焊盘出线之后，实际的焊盘是在原矩形焊盘的基础上加一个小矩形焊盘组成的，不规则，出现了异形焊盘。

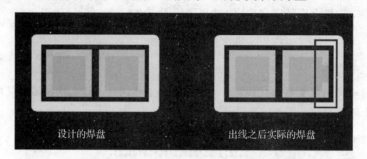

图 10-69　设计的焊盘和出线之后实际的焊盘

如果在 0402R 电阻封装的两个焊盘对角分别走线，加上 PCB 生产精度造成的阻焊偏差（阻焊窗单边比焊盘大 0.1mm），会形成如图 10-70 中左图所示的焊盘。在这样的情况下，电阻焊接时由于焊锡表面张力的作用，会出现如图 10-70 中右图所示的不良旋转。

图 10-70　不良出线造成元件容易旋转

（5）采用合理的布线方式，焊盘连线采用关于长轴对称的扇出方式，可以比较有效地减小 CHIP 元件贴装后的不良旋转；如果焊盘扇出的线也关于短轴对称，那么还可以减小 CHIP 元件贴装后的漂移，如图 10-71 所示。

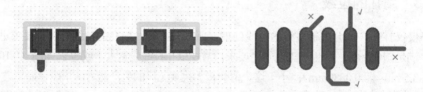

图 10-71　元件的出线

（6）相邻焊盘是同网络的，不能直接连接，需要先连接外焊盘之后再进行连接，如图 10-72 所示，直连容易在手工焊接时造成连焊。

（7）连接器管脚拉线需要从焊盘中心拉出再往外走，不可出现其他的角度，避免在连接器拔插的时候把线撕裂，如图 10-73 所示。

图 10-72　相邻同网络焊盘的连接方式　　　　　　图 10-73　连接器的出线

10.5 布线常用操作

10.5.1 鼠线的打开与关闭

鼠线又叫飞线，指两点间表示连接关系的线。鼠线有利于理清信号的流向，有逻辑地进行布线操作。在进行 PCB 布线时，可以选择性地对某类网络或某个网络的鼠线进行打开与关闭。

1. 菜单开关法

（1）在 PCB 设计交互界面的右下角执行命令"Panels-PCB"，调出 PCB 对象编辑窗口，选择"Nets"，进入"Nets"编辑窗口，如图 10-74 所示。

（2）在显示的网络类中，选择"All Nets"，在下面网络显示框中，选中单独的某个网络或多个网络。

（3）在选中的网络上单击鼠标右键，执行命令"连接-显示"可以打开鼠线，执行命令"连接-隐藏"可以关闭鼠线。

（4）如果想单独打开或者关闭某个网络类的网络鼠线，可以如图 10-75 所示在选中的网络类上单击鼠标右键，进行操作。

图 10-74　对鼠线的开关

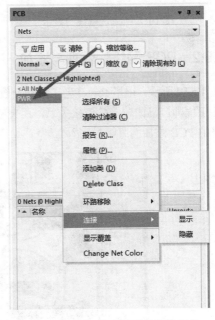

图 10-75　对某个网络类的网络鼠线开关

2. 快捷开关法

在 PCB 设计交互界面中，按快捷键"N"，出现如图 10-76 所示的选择命令窗口。

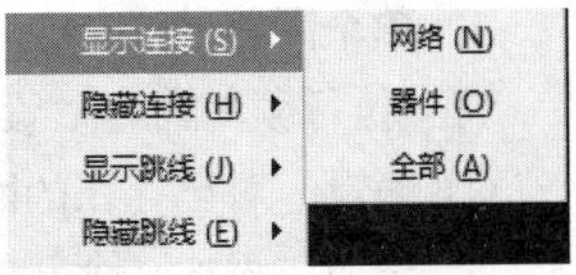

（1）显示连接：打开鼠线。

（2）隐藏连接：关闭鼠线。

● 网络：针对单个网络鼠线进行打开或者关闭操作，命令激活之后，再在 PCB 中单击选择网络即可。

图 10-76　快捷鼠线开关

● 器件：针对元件网络鼠线进行打开或者关闭操作，命令激活之后，单击相对应的元件，与这个元件相关联的所有网络都会进行鼠线的打开或者关闭操作。

● 全部：针对整个 PCB 的鼠线进行打开或者关闭操作。

很多初学者反馈，进行了鼠线打开操作之后，鼠线还是无法显示，可以从如下两个方面检查。

（1）检查鼠线显示层是否被打开：按快捷键"L"，检查如图 10-77 所示的界面中的"Connection Lines"选项是否使能显示，如果没有请使能显示。

（2）在 PCB 对象编辑窗口中，请选择"Nets"，不要选择"From-To Editor"或者其他选项，如图 10-78 所示。

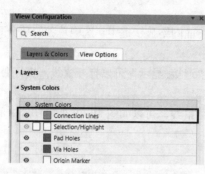

图 10-77　默认鼠线的显示

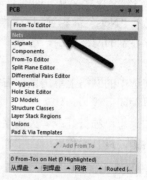

图 10-78　选择"Nets"

10.5.2　PCB 网络的管理与添加

如图 10-79 所示，很多 Protel 老工程师一般习惯直接绘制无网络的导线条进行 PCB 设计，往往只有设计工程师自己比较清楚连接关系，而会给后期维护的工程师造成相当大的困扰。那么，如何给无网络的 PCB 添加网络编号呢？

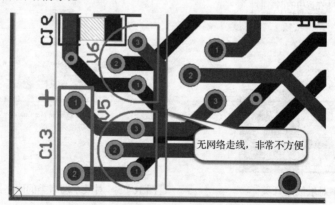

图 10-79　无网络走线

1. 单个网络的添加

（1）执行菜单命令"设计-网络表-编辑网络"，进入"网表管理器"界面，如图 10-80 所示。

① 编辑：对已存在的网络进行网络名称的编辑。

② 添加：添加一个新的网络。

③ 删除：删除已经存在的某个网络。

（2）单击"添加"按钮，可以添加一个新的网络，对新的网络名称进行定义，单击"确定"按钮，可完成一个单独的网络添加，如图 10-81 所示。

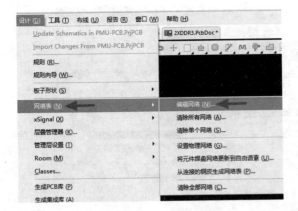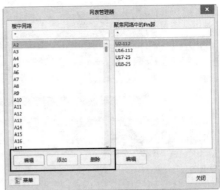

图 10-80　进入"网表管理器"界面

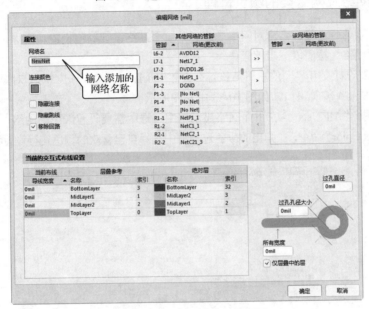

图 10-81　单个网络的添加

在添加网络名称时，电源和 GND 尽量不用流水号来添加，为了方便识别，直接添加"VCC""VDD""GND"等标识。

2. 批量自动生成网络

由于第一种方法只能一个一个地添加网络，速度相对较慢，这里介绍第二种方法，可以批量自动生成网络，前提是需要对 PCB 进行强制连接，即已经设计好了板子，但是没有网络显示。

（1）执行菜单命令"设计-网络表-设置物理网络"，进入"配置物理网络"界面，如图 10-82 所示。

（2）在"新网络名称"栏中，可以单击更改某个网络的名称，如"VCC"等。这个界面类似于网络的几种管理器，如果不想更新，系统会自动生成一个流水号网络。

（3）更新网络完成之后，可以单击"执行"按钮，系统提示 N 个网络进行了更新，单击"继续"按钮继续进行更新即可。

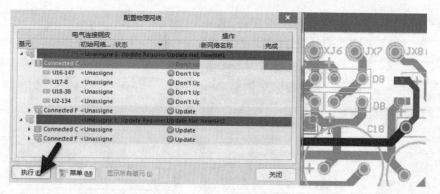

图 10-82 "配置物理网络"界面

10.5.3 网络及网络类的颜色管理

为了方便识别信号走线，常常对网络类或者某单个网络进行颜色设置，这样可以很方便地理清信号流向和识别网络。按照以下步骤操作。

（1）在 PCB 设计交互界面的右下角执行命令"Panels-PCB"，调出 PCB 对象编辑窗口，选择"Nets"，进入"Nets"编辑窗口，如图 10-83 中左图所示。

（2）单击选择"All Nets"，在下面网络显示框中，选中需要设置颜色的网络，单击鼠标右键，执行"Change Net Color"命令，在弹出的颜色选择框中选择自己喜欢的颜色进行设置即可，如图 10-83 中右图所示。

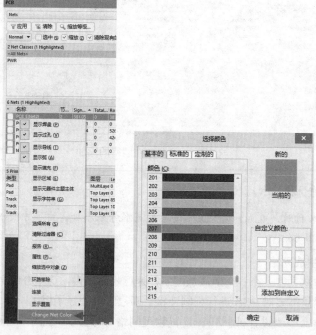

图 10-83 网络颜色的设置

（3）如果想快速地设置某个网络类的网络颜色，可以直接在"Nets"编辑窗口中，选中已经设置好的网络类，然后单击鼠标右键，执行"Change Net Color"命令，对其颜色进行变更，如图 10-84 所示。

（4）颜色设置好之后，注意再次单击鼠标右键，执行命令"连接-显示"，对设置的颜色进行使能，否则设置了也不会进行显示，如图 10-85 所示。

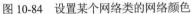

图 10-84   设置某个网络类的网络颜色

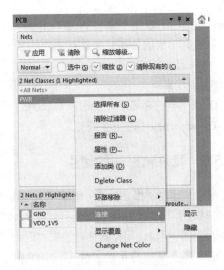

图 10-85   网络颜色的使能

在 PCB 设计时，Altium Designer 设置了一个总体颜色显示的开关，就是键盘上的功能键"F5"，如果按照前述步骤设置后没有颜色显示，可以按"F5"键，进行开关切换。

10.5.4   层的管理

1. 层的打开与关闭

在做多层板的时候，经常需要单独用到某层或者多层，这种情况下就要用到层的打开与关闭功能。

按快捷键"L"，可以对单层或者多层进行打开与关闭操作，使能显示即打开，不使能显示即关闭，如图 10-86 所示。

2. 层的颜色设置

为了设计时方便识别层属性，可以对不同层的线路默认颜色进行设置。还是按快捷键"L"，进入层与颜色管理器，层的颜色设置如图 10-87 所示，在颜色框中双击，可以进行颜色变更设定。

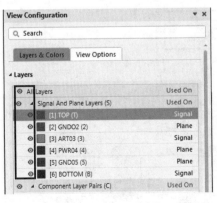

图 10-86   层的打开与关闭

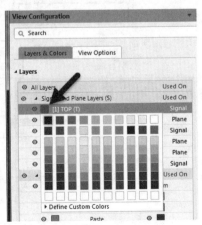

图 10-87   层的颜色设置

10.5.5   元素的显示与隐藏

在设计的时候，为了很好地识别和引用，有时会执行关闭走线、显示过孔或隐藏铜皮等操作，从而可以更好地对其中单独一个元素进行分析处理。

按快捷键"Ctrl+D",进入"View Options"设置界面,如图 10-88 所示,可以对列出来的各类元素进行单独的显示或者隐藏操作。

(1) ◉：显示。

(2) ▨：隐藏。

(3) Draft：半透明显示,一般在等长的时候用得比较多。

(4) Transparency：透明度调节。

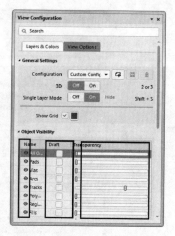

图 10-88　元素的显示与隐藏

10.5.6　特殊粘贴法的使用

怎么同等间距复制很多过孔?怎么带网络复制走线?怎么把元件带位号、带网络从当前 PCB 中调用到另外的 PCB 中?PCB 设计中经常会遇到这些问题,可以使用特殊粘贴法来实现。

(1) 选中需要复制的元素(过孔、走线或元件),按照正常方式按快捷键"Ctrl+C",进行复制。

(2) 执行菜单命令"编辑-特殊粘贴",进入"特殊粘贴"窗口,如图 10-89 所示。

① 粘贴到当前层：将复制好的元素粘贴到当前层。

② 保持网络名称：带网络粘贴。

③ 重复位号：带元件位号粘贴(针对元件复制)。

④ 添加到元器件类：把元件添加到元件类中(针对元件复制)。

(3) 设置好后,单击"粘贴"按钮,可以直接粘贴。

图 10-89　"特殊粘贴"窗口

(4) 接着第(2)步,单击"阵列式粘贴"按钮,可以设置粘贴阵列,根据需要可选线性或者圆形阵列类型,分别如图 10-90 和图 10-91 所示。

图 10-90　线性粘贴

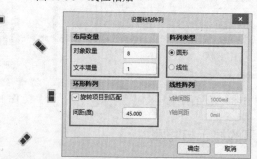

图 10-91　圆形粘贴

10.5.7 多条走线

为了达到快速走线的目的，有时可以采取总线走线的方法，即多条走线，如图 10-92 所示。在进行多条走线操作时，需要选中所需走线。

执行菜单命令"布线-交互式总线布线"（快捷键"UM"）或者图标命令 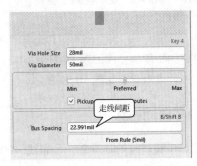，单击选中多条走线的顶点，移动鼠标进行拉线，在走线状态下按"Tab"键，可以进行多条走线间距设置，如图 10-93 所示。

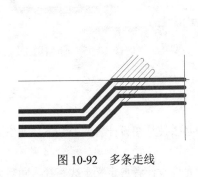

图 10-92　多条走线

图 10-93　多条走线间距设置

10.5.8 泪滴的作用与添加

1．泪滴的作用

（1）避免电路板受到巨大外力冲撞时导线与焊盘或者导线与导孔的接触点断开，也可使电路板显得更加美观。

（2）焊接上，可以保护焊盘，避免多次焊接时焊盘脱落；生产时，可以避免蚀刻不均、过孔偏位出现的裂缝等。

（3）信号传输时平滑阻抗，减少阻抗的急剧跳变；避免高频信号传输时由于线宽突然变小而造成反射，可使走线与元件焊盘之间的连接趋于平稳过渡。

2．泪滴的添加

执行菜单命令"工具-滴泪"（快捷键"TE"），进入如图 10-94 所示的泪滴属性设置对话框。

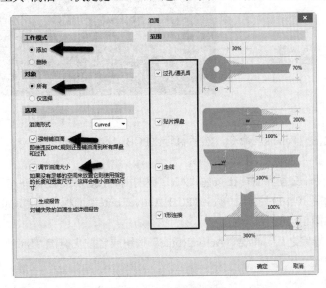

图 10-94　泪滴属性设置

（1）工作模式-添加：选择执行添加泪滴命令。

（2）对象：选择匹配对象，一般选择"所有"，在图 10-94 中该选项右边，会适配相应的对象，包括"过孔/通孔焊盘""贴片焊盘""走线""T 形连接"。

（3）泪滴形式-Curved：泪滴形状选择弯曲的补充形状。

（4）强制铺泪滴：对于添加泪滴的操作采取强制执行方式，即使存在 DRC 报错，一般来说为了保证泪滴的添加完整，勾选此项，后期 DRC 再修正即可。

（5）调节泪滴大小：当空间不足以添加泪滴时，变更泪滴的大小，可以更加智能地完成泪滴的添加动作。

泪滴添加效果示意图如图 10-95 所示。

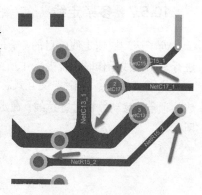

图 10-95　泪滴添加效果示意图

10.5.9　自动布线

PCB 设计中最耗时的阶段之一是布线。自动布线的必杀技是在设计者的控制下快速生成符合设计规则的高质量走线。

自动布线适用于选择特定的网络类进行快速布线，允许设计者自定义走线路径，随后会跟随自定义路径进行布线，对 PCB 布线起到非常大的帮助。

（1）首先需要创建网络类，执行菜单命令"设计-Classes"（快捷键"DC"），如图 10-96 所示。

（2）需要对间距规则、线宽规则、过孔规则进行创建和设置，对元件进行扇孔如图 10-97 所示。

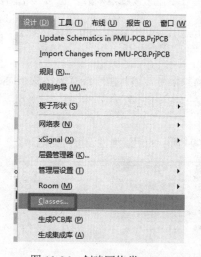

图 10-96　创建网络类

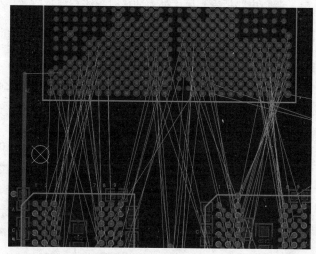

图 10-97　元件扇孔

（3）执行右下角的"Panels"命令，然后执行"PCB ActiveRoute"命令，如图 10-98 所示，调出的"PCB ActiveRoute"面板如图 10-99 所示。

（4）返回 PCB 设计交互界面，在按住"Alt"键的同时按住鼠标左键向左上角滑动，选中需要进行布线的飞线，如图 10-100 所示，单击"PCB ActiveRoute"面板中的"Route Guide"按钮，进行走线路径引导，如图 10-101 所示。

（5）走线路径引导完之后，单击"ActiveRoute"按钮或者按快捷键"Shift+A"，进行自动布线，效果图如图 10-102 所示。

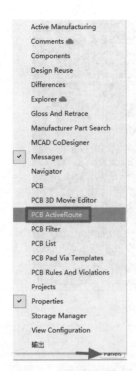

图 10-98　自动布线命令

图 10-99　"PCB ActiveRoute"面板

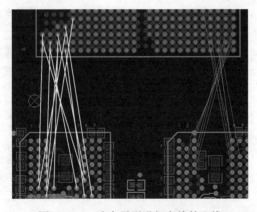

图 10-100　选中需要进行布线的飞线

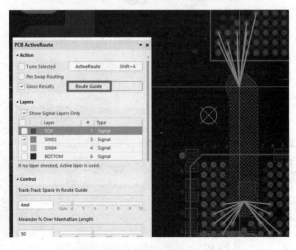

图 10-101　进行走线路径引导

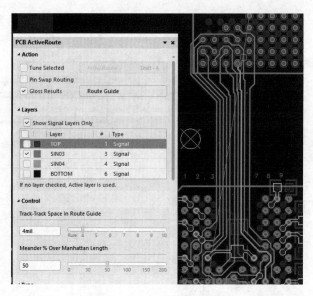

图 10-102　自动布线效果图

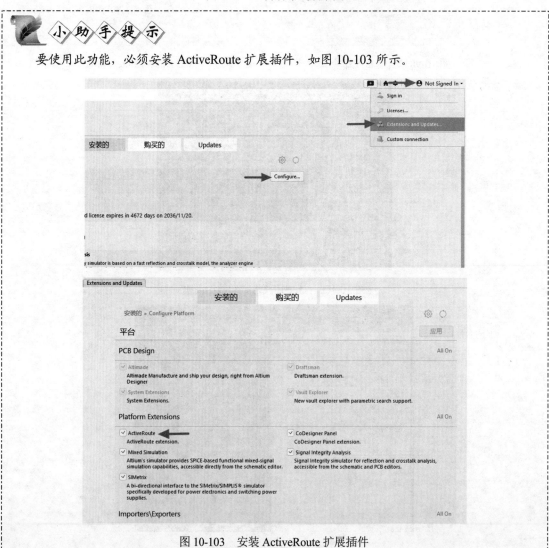

10.6 PCB 铺铜

所谓铺铜，就是将 PCB 上闲置的空间作为基准面，然后用固体铜填充，这些铜区又称为灌铜。铺铜也称敷铜。铺铜的意义如下。

（1）增加载流面积，提高载流能力。

（2）减小地线阻抗，提高抗干扰能力。

（3）降低压降，提高电源效率。

（4）与地线相连，减小环路面积。

（5）多层板对称铺铜可以起到平衡作用。

在 PCB 设计中，铺铜应用很广泛。在 Altium Designer 中，铺铜的操作、铺铜设置、铺铜的编辑修正等很值得我们分析研究。

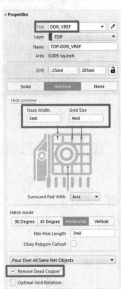

图 10-104　铺铜推荐设置

10.6.1　局部铺铜

对于 PCB 设计中的一些电源模块，因为考虑到电流的大小载流，需要加宽载流路径，走线的话，因为路径上含有过孔或者其他阻碍物，不会自动避让，不方便进行 DRC 处理，这时可以用到局部铺铜。

（1）执行菜单命令"放置-铺铜"，进入铺铜设置窗口，为了更有效率地进行铺铜，按照图 10-104 所示进行推荐设置。

① Hatched（Tracks/Arcs）：动态铺铜方式，铺铜由线宽和间距组合而成，铺铜会相对圆滑，符合高速设计要求。图 10-105 所示为 Solid 铺铜和 Hatched 铺铜的对比。

图 10-105　Solid 铺铜和 Hatched 铺铜的对比

② Track Width：铺铜线宽。Grid Size：铺铜线的间距。如果需要实心铺铜，那么线宽值比栅格值大就好，推荐线宽值 5mil，栅格值 4mil，这个值不宜设置过大或者过小。

● 设置过大，一些较小 Pitch 间距的 BGA 没办法铺铜进去，造成铜皮的断裂，影响平面完整性。

● 设置过小，铺铜更容易进入一些电阻、电容的缝隙中，造成狭长铜皮的出现，增加生产上的难度或者产生串扰。

③ Pour Over All Same Net Objects：选择此选项，对于相同的网络都需要采取铺铜，不然会出现相同网络的走线和铜皮无法连接的现象，如图 10-106 所示。

④ Remove Dead Copper：移除死铜，勾选此选项可以对铺铜产生的孤立铜皮（简称孤铜）进行清除，如图 10-107 所示。

（2）完成第（1）步的铺铜设置之后，即可激活放置铺铜的命令，在 PCB 中，根据实际需要绘制一个闭合的铜皮区域，完成局部铺铜的放置。

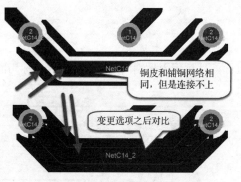

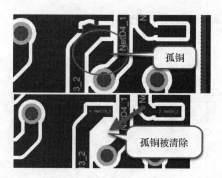

图 10-106　相同网络铺铜设置对比　　　　　　　　　图 10-107　移除死铜

10.6.2　异形铺铜的创建

很多情况下，有一个圆形的板子或者非规则形状的板子，需要创建一个和板子形状一模一样的铺铜，该怎么处理呢？下面说明异形铺铜的创建。

（1）选中封闭的异形板框或者区域，例如，选中一个圆形的闭合环。

（2）执行菜单命令"工具-转换-从选择的元素创建铺铜"，如图 10-108 所示，即可创建一个圆形的铺铜。

（3）双击铺铜，可更改铺铜的铺铜模式、网络及层属性。

（4）采取同样的方式也可以创建其他异形的铺铜，如图 10-109 所示。

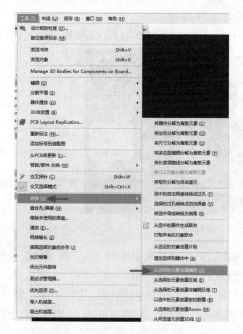

图 10-108　异形铺铜的创建命令

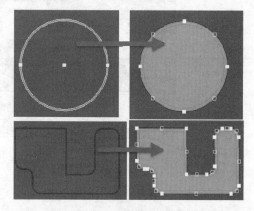

图 10-109　异形铺铜的创建

10.6.3　全局铺铜

全局铺铜一般在整板完成铺铜之后进行，可以系统地对整个板子的铺铜进行优先级设置、重新铺铜等操作。执行菜单命令"工具-铺铜-铺铜管理器"，进入铺铜管理器，如图 10-110 所示。铺铜管理器主要分为 4 个区。

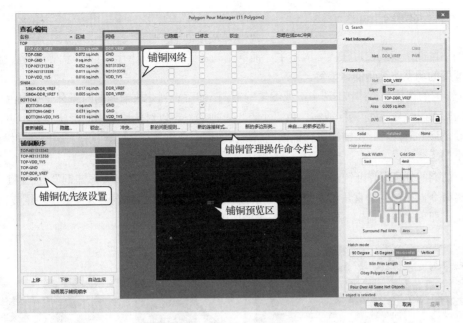

图 10-110　铺铜管理器

（1）查看/编辑：可以对铺铜所在层和网络进行更改。

（2）铺铜管理操作命令栏：可以对铺铜的动作进行管理。

（3）铺铜顺序：可以进行铺铜优先级设置。

（4）铺铜预览区：可以大概看到铺铜之后的情况或者选择的铺铜。

10.6.4　多边形铺铜挖空的放置

有时在铺铜之后还需要删除一些碎铜或尖岬铜皮，多边形铺铜挖空的功能就是禁止铜皮铺进该放置的区域，只针对铺铜有效，不作为独立的铜存在，放置完成后不用删除。

（1）执行菜单命令"放置-多边形铺铜挖空"，激活放置命令，然后和绘制铜皮一样进行放置操作，如图 10-111 所示，一般放置在尖岬铜皮上重新灌铜一下，尖尖的铺铜就被删除了。

（2）双击多边形铺铜挖空，可以对其属性进行设置，如图 10-112 所示，在"Layer"栏中可以选择多边形铺铜挖空的应用范围，这里根据实际情况选择所放置的当前层，或者选择"Multi-Layer"以适用所有层，即对所有层的铺铜都禁止。

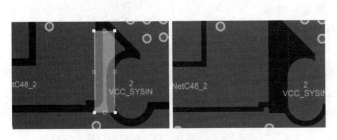

图 10-111　多边形铺铜挖空的放置

图 10-112　多边形铺铜挖空属性设置

10.6.5 修整铺铜

铺铜不可能一步到位，在实际应用中，铺铜完成之后，需要对所铺铜的形状等进行一些调整，如铺铜宽度的调整、钝角的修整等。

（1）铺铜的直接编辑：单击选中需要编辑的铺铜，即可看到此块铺铜的四周有一些白色"小点"，如图 10-113 所示，将鼠标光标放在白色"小点"上拖动，可以对此块铺铜的形状及大小进行调整。调整完成之后，记得对此块铺铜进行铺铜刷新（在铺铜上单击鼠标右键，执行命令"铺铜操作-调整铺铜大小"）。

（2）铺铜的分离操作（钝角的修整）：执行菜单命令"放置-裁剪多边形铺铜"（快捷键"PY"），激活分离命令，在铺铜的直角处横跨绘制一条分割线，绘制之后，铺铜会分离成两块铜皮，删掉尖角那一块，即可完成当前铺铜钝角的修整，如图 10-114 所示。

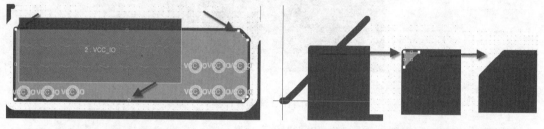

图 10-113　铺铜的形状及大小调整　　　　　图 10-114　铺铜钝角的修整

10.7　蛇形走线

10.7.1　单端蛇形线

在 PCB 设计中，蛇形等长走线主要是针对一些高速的并行总线来讲的。由于这类并行总线往往有多条数据信号基于同一个时钟采样，每个时钟周期可能要采样两次（DDR SDRAM）甚至 4 次，而随着芯片运行频率的提高，信号传输延迟对时序影响的比重越来越大，为了保证在数据采样点（时钟的上升沿或者下降沿）能正确采集所有信号的值，就必须对信号传输延迟进行控制。等长走线的目的就是尽可能地减小所有相关信号在 PCB 上传输延迟的差异，保证时序的匹配。

（1）在 Altium Designer 中，等长绕线之前建议完成 PCB 的连通，并且建立好相对应的总线网络类，因为等长是在既有的走线上进行绕线的，不是一开始就走成蛇形线，等长的时候也是基于一个总线里面以最长的那条线为目标线进行长度的等长。

（2）执行菜单命令"布线-网络等长调节"（快捷键"UR"），激活等长命令，单击需要等长的走线，并按"Tab"键调出等长参数设置窗口，如图 10-115 所示。

① Target：提供 3 种目标线长设置。

● Manual：手工直接设置等长目标长度。

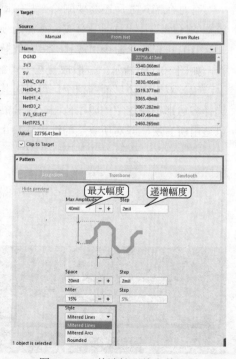

图 10-115　单端蛇形线参数设置

- From Net：依据创建的网络类选择目标长度。
- From Rules：依据规则来设置目标长度，可以设置具体网络的最长和最短长度。

② Pattern：提供 3 种可选等长样式，如图 10-116 所示。

- Accordion：U 形等长。
- Trombone：S 形等长。
- Sawtooth：锯齿状等长。

图 10-116　锯齿状等长、S 形等长与 U 形等长样式

③ Max Amplitude：描述的是蛇形等长线的最大幅度。Step：手动增加蛇形幅度的每次递增幅度，建议设置为 2mil，不建议设置过大。

④ Space：蛇形圆弧两条线的间距，一般需要满足 3W 原则（3 倍线宽间距）。Step：手动增加蛇形等长 Space 的每次递增幅度，建议设置为 2mil，同样不建议设置过大。

⑤ Style：提供 3 种可选等长模式。

- Mitered Lines：斜线条。
- Mitered Arcs：斜弧。
- Rounded：半圆。

斜线条、斜弧与半圆等长模式如图 10-117 所示，一般采用第一种"斜线条"模式，如果传输线速率很高，通常采用第二种"斜弧"模式。

图 10-117　斜线条、斜弧与半圆等长模式

（3）在需要等长的信号线上滑动，即可出现蛇形线，如图 10-118 所示。在走线状态下，按键盘上的"<"和">"键可以调整蛇形线的上下幅度，每次递增幅度是之前设置的 2mil。

（4）如果在蛇形走线的时候出现如图 10-119 所示的直角或者尖角、Space 过大或过小，那么按字母键盘上方的数字键"1"可减小拐角幅度，按数字键"2"可增大拐角幅度，按数字键"3"可减小 Space，按数字键"4"可增大 Space。

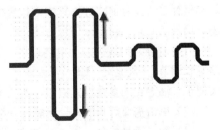

图 10-118　蛇形线及蛇形幅度递增

（5）常规的等长走线是围绕走线的上下两边同时进行绕线的，为了节约等长空间，一般按照方

式 1 在进行等长绕线前，在等长另一侧增加一条阻碍线，这样蛇形绕线通常会出现在同侧，之后删除阻碍线即可，如图 10-120 所示。

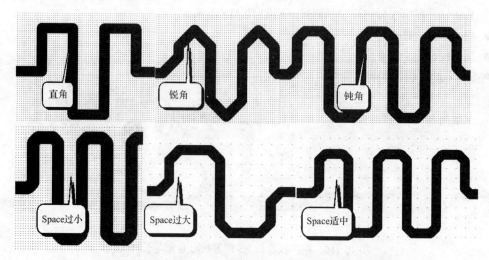

图 10-119　等长的直角、锐角、钝角及等长的 Space 调整

图 10-120　阻碍线的使用

小 助 手 提 示

　　前面提到的等长调整模式常见于 Altium Designer 10 版本及以上，以下版本不支持，如果需要调整，可以利用手工正常走线绕线即可。

10.7.2　差分蛇形线

　　至于 USB、SATA、PCIE 等串行信号，并没有前述并行总线的时钟概念，其时钟是隐含在串行数据中的。数据发送方将时钟包含在数据中发出，数据接收方通过接收到的数据恢复出时钟信号。这类串行总线没有前述并行总线等长布线的概念。但因为这些串行信号都采用差分信号，为了保证差分信号的质量，对差分信号对的布线一般会要求等长且按总线规范的要求进行阻抗匹配的控制。

　　（1）差分蛇形线类似于单端蛇形线，也是先进行差分走线，再执行菜单命令"布线-差分对网络等长调节"（快捷键"UP"），激活差分等长命令，单击需要等长的差分走线，并按"Tab"键调出类似于单端等长的参数设置窗口，如图 10-121 中左图所示，按照要求设置差分蛇形线参数。

　　（2）单击需要等长的差分走线，并滑动鼠标，即开始差分蛇形走线，必要时也可以加阻碍线。

　　（3）为了满足差分对内之间的时序匹配，一般差分对内之间也需要进行等长，误差要求一般在 5mil 以内。这种等长方式一般不再以差分走线来等长了，而是利用单端锯齿状等长走线（按快捷键"UR"时按"Tab"键选择"Sawtooth"模式），对差分走线的其中一条来进行锯齿状等长。常见锯齿状等长如图 10-121 中右图所示。常见差分对内等长方式如图 10-122 所示。

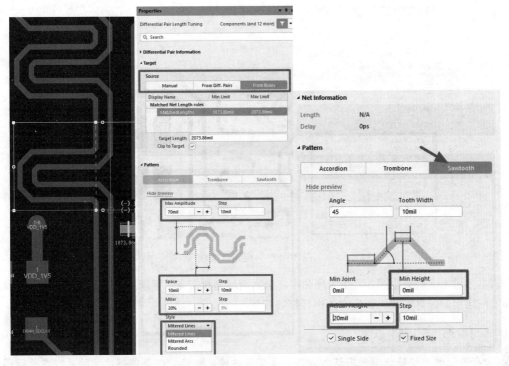

图 10-121　差分蛇形线参数设置及常见锯齿状等长

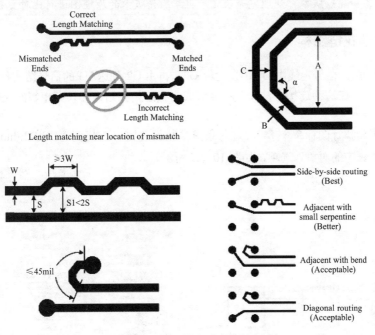

图 10-122　常见差分对内等长方式

10.8　多种拓扑结构的等长处理

10.8.1　点到点绕线

点到点绕线如图 10-123 所示，可以在类别中调用长度表格进行参照，一条一条绕到目标长度即可。

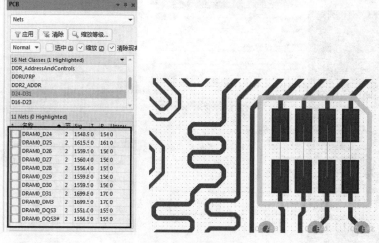

图 10-123　点到点绕线

若主干道上串联有电阻，可在原理图中将电阻两端短接起来，更新到 PCB 中，这样可以让串阻两端的网络相同，再按照点到点方法进行绕线即可。

 小 助 手 提 示

　　含有串阻的单端建议都采用这种方法，简单、方便、快速。但是值得注意的是，在原理图中处理的时候要备份原始版本，处理完等长之后再拿原始版本的原理图进行比对更新回来。

10.8.2　菊花链结构

在 PCB 设计中，信号走线由 U1 出发途经 U2，再由 U2 到达 U3 的信号结构称为菊花链结构，如图 10-124 所示。在这种连接方法中，不会形成网状的拓扑结构，只有相邻的元件之间才能直接通信。

（1）在右上角执行图标命令 ⚙ ，进入系统参数设置窗口，找到 "PCB Editor-General" 选项卡，勾选 "保护锁定的对象" 选项，如图 10-125 所示。

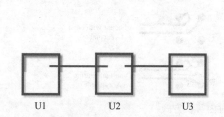

图 10-124　菊花链结构

图 10-125　锁定菊花链中的节点

（2）找到菊花链中连接的节点（常见为过孔），进行锁定操作。

（3）复制 3 个版本的 PCB，如图 10-126 所示，利用网络的 Mask 工具过滤出菊花链的某个网络类，绕线前端时，可以框选后端走线进行删除，这样就转换为点到点绕线，然后在另外一个备份 PCB 中反向操作，最后综合到完成版本上即可。

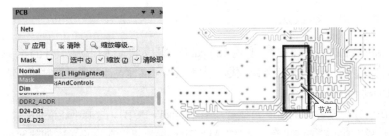

图 10-126　Mask 工具

10.8.3　T 形结构

如图 10-127 所示，星形网络型结构常被称为 T 形结构。DDR2 相比之前的 DDR 规范没有延时补偿技术，因此时钟线与数据线的时序裕量相对比较紧张。为了不使每片 DDR 芯片的时钟线与数据线的长度误差太大，一般采用 T 形拓扑，T 形拓扑的分支也应尽量短、长度相等。

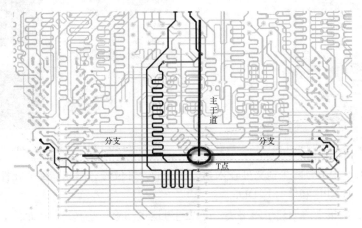

图 10-127　T 形结构

10.8.4　T 形结构分支等长法

这种方法可以类似于菊花链操作方法，主要是利用节点和多版本的操作，把等长转换为点对点等长法，实现 L+L′=L+L″=L1+L1′=L2+L2′，即 CPU 焊盘到每一片 DDR 焊盘的走线长度等长，如图 10-128 所示。

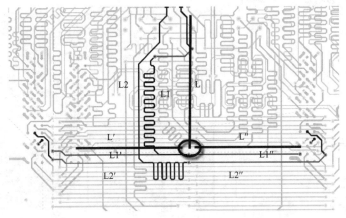

图 10-128　T 形结构分支等长法（T 点等长）

10.8.5 xSignals 等长法

xSignals 功能可显著提高设计效率。利用 xSignal 向导即可自动进行高速设计的长度匹配，它可以自动分析 T 形分支、元件、信号对和信号组数据，大大减少了高速设计配置时的时间消耗。

1. 手工法创建 xSignals

（1）在 PCB 设计交互界面的右下角执行命令"Panels-PCB"，选择"xSignals"，打开"xSignals"面板栏，如图 10-129 所示，在这里有默认的"All xSignals"，可以在这里单击创建 xSignal 类，在"All xSignals"上单击鼠标右键，执行"添加类"命令，添加一个以"DDR_ADD"为例的 xSignal 类。

（2）执行菜单命令"设计-xSignal-创建 xSignals"，如图 10-130 所示，进入 xSignals 添加匹配界面，如图 10-131 所示。

图 10-129　添加 xSignal 类

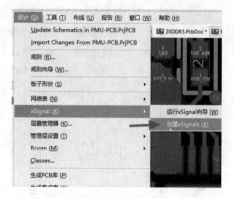

图 10-130　创建 xSignals

① 在图 10-131 中上方两个箭头处输入第一匹配的元件位号和第二匹配的元件位号，这里输入"U7"和"U14"，即 CPU 和第一片 DDR。

② Net Class：如果之前创建了网络类，可以通过这里滤除一些网络，从而精准地筛选出需要添加到 xSignals 中的网络。

③ Include created xSignals into class：把这些适配的网络添加到刚创建的 xSignal 类中。

（3）单击"分析"按钮，系统即可自动分析出哪些网络需要添加到 xSignals 中，单击"确定"按钮，完成添加，如图 10-132 所示。

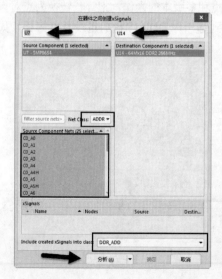

图 10-131　xSignals 添加匹配界面

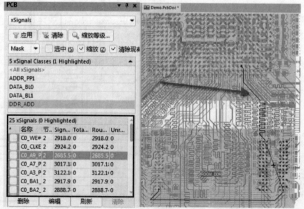

图 10-132　添加成功的 xSignals

2．向导法创建 xSignals

如果存在很多 xSignals 需要创建，可以通过 xSignal 向导，并利用元件与元件的关联性进行创建。

（1）执行菜单命令"设计-xSignal-运行 xSignal 向导"，打开 xSignal 向导，如图 10-133 所示，根据向导单击"Next"按钮。

（2）进入如图 10-134 所示的"Select the Circuit"界面，选择创建 xSignals 的应用单元，此处提供 3 种选择。

① On-Board DDR3/DDR4：有 DDR3 或者 DDR4 类型的板子。

② USB 3.0：含有 USB 3.0 的板卡。

③ Custom Multi-Component Interconnect：自定义选择类型。

图 10-133　xSignal 向导

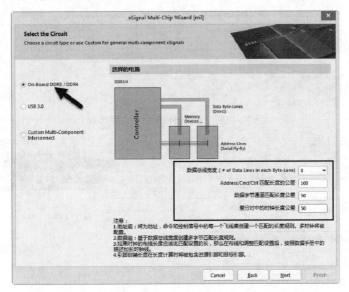

图 10-134　选择应用单元及误差填写

因为方法类似，这里以 DDR3/4 的板卡类型为例进行说明。

- 数据总线宽度（# of Data Lines in each Byte-Lane）：选择数据位类型，一般是 8 位或者 16 位，具体根据 DDR 来进行选择。
- Address/Cmd/Ctrl 匹配长度的公差：填写地址线/控制线的匹配误差，DDR 一般填写 100mil，具体请详细参考 DDR 的规格要求。
- 数据字节通道匹配长度公差：填写数据线之间的误差，DDR 一般填写 50mil，具体请详细参考 DDR 的规格要求。
- 差分对中的时钟长度公差：填写差分对中时钟线的误差，DDR 一般填写 50mil，具体请详细参考 DDR 的规格要求。

（3）单击图 10-134 中的"Next"按钮，进入如图 10-135 所示的界面，通过元件过滤功能，选择需要创建的第一个元件"U7"，即主控 CPU，然后选择预知关联的第一片 DDR "U14"，这之后单击"Next"按钮。

（4）进入如图 10-136 所示的界面，根据需要设置相关参数。

① T-Branch Topology 处：选择拓扑结构。

② 定义 xSignal 类名称的语法结构：自定义创建的 xSignal 类的名称和后缀。

③ 澄清现有的网络名称：选择地址线、控制线、时钟线总线的适配。

单击"Analyze Syntax & Create xSignal Classes"按钮，创建 xSignal 类，然后单击"Next"按钮。

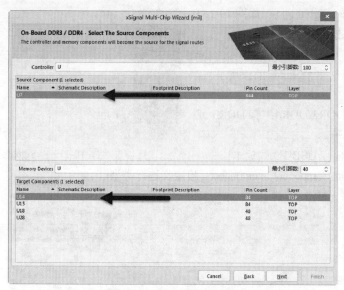

图 10-135   xSignals 的元件关联选择

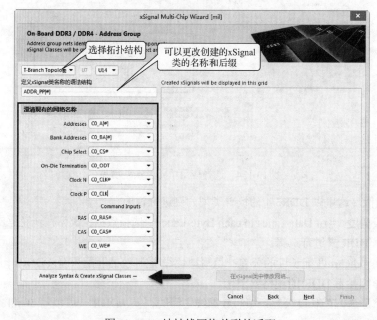

图 10-136   地址线网络关联的适配

（5）进入如图 10-137 所示的界面，类比于地址线的适配方法，设置好数据线适配的参数。单击"Finish"按钮，完成 U7—U14 的 xSignals 的创建。

（6）在 PCB 设计交互界面的右下角执行命令"Panels-PCB"，选择"xSignals"，可以看到系统自动创建了 3 组 xSignal 类，单击其中的某一类，对其进行等长绕线，直到里面没有红色的标记为止，如图 10-138 所示。

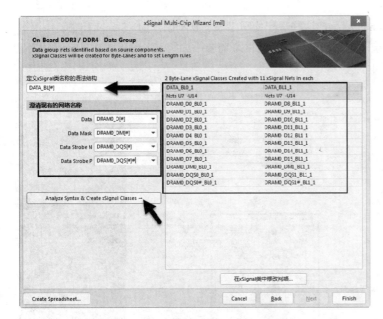

图 10-137　数据线网络关联的适配　　　　　　　　　图 10-138　xSignal 类等长数据列表

（7）依据前述方法，可以再创建 CPU 到另外一片 DDR 的 xSignal 类，分别进行等长。

3. 在元件之间创建 xSignals

如果有大量的 xSignals 需要定义，那么使用"在元件之间创建 xSignal"命令可以快速对两个元件创建 xSignals 进行等长。

（1）在 PCB 设计交互界面的右下角执行命令"Panels-PCB"，选择"xSignals"，打开"xSignals"面板栏，如图 10-139 所示，在这里有默认的"All xSignals"，可以在这里单击创建 xSignal 类，在"All xSignals"上单击鼠标右键，执行"添加类"命令，添加一个以"DDR_ADD"为例的 xSignal 类。

（2）在 PCB 设计交互界面中选中需要创建 xSignals 的元件，执行菜单命令"设计-xSignal-在元件之间创建 xSignal"，如图 10-140 所示，随后弹出"在器件之间创建 xSignals"对话框，进入 xSignals 添加匹配界面，如图 10-141 所示。

图 10-139　添加 xSignal 类　　　　　　　　　图 10-140　创建 xSignals

① 在图 10-141 中上方两个箭头所在的列表框中软件会自动匹配 PCB 中选中的元件，这里选择"U2"和"U1"，即 CPU 和第一片 DDR。

② Net Class：如果之前创建了网络类，可以通过这里滤除一些网络，从而精准地筛选出需要添加到 xSignals 中的网络。

③ Include created xSignals into class：把这些适配的网络添加到刚创建的 xSignal 类中。

（3）单击"分析"按钮，系统即可自动分析出哪些网络需要添加到 xSignals 中，单击"确定"按钮，完成添加，如图 10-142 所示。

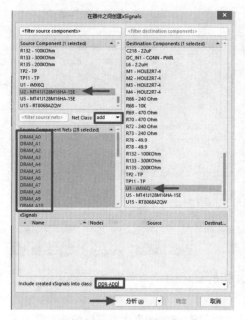

图 10-141　xSignals 添加匹配界面　　　　图 10-142　添加成功的 xSignals

4. 以连接的网络创建 xSignals

如果要创建包含串联端接元件的 xSignals，那么可以使用"以连接的网络创建 xSignal"命令。此命令旨在从选中的串联端接元件（如电阻或电容）向外创建 xSignals。它同时支持一个或多个分立元件和一个或多个多实例封装式组件（multi-instance pack-style components），如电阻网络。

（1）在 PCB 设计交互界面中选中需要创建 xSignals 的元件，执行菜单命令"设计-xSignal-以连接的网络创建 xSignal"，如图 10-143 所示，随后弹出"从连接网络创建 xSignals"对话框，进入 xSignals 添加匹配界面，如图 10-144 所示。

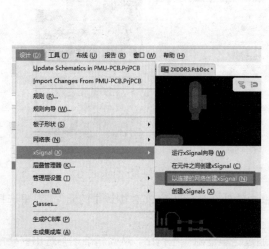

图 10-143　创建 xSignals

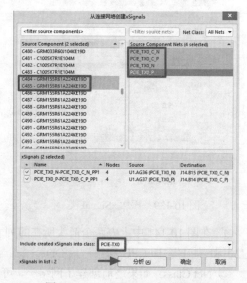

图 10-144　xSignals 添加匹配界面

① Source Component：此处会自动匹配 PCB 中选中的元件。

② Source Component Nets：此处会自动匹配 PCB 中选中元件的网络。

③ Include created xSignals into class：把这些适配的网络添加到创建的 xSignal 类中；如果没有提前创建 xSignal 类，可以在此处自定义 xSignal 类名称。

（2）单击"分析"按钮，系统即可自动分析出哪些网络需要添加到 xSignals 中，单击"确定"按钮，完成添加，如图 10-145 所示。

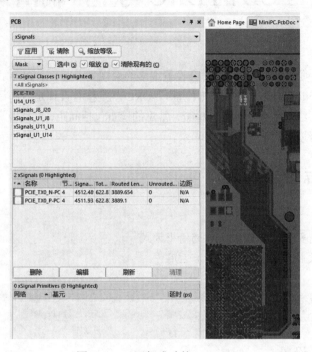

图 10-145　添加成功的 xSignals

　　此功能类似于 Cadence Allegro 中的 Xnet 功能，可以将电阻或者电容两端不同的网络创建成 xSignals 后看成一个网络进行等长。建议采用这种方法，简单、方便、快速。

10.9　本章小结

　　PCB 布线是 PCB 设计中比重最大的一部分，是学习中的重中之重。读者需要掌握设计中的各类技巧，这样可以有效地缩短设计周期，也可以提高设计的质量。同样希望读者在学习过程中能多多练习，做到熟能生巧。

第 11 章

PCB 的 DRC 与生产输出

前期为了满足各项设计的要求，通常会设置很多约束规则，当一个 PCB 设计完成之后，通常要进行 DRC（Design Rule Check，设计规则检查）。DRC 就是检查设计是否满足所设置的规则。一个完整的 PCB 设计必须经过各项电气规则检查，常见的检查包括间距、开路及短路的检查，更加严格的还有差分对、阻抗线等检查。

 学习目标

➢ 掌握 DRC
➢ 掌握装配图或多层线路 PDF 文件的输出方式
➢ 掌握 Gerber 文件的输出步骤并灵活运用

11.1 DRC

11.1.1 DRC 设置

DRC 就是检查设计是否满足所设置的规则。需要检查什么，其实都是和规则相对应的，在检查某个选项时，请注意对应的规则是否使能打开。

（1）执行菜单命令"工具–设计规则检查"（快捷键"TD"），如图 11-1 所示，打开如图 11-2 所示的设计规则检查器。

图 11-1 打开 DRC 设置命令

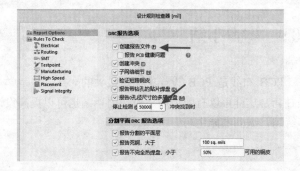

图 11-2 设计规则检查器

① 创建报告文件：执行完 DRC 之后，Altium Designer 会创建一个关于 DRC 的报告，对报错信息会给出详细的描述并会给出报错的位置信息，方便设计者对报错信息进行解读，如图 11-3 所示。

Warnings	Count
	Total 0

Rule Violations	Count
Clearance Constraint (Gap=6mil) (All),(All)	0
Short-Circuit Constraint (Allowed=No) (All),(All)	0
Un-Routed Net Constraint ((All))	0
Power Plane Connect Rule(Relief Connect)(Expansion=20mil) (Conductor Width=10mil) (Air Gap=10mil) (Entries=4) (All)	0
	Total 0

图 11-3　DRC 详细报告内容

② 停止检测 50000 冲突找到时：表示当系统检测到 50000 个 DRC 报错的时候直接停止再检查，系统默认设置一般是 500，但是设置到 500 时有些 DRC 会进行显示，有些 DRC 不会进行显示，只有修正已存在的错误，再次 DRC 的时候才会显示，这样对于大板设计非常不方便。

（2）设置 DRC 检查选项，如图 11-4 所示，选择需要检查的规则项，在"在线"和"批量"栏中勾选使能检查。

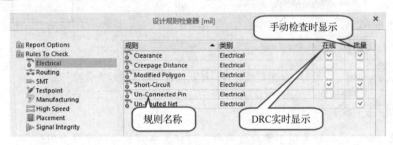

图 11-4　设置 DRC 检查选项

① 在线：当 PCB 设计中存在 DRC 报错时可以实时地显示出来。
② 批量：只有手动执行 DRC 时，存在问题的报错才会显示出来。
一般来说，需要进行 DRC 的时候两者都进行勾选，方便实时检查和手动检查同时进行。
DRC 不是说所有的规则都需要检查，设计者只需要检查自己想要检查的规则即可，不想检查的规则对应的"在线"和"批量"取消勾选就好了。下面对常见的几种 DRC 进行详细的描述。

11.1.2　电气性能检查

电气性能检查包括间距检查、短路检查及开路检查，如图 11-5 所示，一般这几项都需要勾选。常见电气性能检查报错如图 11-6 所示。

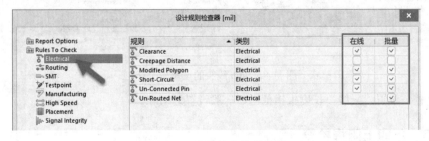

图 11-5　电气性能检查设置

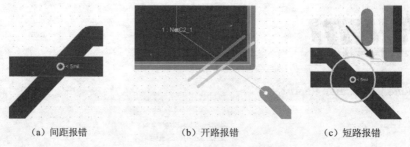

(a) 间距报错 (b) 开路报错 (c) 短路报错

图 11-6 常见电气性能检查报错

11.1.3 布线检查

如图 11-7 所示，布线检查包含阻抗线检查、过孔检查、差分线检查，当设置的线宽、过孔大小及差分线宽不满足规则约束要求时就会提示 DRC 报错，让设计者注意。

图 11-7 阻抗线检查、过孔检查、差分线检查设置

> **小助手提示**
>
> 一般在设计中，过孔的类型不要超过两种，这样再生产的时候可以少用钻头类型，提高生产效率。

11.1.4 Stub 线头检查

虽然我们会对走线进行一些优化，但是考虑到还要人工进行布线处理，难免会对走线的一些线头有遗漏，这种线头简称 Stub 线头。Stub 线头在信号传输过程中相当于一根"天线"，不断地接收或发射电磁信号，特别是高速的时候，容易给走线导入串扰，所以有必要对 Stub 线头进行设置与检查，并在设计中进行删除处理，如图 11-8 所示。

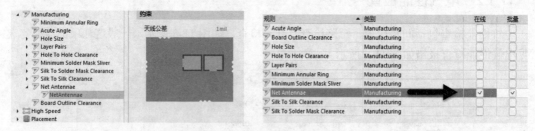

图 11-8 Stub 线头的设置与检查

天线公差：设置"天线"长度报错范围，一般设置为 1mil。

11.1.5 丝印上阻焊检查

阻焊是防止绿油覆盖的区域，会出现露铜或者露基材的情况，当丝印标识放置到这个区域时，会出现缺失的情况，需要对丝印上阻焊进行例行检查，如图 11-9 所示，需要对其规则进行设置，并且勾选 DRC 检查选项。

（1）检查到裸露铺铜的间距：检查丝印到铜皮的间距。

（2）检查到阻焊开窗的间距：检查丝印到阻焊开窗的间距，一般选择设置这项。

（3）对象与丝印层的最小间距：丝印到阻焊的最小间距，一般设置为 2mil。

图 11-9　丝印上阻焊的设置与检查

11.1.6　元件高度检查

考虑到 PCB 布局存在限高要求，就需要对高度等进行例行检查。元件高度检查需要对元件封装设置好高度信息、设置好高度检查规则及适配范围（全局还是局部），并勾选高度检查选项，如图 11-10 所示。

图 11-10　元件高度的设置与检查

11.1.7　元件间距检查

大部分板子设计都是手工布局，难免存在元件重叠的情况，需要对元件间距进行设置与检查，防止后期元件装配时出现干涉，如图 11-11 和图 11-12 所示。

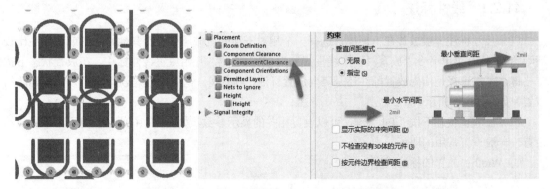

图 11-11　常见的元件重叠情况及元件间距规则设置

（1）最小水平间距：元件与元件的最小水平间距，一般设置为 2mil。

（2）最小垂直间距：元件与元件的最小垂直间距，一般设置为 2mil。

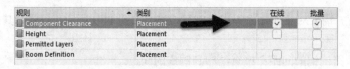

图 11-12　元件间距检查

对前述常见的 DRC 检查选项设置勾选之后，执行 DRC 菜单左下角的 "运行 DRC" 命令，运行 DRC，等待几分钟之后，系统会生成一个 DRC 报告，详细列出错误内容及位置，如图 11-13 所示；或者返回 PCB 设计交互界面，在右下角执行命令 "Panels-Messages"，调出 "Messages" 面板，如图 11-14 所示，同样可以查看 DRC 报告。一般情况下都是采用第二种方法来进行查看。

图 11-13　DRC 报告

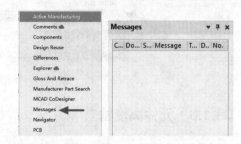

图 11-14　调出 "Messages" 面板

用鼠标双击 "Messages" 面板中的 DRC 报告选项，可以跳转到 PCB 报错位置，有针对性地对这个 DRC 报错进行修正，可接受的 DRC 报错可以直接忽略。例如，焊盘在禁止布线层边线上，会出现间距报错，这种可以直接忽略不管。

重复前述步骤直到所有 DRC 报错更改完成、没有 DRC 报错或者所有 DRC 报错可以忽略为止，即完成 DRC。PCB 电路设计通过 DRC，可以进行下一个步骤。

11.2　尺寸标注

为了使设计者或生产者更方便地知晓 PCB 尺寸及相关信息，在设计的时候通常考虑到给设计好的 PCB 添加尺寸标注。尺寸标注方式分为线性、圆弧半径、角度等形式，下面对最常用的线性标注及圆弧半径标注进行说明。

11.2.1　线性标注

（1）尺寸标注一般放置在机械层，选择一个相对干净的机械层（没有其他标注的或者标注比较清晰的），执行菜单命令 "放置-尺寸-线性尺寸"，单击边线，开始放置线性标注，在放置状态下按空格键，可以选择是横向放置标注还是竖向放置标注，在另外一边的边线再次单击可以完成标注的放置，如图 11-15 所示。

（2）在放置状态下按 "Tab" 键，可以设置相关的显示参数，如图 11-16 所示。对于显示参数的设置，一般设置常用的即可。

① Width：放置的标注线宽。

② Layer：放置的层。

③ Format：显示的格式，如××、×× mm[常用]、××（mm）等。

④ Primary Units：显示的单位，如 mil、mm[常用]、inch 等。

⑤ Value Precision：显示的小数位的个数。

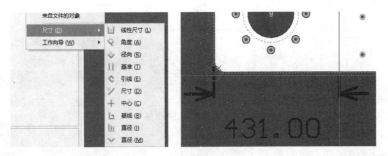

图 11-15　放置线性标注

线性标注显示效果如图 11-17 所示。

图 11-16　线性标注显示设置

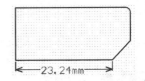

图 11-17　线性标注显示效果

小 助 手 提 示

　为了规范标注，建议采用两位小数标注，单位选择 mm。

11.2.2　圆弧半径标注

　　放置圆弧半径标注的方法类似于线性标注，执行菜单命令"放置-尺寸-径向"，单击圆弧进行放置，放置完成后，可以双击显示参数进行设置。圆弧半径标注显示效果如图 11-18 所示。

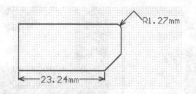

图 11-18　圆弧半径标注显示效果

11.3　距离测量

距离测量大体分两种：一种是点到点距离的测量，另一种是边到边距离的测量（边缘间距的测量）。

11.3.1　点到点距离的测量

这种测量主要用于对某两个对象之间大概距离的一个评估。执行菜单命令"报告-测量距离"（快捷键"Ctrl+M"或者"RM"），激活点到点距离测量命令，再用鼠标单击起点和终点位置，系统测量之后会弹出一个标出 X 轴与 Y 轴长度的报告，如图 11-19 所示。

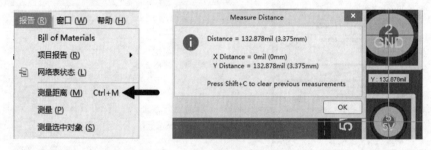

图 11-19　点到点距离的测量

11.3.2　边缘间距的测量

这种测量是两个对象边缘和边缘的间距测量，不管鼠标选中对象的哪个部位测量，只会测量对象与对象之间最近边缘的直线距离。执行菜单命令"报告-测量"（快捷键"RP"），激活边缘间距测量命令，再用鼠标单击两个对象，系统测量之后会弹出一个长度报告，如图 11-20 所示。

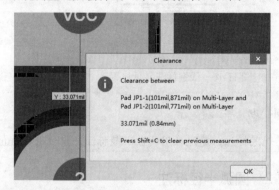

图 11-20　边缘间距的测量

11.4 丝印位号的调整

针对后期元件装配，特别是手工装配元件，一般都得出 PCB 的装配图，用于元件放料定位之用，这时丝印位号就显示出其必要性了。

生产时 PCB 上丝印位号可以进行显示或者隐藏，但是不影响装配图的输出。按快捷键"L"，单击所有图层关闭按钮，即关闭所有层，再单独勾选只打开丝印层及相对应的阻焊层，即可对丝印进行调整了。

11.4.1 丝印位号调整的原则及常规推荐尺寸

以下是丝印位号调整遵循的原则及常规推荐尺寸。

（1）丝印位号不上阻焊，防止丝印生产之后缺失。

（2）丝印位号要清晰，字号推荐字宽/字高尺寸为 4/25mil、5/30mil、6/45mil。

（3）要保持方向的统一性，一般一块 PCB 上不要超过两个方向摆放，推荐字母在左或在下，如图 11-21 所示。

（4）对于一些摆布下的丝印标识，可以用放置 2D 辅助线或者放置方块进行标记，方便读取，如图 11-22 所示。

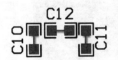

图 11-21 丝印位号显示方向

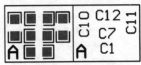

图 11-22 辅助线及方块

11.4.2 丝印位号的调整方法

Altium Designer 提供一个快速调整丝印的方法，即"元器件文本位置"功能，可以快速地把元件的丝印放置在元件的四周或者元件的中心。

（1）选中需要操作的元件。

（2）按快捷键"AP"，进入"元器件文本位置"对话框，如图 11-23 所示，该对话框中提供"位号"和"注释"两种摆放方式，这里以"位号"为例进行说明。

（3）"位号"提供向上、向下、向右、向左、左上、左下、右上、右下几种方向，可以与小键盘上的数字键进行对应。通过对"元器件文本位置"命令设置快捷键的方法，想让其快速地把选中元件的丝印位号放置到元件的上方时，在小键盘上按数字键"5"和"2"就可以完成此操作，如图 11-24 所示。其他方向摆放类似，例如，按数字键"5"和"6"放置到元件的右方，按数字键"5"和"8"放置到元件的下方。

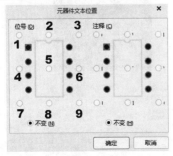

图 11-23 "元器件文本位置"对话框

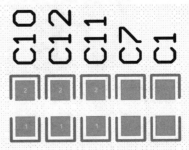

图 11-24 丝印位号快速放置到元件的上方

11.4.3 精确定位丝印

进行 PCB 设计时需要养成良好的设计习惯，才能保证后期的生产效果。例如，整板上需要保证丝印跟阻焊的间距规则，避免产生丝印重叠造成 PCB 制造设计问题。丝印重叠阻焊的影响有：PCB 后期打样，一般以阻焊层优先，如果丝印跟阻焊重叠，那么就会优先选择焊盘，重叠在焊盘上的丝印就会被消除。

Atium Designer 23（23.0 以上版本）进一步改进了丝印制备流程，解决由丝印重叠导致的制造设计问题，从而优化出新功能"丝印制备"，为整个 PCB 设计快速精确定位丝印。丝印制备功能可分为 PCB 库的丝印制备和 PCB 设计的丝印制备两个板块，下面就对这两个板块分别进行解析。

1. PCB 库的丝印制备

（1）在 PCB 库编辑界面中，执行菜单命令"工具-丝印制备"，如图 11-25 所示，弹出"Silkscreen Preparation"属性设置面板，如图 11-26 所示。

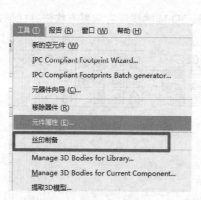

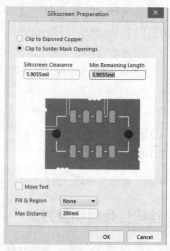

图 11-25 "丝印制备"命令

图 11-26 PCB 库编辑界面中的
"Silkscreen Preparation"属性设置面板

（2）在"Silkscreen Preparation"属性设置面板中，可以根据封装设计需求，选择丝印针对露铜及阻焊的模式，如图 11-27 所示；完成模式选择之后即可设置丝印间距及最小长度，如图 11-28 所示。

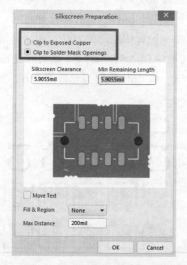

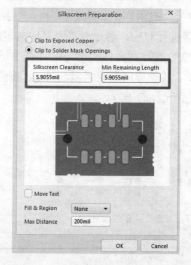

图 11-27 露铜及阻焊模式选择

图 11-28 丝印间距及最小长度设置

（3）后面 3 个设置项也适用于 PCB 设计，此处按照默认设置即可，如图 11-29 所示。

（4）"Silkscreen Preparation"属性设置完成之后单击"OK"按钮，即可看到封装的丝印外框自动按照丝印间距参数值跟阻焊或者露铜进行了自动避让，无须手动打断丝印线或者手动按照间距值绘制丝印线，从而快速完成封装丝印外框绘制。前后效果图对比如图 11-30 所示。

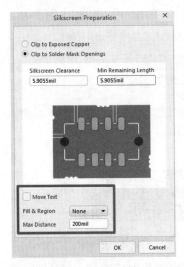

图 11-29 "Silkscreen Preparation"属性设置

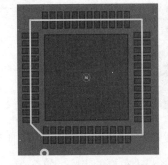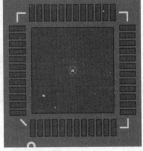

图 11-30 前后效果图对比

2．PCB 设计的丝印制备

（1）在 PCB 设计交互界面中，执行菜单命令"工具–丝印制备"，如图 11-31 所示，弹出"Silkscreen Preparation"属性设置面板，如图 11-32 所示。

图 11-31 "丝印制备"命令

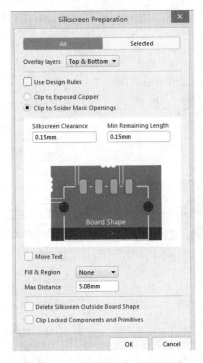

图 11-32 PCB 设计交互界面中的"Silkscreen Preparation"属性设置面板

（2）在"Silkscreen Preparation"属性设置面板中，第一项设置是丝印制备适用对象的选择，"All"选项表示适用于所有对象，"Selected"选项表示适用于仅在设计中选择的对象，此处一般默认设置为"All"，如图 11-33 所示。

（3）第二项设置是丝印制备层范围的选择，在"Overlay layers"下拉列表中可以选择"Top""Bottom""Top & Bottom"选项，此处一般默认设置为"Top & Bottom"，如图 11-34 所示。

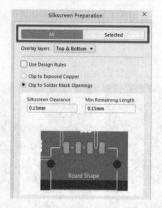
图 11-33　丝印制备适用对象的选择

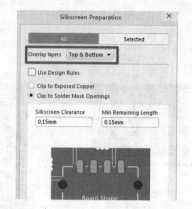
图 11-34　丝印制备层范围的选择

（4）第三项设置是丝印制备最为重要的步骤，勾选"Use Design Rules"选项，那么丝印制备则是按照 PCB 规则及约束编辑器中的丝印层文字到其他丝印层对象间距规则进行，如图 11-35 所示。如果不勾选"Use Design Rules"选项，那么就需要根据 PCB 设计要求手动选择丝印避让的对象，即通过如图 11-36 所示的两个设置项"Clip to Exposed Copper""Clip to Solder Mask Openings"选择露铜及阻焊的模式，可根据具体设计进行选择，推荐设置为"Clip to Solder Mask Openings"，完成模式选择之后即可设置丝印间距及最小长度，如图 11-36 所示。

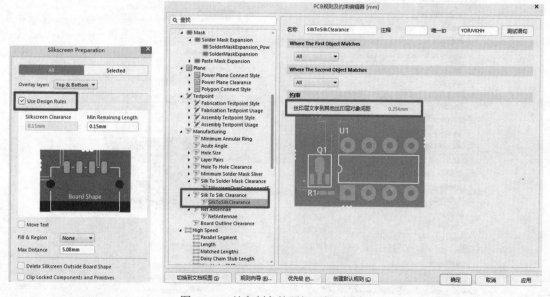
图 11-35　丝印制备按照间距规则进行

（5）一般在 PCB 设计完成之后需要调整元件的丝印位号不要覆盖在焊盘上，所以需要将"Move Text"选项进行勾选，即丝印字符根据第（4）步中所设置的间距大小进行移动避让，如图 11-37 所示。

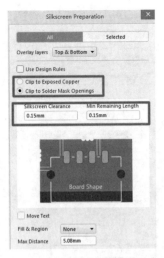

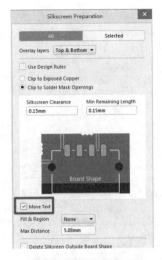

图 11-36　模式、丝印间距及最小长度设置　　　　　图 11-37　字符移动设置

（6）"Fill & Region" 下拉列表中有 "None""Clip""Move" 3 个选项，如图 11-38 所示，这是整体调整丝印时针对放置在顶、底丝印层上的 Fill 和 Region 进行避让的 3 种模式，"None" 为不处理，"Clip" 为剪切，"Move" 为移动。在通常的 PCB 设计中，丝印层上放置 Fill 和 Region 的情况较少，推荐设置为 "None"。"Max Distance" 设置项用于进行最大距离设置，推荐采用默认设置即可，如图 11-39 所示。

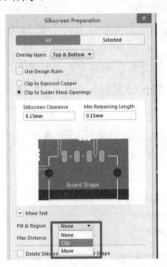

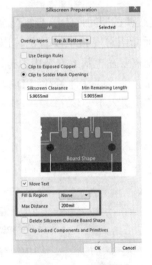

图 11-38　"Fill & Region" 下拉列表中的选项　　　　图 11-39　推荐设置

（7）"Delete Silksreen Outside Board Shape"（注：此软件界面选项中的 Silksreen 应为 Silkscreen）选项用于设置是否需要自动移除板框外部的丝印，在 PCB 设计中推荐是进行勾选设置，如图 11-40 所示。

（8）"Clip Locked Components and Primitives" 选项用于设置丝印制备针对 PCB 设计中锁定的元件是否实行，如果在第（5）步中已经勾选 "Move Text" 选项，那么推荐此选项无须再进行勾选，如图 11-41 所示。

（9）"Silkscreen Preparation" 属性设置完成之后单击 "OK" 按钮，即可对 PCB 上的丝印进行快速制备。

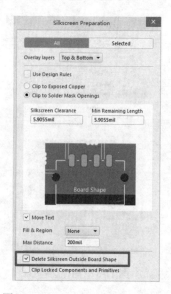
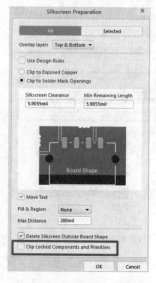

图 11-40 "Delete Silksreen Outside
Board Shape"选项设置

图 11-41 "Clip Locked Components
and Primitives"选项设置

11.5 PDF 文件的输出

在 PCB 生产调试期间，为了方便查看文件或者查询相关元件信息，会把 PCB 设计文件转换成 PDF 文件。下面介绍常规 PDF 文件的输出方式。

前期工作是需要在电脑上安装虚拟打印机及 PDF 阅读器，准备充足后按照以下步骤进行操作。

（1）执行菜单命令"文件-智能 PDF"，打开 PDF 输出设置向导，如图 11-42 所示，根据向导，单击"Next"按钮进入下一步。

图 11-42　PDF 输出设置向导

（2）选择导出目标：按照向导提示，设置好文件的输出路径，如图 11-43 所示。

（3）导出原材料的 BOM 表：物料清单输出选项，此项可选，不过 Altium Designer 有专门输出 BOM 表功能，此处一般不再勾选，如图 11-44 所示。

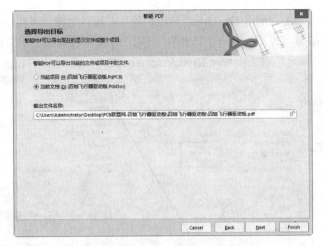

图 11-43　文件的输出路径设置

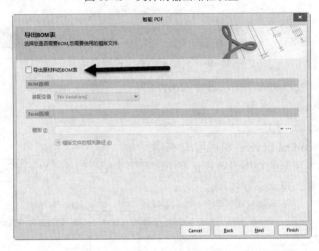

图 11-44　BOM 表输出选择

11.5.1　装配图的 PDF 文件输出

（1）在输出栏目条上单击鼠标右键，创建装配图输出，一般默认创建顶层和底层装配输出元素，如图 11-45 所示。

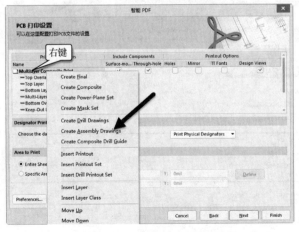

图 11-45　创建装配输出元素

（2）双击"Top LayerAssembly Drawing"输出栏目条，可以对输出属性进行设置，装配元素一般输出机械层、丝印层及阻焊层，单击"添加""删除"等按钮进行相关输出层的添加、删除等操作，如图 11-46 所示。同理，对"Bottom LayerAssembly Drawing"输出栏目条进行相同操作。

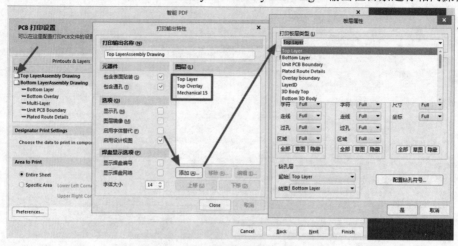

图 11-46　装配元素输出设置选项

如果是装配图，一般添加如下图层进行输出即可。

① Top/Bottom Overlay：丝印层。

② Top/Bottom Solder：阻焊层。

③ Mechanical/Keep-Out Layer：机械层/禁布层。

（3）在如图 11-47 所示的视图设置对话框中，底层装配栏勾选"Mirror"选项，在输出之后观看 PDF 文件时是顶视图，反之是底视图。

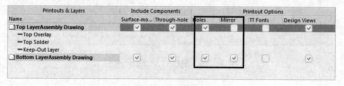

图 11-47　视图设置

（4）Area to Print：选择 PDF 打印范围，如图 11-48 所示。

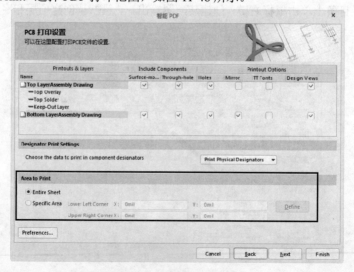

图 11-48　打印范围设置

① Entire Sheet：整个文档全部打印。

② Specific Area：区域打印，可以自行输入打印范围的坐标，也可以单击"Define"按钮，利用鼠标框选需要打印的范围。

（5）设置输出颜色，如图 11-49 所示，可选"颜色"（彩色）、"灰度"（灰色）、"单色"（黑白），单击"Finish"按钮，完成装配图的 PDF 文件输出。

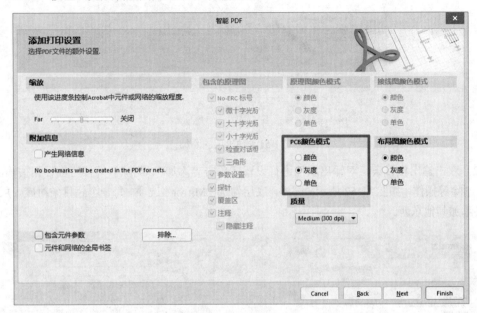

图 11-49　输出颜色设置

（6）对于 Demo 案例装配图，其 PDF 文件输出效果图如图 11-50 所示。

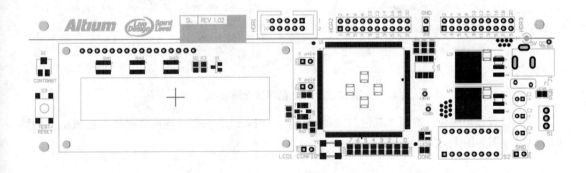

图 11-50　Demo 案例装配图的 PDF 文件输出效果图

11.5.2　多层线路的 PDF 文件输出

多层线路输出方便于那些不熟悉 Altium Designer 的工程师检查 PCB 线路之用，可以一层一层地单独输出，设置操作方式类似于装配图的输出方式。

（1）同样执行 PDF 输出设置向导，至关键设置项，在输出栏目条上单击鼠标右键，输出层的添加如图 11-51 所示，执行"Insert Printout"命令，插入需要输出的层，然后重复操作。

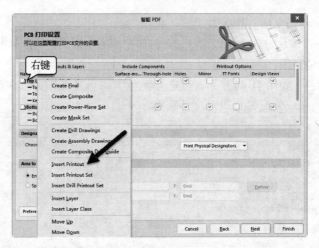

图 11-51 输出层的添加

（2）双击输出栏目条，对输出属性进行设置，单击"添加""删除"等按钮进行相关输出层的添加、删除等操作，如图 11-52 所示。同样，底层勾选"Mirror"选项。每一个栏目条对应一层即可，不需要添加其他东西。

图 11-52 输出的层属性添加

（3）设置输出颜色，选择"颜色"（彩色），单击"Finish"按钮，完成多层线路的 PDF 文件输出，其效果图如图 11-53 所示。

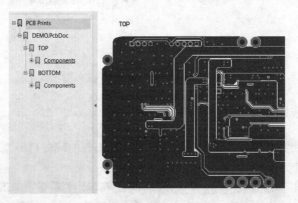

图 11-53 多层线路的 PDF 文件输出效果图

11.6 生产文件的输出

生产文件的输出，俗称 Gerber Out。Gerber 文件是所有电路设计软件都可以产生的文件，在电子组装业又称为模板文件（Stencil Data），在 PCB 制造业又称为光绘文件。可以说，Gerber 文件是电子行业中最通用、最广泛的文件，生产厂家拿到 Gerber 文件可以方便和精确地读取制板的信息。

11.6.1 Gerber 文件的输出

（1）在 PCB 设计交互界面中，执行菜单命令"文件-制造输出-Gerber Files"，进入"Gerber 设置"界面，如图 11-54 所示。

① 单位：输出单位选择，通常选择"英寸"。

② 格式：比例格式选择，通常选择"2:4"。

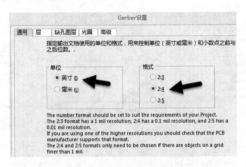

图 11-54　输出单位及比例格式选择

小助手提示

有些读者执行菜单命令"文件-制造输出-Gerber Files"出现的界面可能和图 11-54 不一致。若需要调为一致的"Gerber 设置"界面，则可以按快捷键"T+P"进入"优选项"对话框，在此对话框中单击"Advanced Settings"按钮，如图 11-55 所示。在弹出的"Advanced Settings"对话框的右上角搜索"gerber"，将"UI.Unification.GerberDialog"这一项的"Vaule"取消勾选后重启软件即可，如图 11-56 所示。

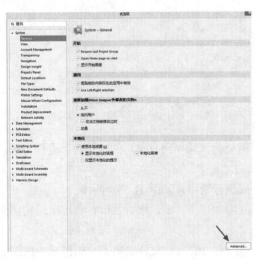

图 11-55　"优选项"对话框　　　　　　　图 11-56　"Advanced Settings"对话框

（2）层：选项设置如下。

① 在"绘制层"下拉列表中选择"所使用的"选项，意思是在设计过程中用到的层都进行选择，当然，对于不需要输出的层，可以直接在上面的列表框中取消勾选。

② 在"镜像层"下拉列表中选择"全部去掉"选项，意思是全部关闭，不能镜像输出。

③ 层的输出选择如图 11-57 所示，注意必选项和可选项。

图 11-57　层的输出选择

层的英文释义如下。

- Top Overlay：顶层丝印层。
- Top Paste：顶层钢网层。
- Top Solder：顶层阻焊层。
- Top Layer：顶层走线层。
- Ground：地线层。
- Power：电源层。
- Bottom Layer：底层走线层。
- Bottom Solder：底层阻焊层。
- Bottom Paste：底层钢网层。
- Bottom Overlay：底层丝印层。
- Mechanical 1：机械 1 层。
- Keep-Out Layer：禁止布线层。

（3）钻孔图层：对"钻孔图"和"钻孔向导图"两处的"输出所有使用的钻孔对"进行勾选，表示对用到的钻孔类型都进行输出，如图 11-58 所示。

（4）光圈：此项采取默认设置，选择 RS274X 格式进行输出，如图 11-59 所示。

（5）高级：如图 11-60 所示，3 项数值都在末尾处增加一个"0"，增大数值，防止出现输出面积过小的情况，其他选项采取默认设置即可。

如果不扩大设置，可能出现如图 11-61 所示的提示，有可能造成文件输出不全的情况，按照上面设置可以得到解决。

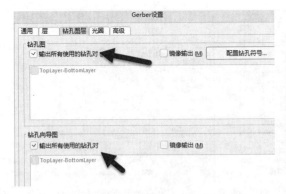

图 11-58　钻孔图层设置

图 11-59　光圈设置

图 11-60　胶片规则扩大设置

图 11-61　Gerber 文件输出面积过小

（6）Gerber 文件输出效果预览如图 11-62 所示。

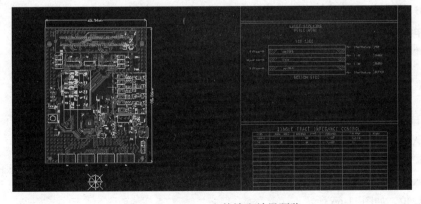

图 11-62　Gerber 文件输出效果预览

11.6.2　钻孔文件的输出

设计文件上放置的安装孔和过孔需要通过钻孔文件的输出设置进行输出。在 PCB 设计交互界面中，执行菜单命令"文件-制造输出-NC Drill Files"，进入钻孔文件的输出设置界面，如图 11-63 所示。

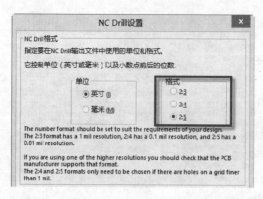

图 11-63　钻孔文件的输出设置

（1）单位：输出单位选择，通常选择"英寸"。

（2）格式：比例格式选择，通常选择"2:5"。

（3）其他选项采取默认设置。

在 PCB 设计阶段，执行菜单命令"放置-钻孔表"，即可对钻孔表进行放置，在 Gerber 文件输出时可以对钻孔的信息进行输出，如图 11-64 所示。

Symbol	Count	Hole Size	Plated	Hole Type	Drill Layer Pair	Vi
O	2	23.62mil (0.600mm)	NPTH	Round	Top Layer - Bottom Layer	Pad
✿	2	60.00mil (1.524mm)	PTH	Round	Top Layer - Bottom Layer	Pad
⋈	13	12.00mil (0.305mm)	PTH	Round	Top Layer - Bottom Layer	Via
□	24	35.43mil (0.900mm)	PTH	Round	Top Layer - Bottom Layer	Pad
	41 Total					

图 11-64　钻孔表的放置

11.6.3　IPC 网表的输出

如果在提交 Gerber 文件给生产厂家的同时生成 IPC 网表给厂家核对，那么在制板时就可以发现一些常规的开路、短路问题，可避免一些损失。

在 PCB 设计交互界面中，执行菜单命令"文件-装配输出-Testpoint Report"，进入 IPC 网表的输出设置界面，按照图 11-65 所示进行相关设置，之后输出即可。

11.6.4　贴片坐标文件的输出

制板完成之后，需要对各个元件进行贴片，这需要用到各元件的坐标图。Altium Designer 通常输出 TXT 文档类型的坐标文件。在 PCB 设计交互界面中，执行菜单命令"文件-装配输出-Generate Pick and Place Files"，进入贴片坐标文件的输出设置界面，选择输出坐标格式和单位，如图 11-66 所示。

图 11-65　IPC 网表的输出设置

至此，所有的 Gerber 文件输出完毕，把当前工程目录下输出文件夹中的所有文件进行打包，即可发送到 PCB 加工厂进行加工。Gerber 文件的打包如图 11-67 所示。

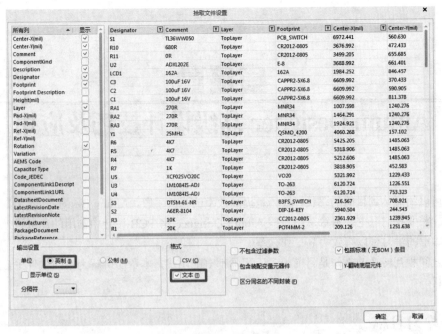

图 11-66　贴片坐标文件的输出设置

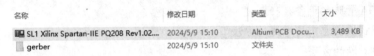

名称	修改日期	类型	大小
SL1 Xilinx Spartan-IIE PQ208 Rev1.02....	2024/5/9 15:10	Altium PCB Docu...	3,489 KB
gerber	2024/5/9 15:10	文件夹	

图 11-67　Gerber 文件的打包

11.7　本章小结

　　本章主要讲述了 PCB 设计的一些后期处理，包括 DRC、丝印的摆放、PDF 文件的输出及生产文件的输出。读者应该全面掌握本章内容，并将其应用到自己的设计中。

　　对于一些 DRC 检查选项，可以直接忽略，但是对于书中提到的一些检查选项，则应引起重视，着重检查，相信很多生产问题都可以在设计阶段规避。对于书中讲解不到位的内容或者读者不理解的地方，欢迎读者和本书作者沟通咨询。

第12章

Altium Designer 高级设计技巧及应用

技巧可以缩短达到目的的路径，技巧是提高效率的强大手段，Altium Designer 24 汇集了很多的应用技巧，需要我们深挖。本章总结一些 Altium Designer 24 PCB 设计中常用的高级设计技巧，读者通过对本章的学习可以有效提高工作效率。

软件之间相互转换的操作是目前很多工程师都有的困扰，本章的讲解为不同软件平台的设计者提供了便利。

 学习目标

➤ 熟悉 FPGA 管脚的调整技巧
➤ 熟悉相同模块快速布局布线的方法
➤ 熟悉孤铜移除的方法
➤ 了解 Logo 导入的方法
➤ 了解常用 PCB 工具相互转换的方法

12.1　FPGA 管脚的调整

随着 FPGA 的不断开发，其功能越来越强大，也给其布线带来了很大的便捷性——管脚的调整。

对于密集的板卡，走线时可以不再绕来绕去，而是根据走线的顺序进行信号的调整，然后通过软件编程来校正信号的通信就可以了。在调整 FPGA 管脚之前必须熟悉几点注意事项。

12.1.1　FPGA 管脚调整的注意事项

（1）如图 12-1 所示，当存在 VRN/VRP 管脚连接上/下拉电阻时，不可以调，VRN/VRP 管脚提供一个参考电压供 DCI 内部电路使用，DCI 内部电路依据此参考电压调整 I/O 输出阻抗与外部参考电阻 R 匹配。

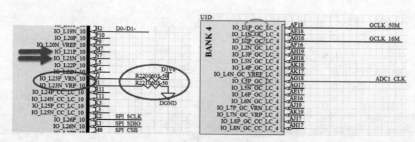

图 12-1　FPGA 管脚调整的注意事项

（2）一般情况下，相同电压的 Bank 之间是可以互调的，但部分客户会要求在 Bank 内调整，所以调整之前要跟客户商量好，以免做无用功。

（3）做差分时，"P""N"分别对应正、负，相互之间不可调整。

（4）全局时钟要放在全局时钟管脚的 P 端口，不可随便调整。

12.1.2　FPGA 管脚的调整技巧

（1）为了方便识别哪些 Bank 之间可以互调，必须先对 FPGA 各个 Bank 进行区分。在原理图编辑界面中，执行菜单命令"工具-交叉探针"（快捷键"TC"），单击某个 FPGA 的 Bank，直接跳转到 PCB 中相对应的 Bank 管脚高亮，这时可以在某一机械层添加标注，进行标记，如图 12-2 所示。

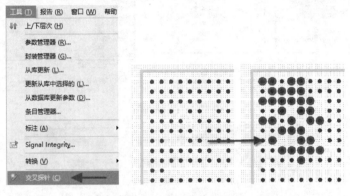

图 12-2　Bank 的标记

（2）按照相同的操作方法，可以把需要调整的 Bank 在 PCB 的某一机械层进行标记，如图 12-3 所示。

（3）完成前述步骤之后，就可以按照正常的 BGA 出线方式把所有的信号管脚引出，并按照走线顺序对接排列，但非连接上，如图 12-4 所示，飞线是交叉的，但是不直接连上。

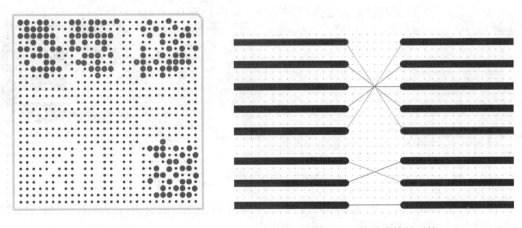

图 12-3　被标记的 FPGA　　　　　　　图 12-4　信号走线的对接

（4）在 PCB 设计交互界面中，执行菜单命令"项目-元器件关联"，进行元件匹配，将左边元件全部匹配到右边窗口中，单击"执行更新"按钮，执行更新，如图 12-5 所示。

（5）执行菜单命令"工具-管脚/部件交换-配置"，定义和使能可调换管脚元件。如果弹出警告，则要重新返回第（4）步进行操作，或者执行原理图导入 PCB 的操作，使原理图和 PCB 完全对应之后再按照此步骤进行操作，否则会弹出如图 12-6 所示的警告信息。

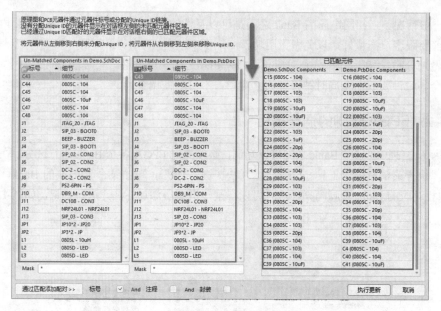

图 12-5　元件匹配

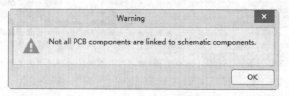

图 12-6　警告信息

（6）找到 FPGA 对应的元件位号，勾选使能状态，双击该元件，对该元件的可以调换的 I/O 属性管脚创建 Group 操作，单击"OK"按钮，设置完毕，如图 12-7 所示。

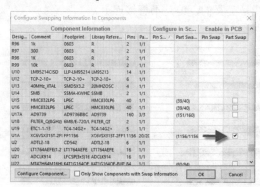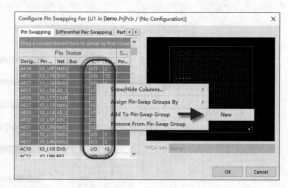

图 12-7　可调换 FPGA 的使能及 Group 设置

（7）执行菜单命令"工具–管脚/部件交换–交互式管脚/网络交换"，单击之前对接的信号走线，进行线序调换。注意：工程文件一定要保存再操作。

执行完前述步骤之后，PCB 管脚调换的工作就完成了，具体效果如图 12-8 所示。

（8）PCB 执行调换更改之后，需要把网络交互反导入原理图，如图 12-9 所示，执行菜单命令"项目–Project Options"，单击"Options"选项卡，勾选反导入选项"改变原理图管脚"。

（9）在 PCB 设计交互界面中，执行菜单命令"设计–Update Schematics in Demo.PrjPcb"，按照之前原理图导入 PCB 那样的方法，完成 PCB 导入原理图。

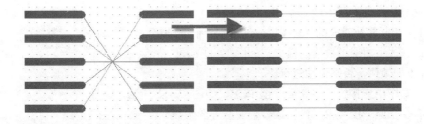

图 12-8　线序的调换

图 12-9　反导入原理图设置

因为有些原理图绘制的方式或格式错误，执行反向标注可能不完全或残缺。建议反向标注之后利用正导入方式核对一遍或者直接用手工方式绘制管脚更换表，再一一进行比对更改。

12.2　相同模块布局布线的方法

PCB 上的相同模块如图 12-10 所示。很多 PCB 上存在相同模块，给人整齐、美观的感觉。从设计的角度来讲，整齐划一，不但可以减少设计的工作量，还保证了系统性能的一致性，方便检查与维护。相同模块的布局布线存在其合理性和必要性。

图 12-10　PCB 上的相同模块

（1）相同模块布局布线的注意事项如下。

① PCB 上相同模块对应的元件 Channel Offset 值必须相同，在原理图导入的时候，注意对通道数值的检查，如图 12-11 所示。

② 元件不能锁住，否则无法进行。

（2）在原理图中直接执行更新命令至 PCB，如图 12-12 所示，在导入的界面中有 9 张原理图（相同模块数分割的原理图张数）。原理图生成 Room Page10-NET0～Room Page18-NET8，这正是我们所需要的。值得注意的是，元件类规则必须同时导入，否则不成功。

（3）和 FPGA 管脚调整一样，在执行更新操作之后需要对元件进行匹配关联。在 PCB 设计交互界面中，执行菜单命令"项目-元器件关联"，进行元件匹配，将左边元件全部匹配到右边窗口中，单击"执行更新"按钮，执行更新。

图 12-11　Channel Offset 值

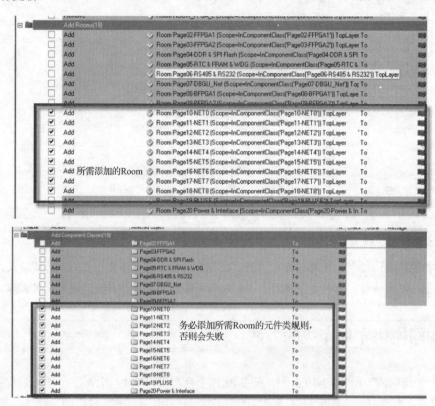

图 12-12　Room（区域）和类的添加

（4）如图 12-13 所示，对其中一个通道的模块执行布局布线，并用更新的 Room 对其进行覆盖。

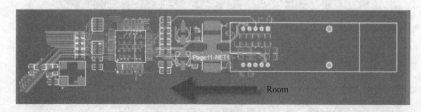

图 12-13　模块的布局布线

（5）执行菜单命令"设计-Room-拷贝 Room 格式"，设置对应的复制选项，单击"确定"按钮，之后激活 Room 复制命令，如图 12-14 所示。

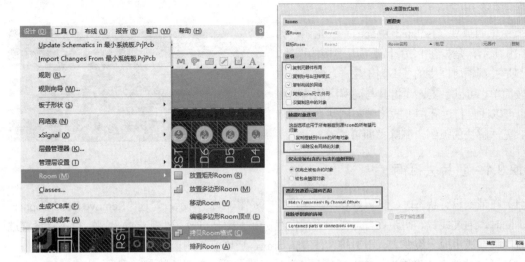

图 12-14　Room 的复制

① Rooms：包括如下两项。

● 源 Room：参考的 Room。

● 目标 Room：需要复制的目标 Room。

② 选项：有如下可选项。

● 复制元器件布局：复制元件的布局格式。

● 复制标号&注释格式：对元件的位号和值的格式也进行复制。

● 复制布线的网络：复制走线网络。

● 复制 Room 尺寸/外形：复制 Room 的大小/形状。

● 仅复制选中的对象：只复制选择的对象。这个一般不勾选。

③ 通道到通道元器件匹配：选择通道和通道的形式进行复制关联匹配。

（6）单击已布局布线的模块 Room，再单击尚未布局布线的模块 Room，即可完成相同模块的快速布局布线，如图 12-15 所示。依照此方法，再继续完成其他几个模块的布局布线即可。有时候这些需要几个小时处理的工作，可以在几分钟之内完成，非常高效。

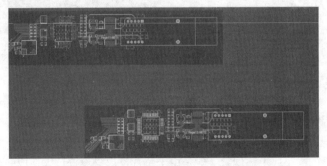

图 12-15　相同模块布局布线效果图

 小 助 手 提 示

　　因为布局空间的限制，在做相同模块时建议预先规划好每一个小模块所需占用的空间，规划好设计通道。在 PCB 的工作范围外做好模块，再根据设计通道挪移进去。

12.3　孤铜移除的方法

孤铜也叫孤岛（Isolated Shapes）或死铜，如图 12-16 所示，是指在 PCB 上孤立无连接的铜箔，一般都是在铺铜时产生的，不利于生产。解决的方法比较简单，可以手工连线将其与同网络的铜箔相连，也可以通过打过孔的方式将其与同网络的铜箔相连。无法解决的孤铜，删除掉即可。

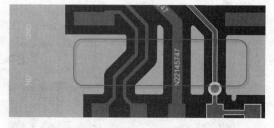

图 12-16　孤铜

12.3.1　正片去孤铜

（1）在铺铜设置状态时，设置好移除孤铜选项：如图 12-17 所示，勾选"Remove Dead Copper"选项。同时，通过线宽、间距设置适当增大铺铜线宽和间距，可以减少孤铜的出现；也不宜设置过大，否则将造成平面分裂变大，一般推荐线宽值 5mil，栅格值 4mil。

（2）通过放置多边形铺铜挖空对孤铜进行删除处理：执行菜单命令"放置-多边形铺铜挖空"进行放置，完成之后，对其覆盖的铜皮进行重新铺铜即可移除。此方法适用较局限，不能自动全局移除孤铜，建议采用第一种。多边形铺铜挖空移除孤铜如图 12-18 所示。

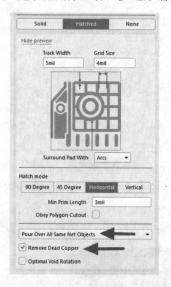

图 12-17　铺铜设置

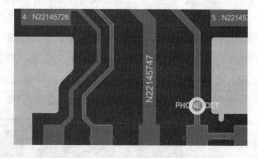

图 12-18　多边形铺铜挖空移除孤铜

12.3.2　负片去孤铜

负片当中有时因规则设置不当，会出现如图 12-19 所示的大面积的孤铜。当发现这种情况时，需要首先检查规则是否恰当，并适当调整规则适配。

（1）设置反焊盘的大小：上述现象一般是由于负片反焊盘设置过大造成的，可以适当减小其设置的数值。按快捷键"DR"，进入 PCB 规则及约束编辑器，找到"Plane-Power Plane Clearance"规则项，对反焊盘的大小进行设置，如图 12-20 所示。前面也讲过，反焊盘的大小推荐设置为 8～12mil。

（2）放置填充法：如果通过第一种方法还没有解决，那么可以把过孔和过孔的间距拉大一些，或者弄清楚负片的概念（不可视为铜皮，可视为非铜皮），通过放置填充来解决。如图 12-21 所示，执行菜单命令"放置-填充"，进行放置填充，这样看到的方块就没有铜了。

图 12-19　负片孤铜　　　　　　　　　　图 12-20　反焊盘的大小设置

（3）多边形铺铜挖空移除法：和正片一样，负片也可以通过放置多边形铺铜挖空来移除孤铜。如图 12-22 所示，放置多边形铺铜挖空之后，把中间所有的孤铜都移除了。

移除孤铜的方法多样，可以灵活运用。

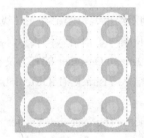

图 12-21　放置填充法　　　　　　图 12-22　多边形铺铜挖空移除法

> **小助手提示**
>
> 放置填充法和多边形铺铜挖空移除法因为是手工的，难免会有遗漏。遇到这种情况一般的处理方法是把过孔的间距拉大，满足反焊盘的间距要求，或者通过调整约束规则来实现。

12.4　检查线间距时差分线间距报错的处理方法

为了尽量减少单板设计的串扰问题，PCB 设计完成之后一般要对线间距 3W 原则进行一次规则检查。一般的处理方法是直接设置线与线的间距规则，但是这种方法的一个弊端是差分线间距（间距设置大小不满足 3W 原则的设置）也会 DRC 报错，产生很多 DRC 报告，难以分辨，如图 12-23 所示。

如何解决这个问题呢？可以利用 Altium Designer 的高级规则编辑功能，对差分线进行过滤。

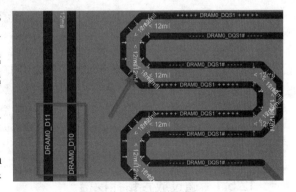

图 12-23　DRC 报告

（1）按快捷键 "DR"，进入 PCB 规则及约束编辑器，新建一个间距规则，并把优先级设置到第一位。

（2）如图 12-24 所示，在"Where The First Object Matches"栏中选择"Custom Query"，进入用户自定义界面，然后再单击"查询助手"按钮。

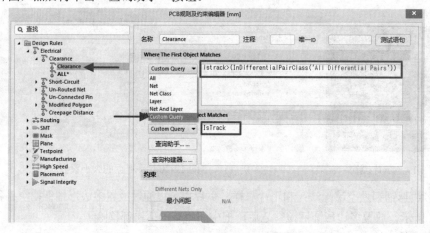

图 12-24　规则的设置

（3）PCB 规则及约束编辑器中存在高级工具菜单栏，包含"+""–""*"等。这些可用于编辑高级规则，这其实和编写 C 语言代码类似。由于高级代码的使用频率较低，在此不做说明，如果读者想了解可以参考 Altium Designer 的官方文档，弄清楚每一个代码的含义再进行编辑。在此，在自定义代码编辑框中输入"istrack>(InDifferentialPairClass('All Differential Pairs'))"，表示的含义是不包含差分走线的导线。

（4）在"Where The Second Object Matches"栏中适配"IsTrack"，那么整个规则的含义表述为除差分线外的导线和导线之间的距离。

（5）返回 PCB 设计交互界面，按快捷键"TDR"，重新运行 DRC，可以得到如图 12-25 所示的结果，差分线间距只有8.6mil，不满足设计的 3W 原则 12mil，但是不再进行报错。

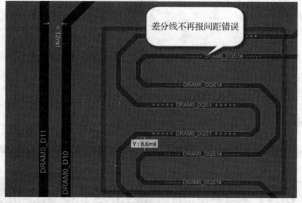

图 12-25　走线间距规则报告

12.5　如何快速挖槽

在 PCB 设计过程中，无论是高压板卡爬电间距，还是板型结构要求，会经常遇到板子需要挖槽的情况，那么如何做呢？顾名思义，挖槽是在设计的 PCB 上进行挖空处理，如图 12-26 所示。挖槽有长方形挖槽、正方形挖槽、圆形挖槽或异形挖槽。

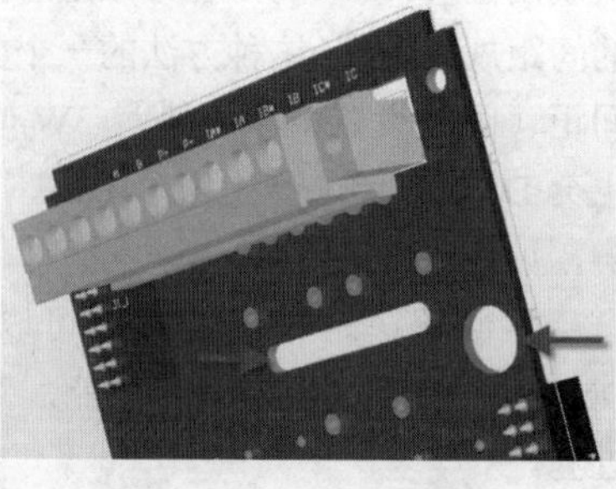

12.5.1　通过放置钻孔挖槽

标准做法是在钻孔层放置钻孔，把加工信息直接加载到制板文件中。此种方法一般适用于长方形、正方形、圆形等比较规则的挖槽。

图 12-26　PCB 上的挖槽

（1）切换到 Multi-Layer 层，执行菜单命令"放置-焊盘"，激活放置焊盘命令，在放置状态下按"Tab"键，如图 12-27 所示设置钻孔属性，放置一个宽 2mm、长 10mm 的挖槽。

① Slot-Size：过孔的大小，设置为"2mm"。

② Slot-Length：槽的长度，设置为"10mm"。

③ Slot-Rotation：槽的角度调整，可根据实际情况填写。

④ Slot-Plated：金属化时勾选，非金属化时取消勾选。

⑤ Simple-X-Size、Y-Size：焊盘的尺寸大小。

（2）放置一个 5mm×5mm 的圆形挖槽，数据信息填写如图 12-28 所示。

对于长方形、正方形、圆形等规则的挖槽，都可以通过放置钻孔的方法来实现。

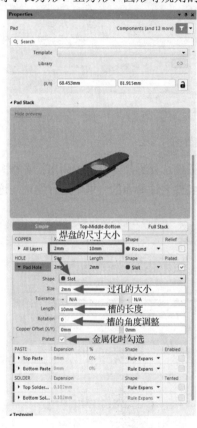

图 12-27　钻孔属性设置

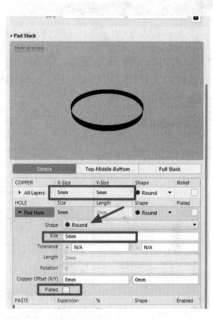

图 12-28　圆形挖槽数据信息填写

12.5.2　通过板框层及板切割槽挖槽

因为焊盘不能设置异形槽孔，所以异形挖槽不能用前述方法进行处理。对于异形挖槽，可以把挖槽信息放置到板框层，注意一定是选定板框层，并给制板厂商表示清楚。执行菜单命令"放置-线条"，在板框层绘制一个想要的闭合挖槽形状；选中此闭合挖槽，执行菜单命令"工具-转换-以选中的元素创建板切割槽"，创建一个挖槽，切换到 3D 状态下可以看到其效果图，如图 12-29 所示。

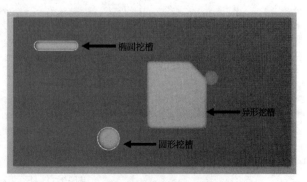

图 12-29　不同的挖槽

根据前述两种方法，想要什么槽孔就可以创建出什么样的槽孔。

12.6 插件的安装方法

Altium Designer 10 及以上的版本，很多插件是没有直接安装好的，或者在安装的时候没有勾选"Importers\Exporters"选项，等到后期需要的时候，就要安装它。

（1）准备好安装包（一般软件安装包里面是有这些插件的）。

（2）打开 Altium Designer，在右上角执行图标命令"Not Signed In"，然后执行插件安装命令"Extensions and Updates"，进入插件安装界面，如图 12-30 所示。

图 12-30　进入插件安装界面

（3）单击"Configure"按钮，进入如图 12-31 所示的插件选择界面，其中罗列出很多相关的插件，如 DXF 导入/导出、其他版本软件的转换等，可以在插件名称前面的方框中进行勾选，这里建议对图中框出的插件全部勾选。

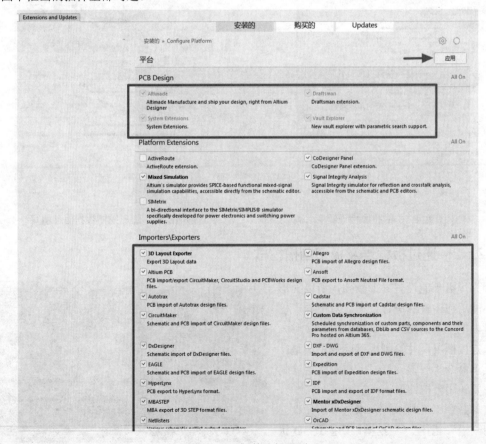

图 12-31　插件选择界面

（4）单击右上角的"应用"按钮，执行安装，等待安装完成并重启软件，即可使用，如图 12-32 所示。

（5）有些人进入插件选择界面时没有这些插件，可以在插件选择界面中单击右上角的设置命令图标 ⊙，进入如图 12-33 所示的"System-Installation"界面，设置好安装的离线目录（安装包的路径），如果没有，可以选择在线安装选项。设置完成之后，再进入刚才的插件选择界面就可以安装了。

图 12-32　执行更新和重启应用

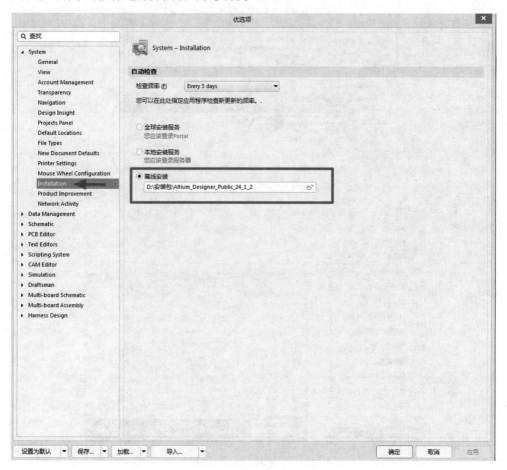

图 12-33　系统安装路径设置

12.7　PCB 中的 Logo 添加

Logo 识别性是企业标志的重要功能之一，要求特点鲜明、容易辨认，很多客户需要在 PCB 设计阶段导入 Logo 来表示版权属性。如果 Logo 是 CAD 文件，可以直接按照前面介绍的 DXF 文件的导入方法进行导入；如果 Logo 是图片文件，则可以按照以下操作步骤进行导入。

（1）首先进行位图的转换。利用 Windows 画图工具，把图片转换成单色的 BMP 位图，如果出现失真，可以转换成 16 色位图或者其他位图，但一定要是位图才行，如图 12-34 所示。Logo 图片像素较高时，转换的 Logo 更清晰，转换完成之后放置到桌面上。

（2）下面开始导入步骤。打开 Altium Designer，执行菜单命令"文件-运行脚本"，进入选择脚本界面，选择"来自文件"选项，如图 12-35 所示，在安装路径下找到 PCB Logo 转换脚本，单击"打开"按钮。

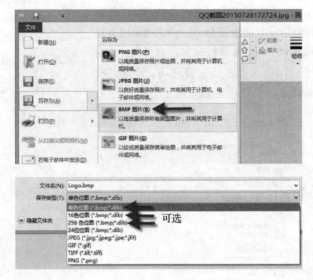

图 12-34　位图的转换

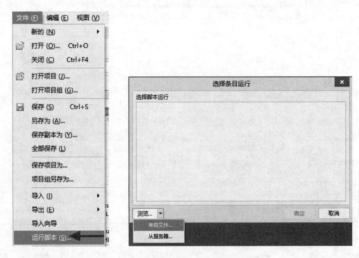

图 12-35　加载 Logo 转换脚本

　　在前述路径下没有 Logo 转换脚本的，可以联系作者获取，或者通过在 PCB 联盟网中搜索"脚本"获取。

（3）单击加载的脚本，会进入 Logo 导入向导，如图 12-36 所示，对其向导参数进行设置。

① Load：加载之前已经转换好的位图。

② Board Layer：选择好 Logo 放置层。

③ Image size：预览导入之后的 Logo 大小。

④ Scaling Factor：导入比例尺，根据预览的图片尺寸，可以调节比例尺，调节出想要大小的 Logo。

⑤ Negative：反色设置，一般不勾选，读者可以自己尝试效果。

⑥ Mirror X：关于 X 轴镜像。

⑦ Mirror Y：关于 Y 轴镜像。

（4）设置好参数之后，单击"Convert"按钮，进行 Logo 转换，等待几分钟之后，转换完成，可以查看效果图，如图 12-37 所示。

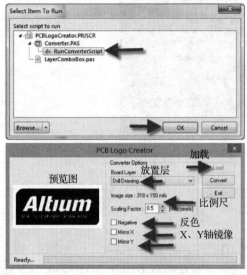

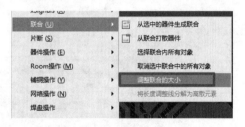

图 12-36　Logo 转换设置　　　　　　　　　　　　图 12-37　Logo 转换效果图

（5）导入之后，如果对大小不是很满意，可以通过创建联合来进行调整。

① 框选导入之后的 Logo，单击鼠标右键，执行命令"联合-从选中的器件生成联合"，创建联合，如图 12-38 所示。

② 在 Logo 上再次单击鼠标右键，执行命令"联合-调整联合的大小"，如图 12-39 所示。

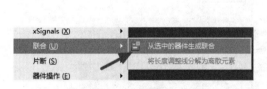

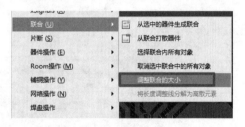

图 12-38　创建联合　　　　　　　　　　　　　　图 12-39　调整联合的大小

（6）激活调整大小命令之后，单击 Logo，这个时候就会出现调整 Logo 大小的调整点，单击拖动调整点就可以变大或者缩小了，如图 12-40 所示。

图 12-40　调整大小预览

（7）如果需要转换成元件，方便下次调用的话，可以直接框选复制这些 Logo 元素，在 PCB 库中新建一个封装，粘贴到里面，下次调用的时候，直接放置即可，如图 12-41 所示。

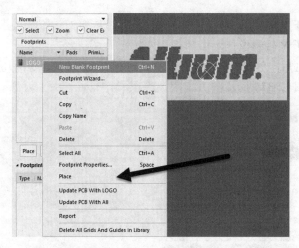

图 12-41　Logo 封装的创建

12.8　3D 模型的导出

3D PCB 设计不只是好看，最主要的是可以利用 3D 模型来进行结构核对。一般来说，用专业的工具来核对结构或者直接采用 PDF 的形式进行测绘时，需要对 PCB 设计的 3D 模型进行导出。

导出之前需要检查一下 3D 模型是否全部做好，包括元件的高度和 PCB 的厚度等信息，这两个信息是核对结构最基本的信息。

对于元件的高度信息，如果没有做好，可以按照前文的制作方法更新进来。对于 PCB 的厚度信息，可以按快捷键"DK"，进入层叠管理器，找到"Thickness"选项卡，可以根据板厚和层叠的总体要求，变更下面的数据即可，让其满足厚度要求，如图 12-42 所示。

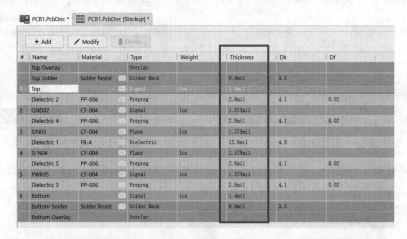

图 12-42　PCB 厚度的数据变更

12.8.1　3D STEP 模型的导出

3D STEP 模型一般提供给专业的 3D 软件进行结构核对，如 Pro/Engineer。Altium Designer 提供导出 3D STEP 模型的功能，结构工程师可以直接将其导出进行结构核对。

（1）在 PCB 设计交互界面中，执行菜单命令"文件-导出-STEP 3D"，如图 12-43 所示。

（2）在弹出的对话框中按照图 12-44 所示进行设置。

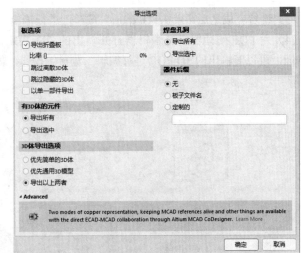

图 12-43 导出 3D STEP 模型 　　　　　　　　　　　图 12-44 导出选项设置

① 有 3D 体的元件-导出所有：将含有 3D 模型的元件全部导出来。

② 3D 体导出选项-导出以上两者：对简单模型和导入的模型都进行导出。

③ 焊盘孔洞-导出所有：对焊盘孔都进行导出。

④ 器件后缀-无：不用添加元件的后缀。

（3）导出来后缀为.step 的文件就是 3D STEP 模型文件，可以发送给结构工程师核对。

12.8.2　3D PDF 的输出

（1）与 3D STEP 模型的导出类似，执行菜单命令"文件-导出-PDF3D"，如图 12-45 所示。

（2）在弹出的如图 12-46 所示的对话框中，可以采用 Altium Designer 默认设置，也可以选择性地进行输出。常用输出选项释义如下。

① Solder：阻焊。

② Silk：丝印。

③ Copper：铜皮，可以复选"Hide internal"（隐藏内层）。

④ Text：文字。

⑤ 3D Body：3D 模型，一定要输出。

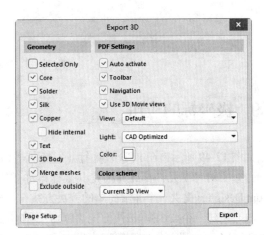

图 12-45 输出 3D PDF 　　　　　　　　　　　图 12-46 3D PDF 输出设置

（3）设置完成之后，单击"Export"按钮，进行输出。

（4）用 PDF 阅读器或者编辑器打开输出的 3D PDF，这里建议使用 PDF 编辑器工具 Adobe Acrobat，可以对输出的 3D PDF 进行编辑、测量等操作，如图 12-47 所示。

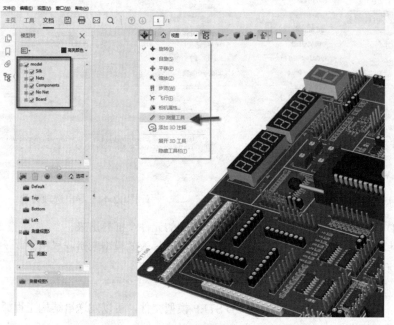

图 12-47　3D PDF 的编辑、测量等

（5）3D PDF 还可以协助检查 PCB 的一些常规性能，如 No Net。单击图 12-48 中的"No Net"选项，就可以高亮显示出来，再到 PCB 中更正即可。

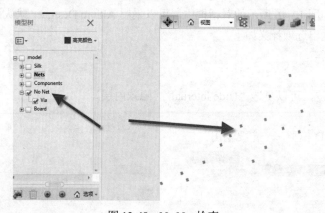

图 12-48　No Net 检查

12.9　极坐标的应用

如图 12-49 所示，在 PCB 设计行业，特别是 LED 灯板行业，需要对 LED 灯珠进行圆弧等间距排列。如果对每个元件都计算清楚其坐标再进行放置会非常烦琐，那么有没有什么好的办法呢？Altium Designer 提供一个非常简单的解决方案——极坐标。

（1）新建一个 PCB，按快捷键"EOS"，在空白处设置一个原点，打开"Properties"面板并单击"Grid Manager"，进入栅格管理器。

（2）在如图 12-50 所示的栅格管理器中，默认存在一个全局栅格，我们不去管它，单击"Add"
按钮，选择执行"Add Polar Grid"（添加极坐标）命令。

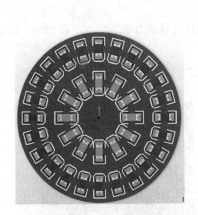

图 12-49 常见的 LED 灯板

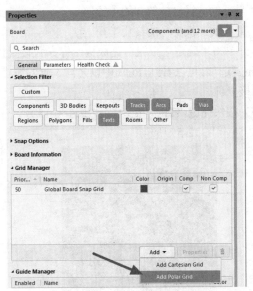

图 12-50 添加极坐标

（3）如图 12-51 所示，双击添加的极坐标项，进入极坐标参数设置窗口，如图 12-52 所示，这
里以一个半径为 500mil 的圆弧极坐标为例进行说明。

图 12-51 双击添加的极坐标项

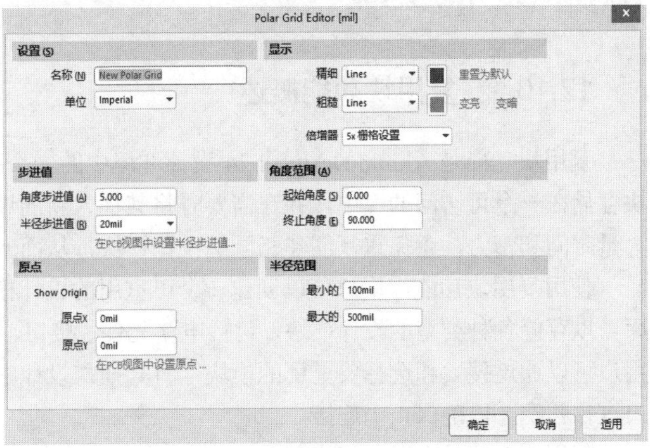

图 12-52 极坐标参数设置窗口

① 设置：包括如下两项。

● 名称：可以设置极坐标名称。

● 单位：单位设置。

② 步进值：包括如下两项。

● 角度步进值：设置元件放置的旋转角度步进值。

● 半径步进值：设置元件第一圈和第二圈的间隔。

③ 原点：极坐标原点设置。

④ 角度范围：包括如下两项。

● 起始角度：极坐标的起始角度。

● 终止角度：极坐标的终止角度。
⑤ 半径范围：包括如下两项。
● 最小的：极坐标的起始半径。
● 最大的：极坐标的终止半径。

（4）单击"确定"按钮，完成极坐标参数设置，返回栅格管理器，勾选"Comp"选项。可以看到，PCB中以之前设置的原点为中心生成如图12-53所示的极坐标。

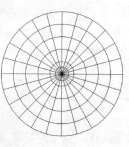

图12-53 极坐标

（5）按快捷键"TP"，更改旋转步进为15°，拖动LED灯珠进行放置，如图12-54与图12-55所示。

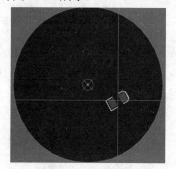

图12-54 LED灯珠的放置

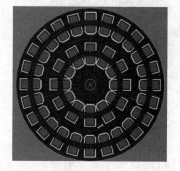

图12-55 极坐标放置LED灯珠效果

12.10 复用块功能

12.10.1 复用块功能概述

复用块功能是Altium Designer 24设计环境中的一个强大工具，它允许用户将先前创建的设计模块存储在一个可访问的库中，并在需要时将其插入新的设计中。通过复用块功能，设计者可以节省大量时间和精力，避免重复创建相同的设计模块，从而专注于创新和优化设计。

使用复用块功能，用户可以创建一个可重用的设计模块，并将其保存在一个专门的库中。这个库可以存储各种类型的设计模块，包括电路元件、接口、协议、算法等。之后，在新的设计项目中，用户可以通过搜索和选择要重用的模块，将其插入设计中。系统会自动将模块的接口与新设计的接口进行匹配，以确保正确连接。

复用块功能具有以下优点。

（1）提高效率：通过重用先前创建的设计模块，可以节省设计和验证时间，提高开发效率。

（2）减少错误：通过重用经过验证的模块，避免重复创建设计模块可能导致的错误，从而减少错误，并提高设计的可靠性。

（3）知识共享：可以将设计模块库与团队成员或其他设计者共享，以便在多个项目中重用和协作。

（4）自定义配置：对于可重用的设计模块，用户可以根据需要自定义其配置参数，以便在不同的设计项目中灵活使用。

总之，复用块功能使得设计者可以在Altium Designer 24中更高效、准确地创建复杂的设计。通过重用先前创建的设计模块，可以节省大量时间和精力，并提高设计的可靠性和质量。

需要注意的是，使用该功能需要先登录DigiPCBA，如果没有DigiPCBA账号，需要自己先注册，并按照关联方法和Altium Designer关联好。

12.10.2 复用块功能的使用

1. 复用块的创建

（1）执行菜单命令"文件-新的-复用块"，新建一个复用块，如图 12-56 所示。

图 12-56 新建复用块

（2）在原理图编辑界面中，粘贴或绘制想要复用的设计并保存，如图 12-57 所示。

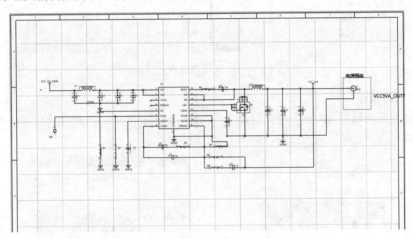

图 12-57 复用块的原理图设计

（3）在原理图编辑界面中，执行菜单命令"设计-Update PCB Document PCB.PcbDoc"，将原理图导入 PCB，如图 12-58 所示。

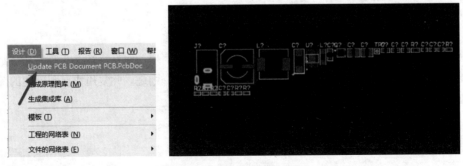

图 12-58 将原理图导入 PCB

（4）完成复用块的 PCB 设计并保存，如图 12-59 所示。

（5）在"Projects"面板中的复用块上单击鼠标右键，执行"保存到服务器"命令，在弹出的对话框中设置名称并保存，如图 12-60 所示。

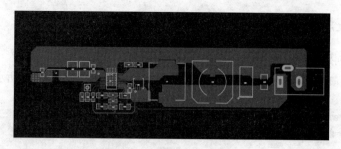

图 12-59　复用块的 PCB 设计

图 12-60　将复用块保存到服务器

2．复用块的放置

（1）在原理图编辑界面的右下角执行命令"Panles-Design Reuse"，可以看到创建的复用块，并且在放置之前可以预览复用块的内容，如图 12-61 所示。

图 12-61　预览复用块的内容

（2）单击"Place"按钮即可在原理图中放置创建好的复用块，选择执行"Place"命令则是以普通的原理图片段放置，选择执行"Place as Sheet Symbol"命令则是以此复用块自动创建的图表符号放置，如图 12-62 所示。

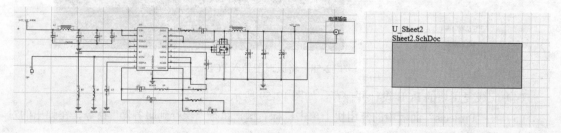

图 12-62　在原理图中选择执行"Place"和"Place as Sheet Symbol"命令放置复用块

（3）打开 PCB 文件，通过同样的方式单击"Place"按钮放置复用块，如图 12-63 所示。

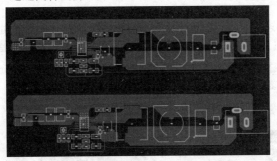

图 12-63　PCB 中复用块的放置效果

12.11　PCB 定制热风焊盘

Altium Designer 24 新增热风焊盘的"编辑热连接点""添加热连接点""删除热连接点"（热连接点即热风焊盘连接点）命令，可对热连接点进行移动、添加、删除等操作；并且增加了"自动"选项，而选择该选项将会在焊盘/过孔边缘处自动添加热风焊盘连接点，以新增"最小距离"设置来控制各热连接点之间的间隔。

焊盘/过孔与铺铜的"Relief Connect"连接方式即热风焊盘，定制热风焊盘可以更好地控制焊盘/过孔与多边形铺铜的热连接点，适用于不规则形状焊盘及需要加宽焊盘到铜皮的载流能力的情况。

12.11.1　热风焊盘的设置

可以执行菜单命令"设计-规则"（快捷键"DR"），进入 PCB 规则及约束编辑器，对整个 PCB 的热风焊盘进行设置，如图 12-64 中左图所示；也可以框选一片区域内的过孔或者选中单个焊盘/过孔，按快捷键"F11"，打开"Properties"面板，单击"Direct"，弹出"Edit Polygon Connect Style"对话框，对热风焊盘进行设置，如图 12-64 中右图所示。

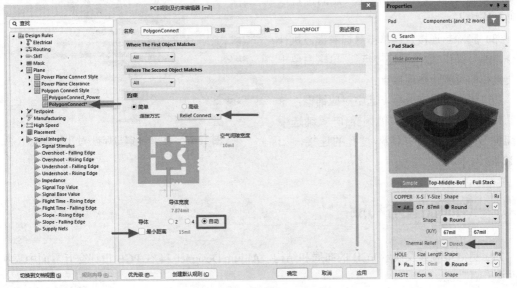

图 12-64　热风焊盘的设置

12.11.2 热风焊盘的编辑

编辑热风焊盘时，热连接点将以白色十字交叉线形式在焊盘/过孔边缘处进行显示，如图 12-65 所示。选中焊盘/过孔，可以单击鼠标右键，执行"焊盘操作"命令，对热风焊盘进行编辑，如图 12-66 中左图所示；也可以按快捷键"F11"，打开"Properties"面板，单击"Edit Points"按钮，对热风焊盘进行编辑，如图 12-66 中右图所示。

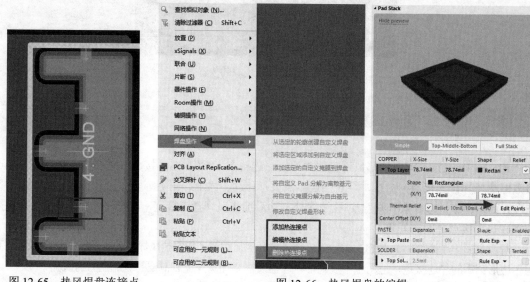

图 12-65　热风焊盘连接点　　　　　　　　图 12-66　热风焊盘的编辑
（热连接点）

（1）编辑热连接点：单击鼠标右键，执行命令"焊盘操作-编辑热连接点"，或者单击"Properties"面板中的"Edit Points"按钮，可以拖动热连接点进行编辑。

（2）添加热连接点：单击鼠标右键，执行命令"焊盘操作-添加热连接点"，或者单击"Properties"面板中的"Edit Points"按钮，按住"Ctrl"键并单击焊盘/过孔需要添加热连接点的位置以添加热连接点。

（3）删除热连接点：单击鼠标右键，执行命令"焊盘操作-删除热连接点"，单击白色十字交叉线即可删除热连接点。

热风焊盘编辑完成后，选中对应铺铜，单击鼠标右键，执行命令"铺铜操作-重铺选中的铺铜"，更新铺铜与焊盘/过孔的连接，如图 12-67 所示。

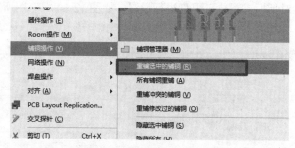

图 12-67　更新铺铜与焊盘/过孔的连接

12.12　剖面图查看功能

为了更好地查看及展示 PCB 的布局和结构，Altium Designer 24 在 PCB 设计交互界面中添加了剖面图查看功能。

剖面图查看功能可以通过在 3 维模式中设置对应参数，从而达到更佳地展示出 PCB 3D 状态中细节元素的目的。这些细节元素在 PCB 中以 3D 形式显示时通常是不可见的。例如，当较小的 SMD

被放置在较大的组件或机械部件下时，会使 SMD 移动及距离测量等操作变得困难。这时就可以通过剖面图查看功能去定义平面来实现 PCB 的一部分被切片或切割掉的情景。PCB 设计交互界面支持沿 3 个轴（X、Y、Z）中的任意一个来定义切片平面，允许在 1、2 或 3 个方向上定义切片平面。

（1）剖面图查看功能需要在 PCB 设计交互界面的 3D 模式下使用，执行菜单命令"视图-切换到 3 维模式"，如图 12-68 所示。

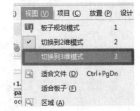

图 12-68　切换到 3 维模式

（2）进入 3D 视图，执行菜单命令"视图-切换剖面图"，或者按快捷键"L"，打开"View Configuration"面板，单击"Section View"选项卡中的"Section View"选项按钮，在编辑（Edit）模式、打开（On）模式和关闭（Off）模式之间进行显示切换，如图 12-69 所示。

① Edit：PCB 剖面图的编辑模式。在编辑模式下，剖面图显示在设计空间中，每个切片平面由一个彩色的半透明表面表示，从 3D 视图原点向外辐射。每个切片平面的位置可以通过单击并拖动剖面图小工具的相应彩色箭头来改变，也可以在"View Configuration"面板中对其方向和颜色进行设置，如图 12-70 所示。

图 12-69　切换剖面图

图 12-70　切片平面的方向和颜色设置

② On：PCB 剖面图的打开模式。在打开模式下，切片被应用并且切片平面被隐藏。切片平面的显示与隐藏如图 12-71 所示。

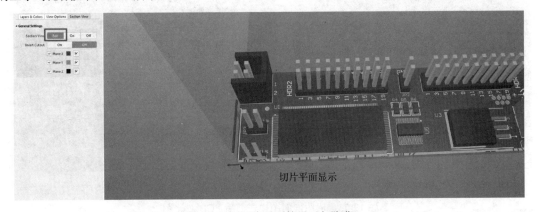

图 12-71　切片平面的显示与隐藏

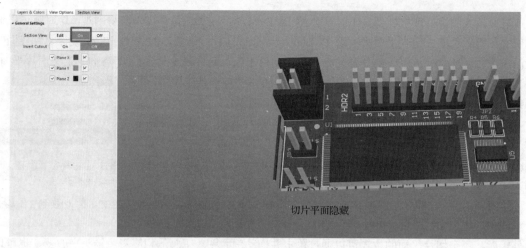

切片平面隐藏

图 12-71　切片平面的显示与隐藏（续）

③ **Off:** PCB 剖面图的关闭模式。软件默认是编辑模式。在关闭模式下，不应用切片，如图 12-72 所示。

正常显示3D模型

图 12-72　正常显示 3D 模型（不应用切片）

（3）根据 PCB 在设计空间中的位置，当剖面图模式启用时，PCB 可能会消失（被切掉），如图 12-73 所示。

（a）未启用剖面图模式

（b）启用剖面图模式

图 12-73　启用剖面图模式前后 PCB 对比图

（4）当"Section View"选项为 On 模式时，"Invert Cutout"选项默认为 Off 模式，将隐藏当前剖面图负空间内的对象，即仅显示出现在剖面图正空间内的对象；如果使"Invert Cutout"选项为 On 模式，则会与前述效果展示相反，即显示负空间内的对象，并隐藏正空间内的对象。

正空间与负空间对比图如图 12-74 所示。显示正空间内的对象，可以看见元件内部结构及高元件下的小元件。显示负空间内的对象，即正常显示 3D 模型，所见即所得。

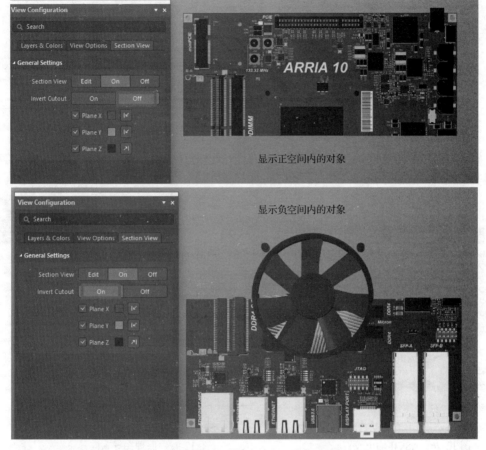

图 12-74　正空间与负空间对比图

12.13　Altium Designer、PADS、OrCAD 之间的原理图互转

因为目前各个公司的 PCB 设计软件不同，也因为产品原理具有独立性，造成对各软件之间原理图转换的需求。本节介绍当前主流设计软件 Altium Designer、PADS 和 OrCAD 之间的原理图互转，供读者参考。

12.13.1　PADS 原理图转换成 Altium Designer 原理图

（1）用 PADS Logic 打开一份需要转换的原理图，执行菜单命令"文件-导出"，导出一份 ASCII 编码格式的 TXT 文档，如图 12-75 所示。

（2）单击"保存"按钮，会弹出"ASCII 输出"设置对话框，对所有的元素全部选择进行输出，文件版本选择最低版本"PADS Logic 2005"，如图 12-76 所示。

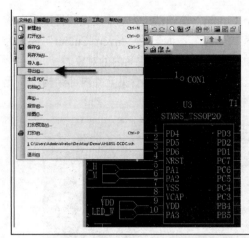
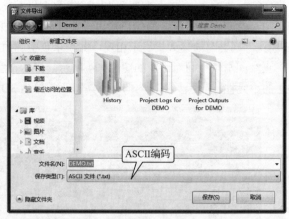

图 12-75　PADS 原理图的导出

（3）打开 Altium Designer，执行菜单命令"文件-导入向导"，打开原理图导入向导，选择"PADS ASCII Design And Library Files"导入选项，如图 12-77 所示。

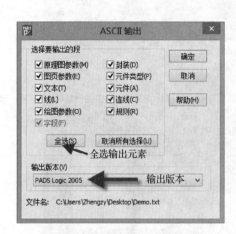

图 12-76　ASCII 输出设置

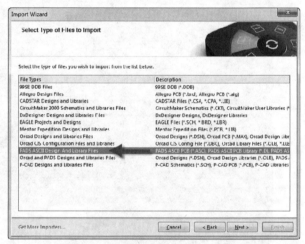

图 12-77　原理图导入向导

（4）然后单击"Next"按钮，选择之前导出的 TXT 文档，单击"Next"按钮。

（5）根据向导设置输出文件路径及预览工程文件，如图 12-78 所示。继续单击"Next"按钮，根据向导进行转换，直到转换完成。

（6）转换后的 Altium Designer 原理图如图 12-79 所示。因为软件本身具有兼容性问题，转换过程中可能存在不可预知的错误，因此转换完成后的原理图仅供参考，如果要使用，则需要进行检查及确认。

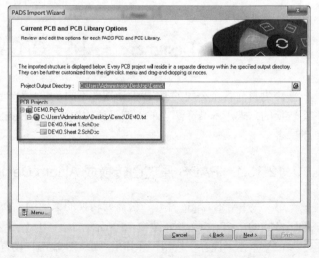

图 12-78　设置输出文件路径及预览工程文件

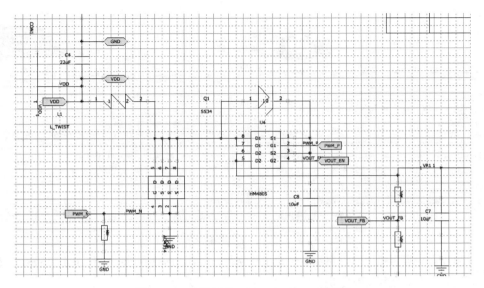

图 12-79　转换后的 Altium Designer 原理图

12.13.2　OrCAD 原理图转换成 Altium Designer 原理图

（1）将 OrCAD 原理图转换成 Altium Designer 原理图时，一般有版本要求，最好是 16.2 及以下版本。用 OrCAD 打开原理图之后，在原理图文件上单击鼠标右键，另存为一个 16.2 版本，如图 12-80 所示。

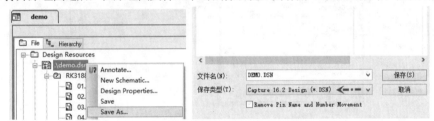

图 12-80　另存为 OrCAD 的低版本

（2）与 PADS 原理图转换步骤一样，打开 Altium Designer，执行菜单命令"文件–导入向导"，打开原理图导入向导，选择"Orcad and PADS Designs and Libraries Files"导入选项，如图 12-81 所示。然后单击"Next"按钮，选择之前另存的 16.2 版本的 OrCAD 原理图，根据向导进行转换。

（3）在转换过程中，注意转换选项设置，如图 12-82 所示。

① Convert OrCAD Component Rectangles to Altium Designer Rectangles。

② Auto-position Parameters。

③ Disable"Mark Manual Parameters"。

④ Strip OrCAD Title Blocks。

⑤ Enable Schematic Title Blocks–Standard。

⑥ Import OrCAD Junctions–All。

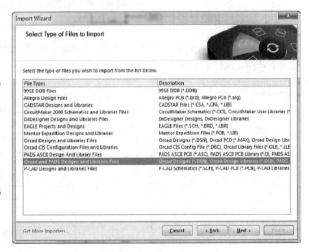

图 12-81　原理图导入向导

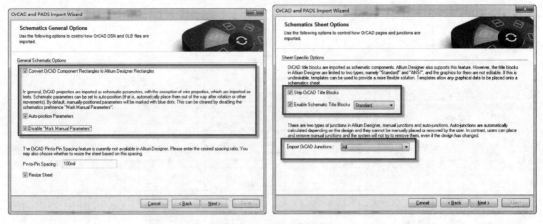

图 12-82　转换选项设置

（4）根据向导设置输出文件路径及预览工程文件，如图 12-83 所示。继续单击"Next"按钮，根据向导进行转换，直到转换完成。

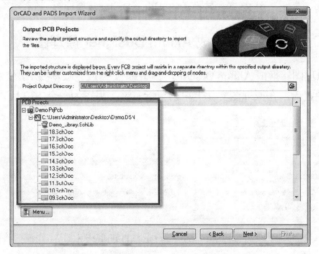

图 12-83　设置输出文件路径及预览工程文件

（5）转换后的 Altium Designer 原理图如图 12-84 所示。同样，转换过程中可能存在不可预知的错误，转换完成后的原理图仅供参考，如果要使用，则需要进行检查及确认。对电阻、电容的封装型号按照 BOM 表核对一遍，有时候 OrCAD 中有可选封装类型时，转换过来的封装型号可能会变。

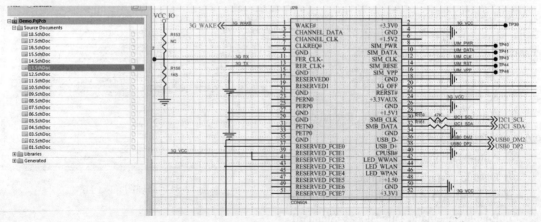

图 12-84　转换后的 Altium Designer 原理图

12.13.3 Altium Designer 原理图转换成 PADS 原理图

1. 方法 1

（1）在程序中找到并打开 PADS 中的 "Symbol and Schematic Translator for PADS Logic"（符号和原理图转换器），选择 "Protel 99SE/DXP"，如图 12-85 所示。

（2）添加需要转换的 Altium Designer 原理图及设置输出文件路径，单击 "转换" 按钮，即可根据向导进行原理图的转换，如图 12-86 所示。

图 12-85　符号和原理图转换器

图 12-86　添加原理图及设置输出文件路径

（3）根据向导进行转换，直到转换完成，转换后的 PADS 原理图用 PADS Logic 打开即可，如图 12-87 所示。

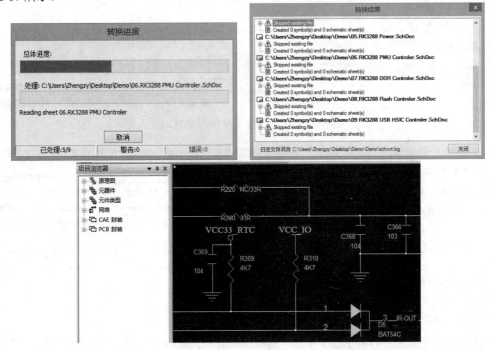

图 12-87　根据向导进行转换及转换后的 PADS 原理图

2．方法2

直接打开 PADS Logic，执行菜单命令"文件-导入"，选择导入"Protel DXP/Altium Designer 2004-2008 原理图文件"，可以直接转换打开，如图 12-88 所示。同样，转换完成之后，请检查并确认原理图。

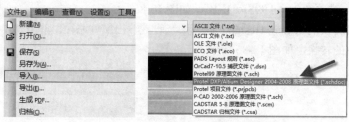

图 12-88　导入 Altium Designer 原理图

12.13.4　Altium Designer 原理图转换成 OrCAD 原理图

（1）准备需要转换的原理图，利用 Altium Designer（这里建议用 Altium Designer 17 及以下版本操作）的新建工程功能新建一个工程，并把需要转换的原理图（可多页原理图）添加到工程中，如图 12-89 所示。

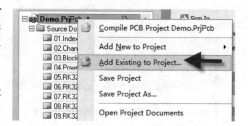

图 12-89　添加到工程中

（2）在工程文件上单击鼠标右键，执行"Save Project As"命令，把此工程文件另存为 DSN 格式的文件，如图 12-90 所示。在弹出的如图 12-91 所示的对话框中选择箭头所标记的两项，之后单击"OK"按钮。

图 12-90　工程文件另存为 DSN 格式的文件

（3）前述步骤完成之后，转换基本完成，一般需要采用 OrCAD 12.5 版本打开转换之后的文件。注意：在用低版本打开之前，不要用 OrCAD 其他版本打开这份文件，不然就打不开了，打开后再保存一次，就可以用高版本打开了。

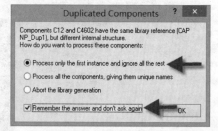

图 12-91　转换设置

12.13.5　OrCAD 原理图转换成 PADS 原理图

（1）转换原理图之前，一般需要把 OrCAD 原理图的版本降低到 16.2 及以下版本。用 OrCAD 打开原理图之后，在原理图文件上单击鼠标右键，另存为一个 16.2 版本。

（2）在程序中找到并打开 PADS 中的"Symbol and Schematic Translator for PADS Logic"（符号和原理图转换器），选择"OrCAD Capture"，如图 12-92 所示。

（3）添加需要转换的 OrCAD 原理图及设置输出文件路径，单击"转换"按钮，即可根据向导进行原理图的转换，如图 12-93 所示。

图 12-92　符号和原理图转换器

图 12-93　添加原理图及设置输出文件路径

（4）根据向导进行转换，直到转换完成，转换后的 PADS 原理图用 PADS Logic 打开即可。

OrCAD 原理图同样可以用导入功能直接导入 PADS Logic 中，如图 12-94 所示，执行菜单命令"文件-导入"，选择导入后缀为.dsn 的文件，可以直接转换打开。

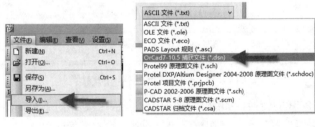

图 12-94　导入 OrCAD 原理图

12.13.6　PADS 原理图转换成 OrCAD 原理图

各软件之间的原理图转换有相互性，如图 12-95 所示。利用各软件之间原理图互转的功能，可以选择先把 PADS 原理图转换成 Altium Designer 原理图，再把 Altium Designer 原理图转换成 OrCAD 原理图（相关方法参照前文）。

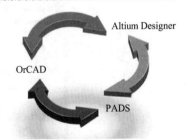

图 12-95　各软件之间原理图转换的相互性

12.14　Altium Designer、PADS、Allegro 之间的 PCB 互转

跟原理图一样，因为各个公司的 PCB 设计软件不同，可能需要复制不同软件 PCB 设计里面的元件封装、模块、DDR 走线等元素，这时不同软件之间的 PCB 转换就有其必要性了。

12.14.1 Allegro PCB 转换成 Altium Designer PCB

（1）转换 PCB 之前，一般需要把 Allegro PCB 的版本降低到 16.3 及以下版本。此处以 Allegro 16.6 为例，打开一个 16.6 版本的 Allegro PCB，执行菜单命令"File-Export-Downrev Design"，在弹出的对话框中按照图 12-96 所示进行选择，导出 16.3 版本。

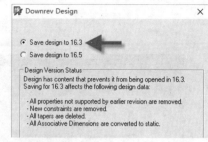

（2）把转换之后的 BRD 文件直接拖到 Altium Designer 中，或者打开 Altium Designer，执行菜单命令"文件-导入向导"，根据向导，选择"Allegro Design Files"导入选项，如图 12-97 所示，然后单击"Next"按钮，把需要转换的 BRD 文件加载进来，单击"Next"按钮，进行转换。

图 12-96　低版本 Allegro PCB 的导出

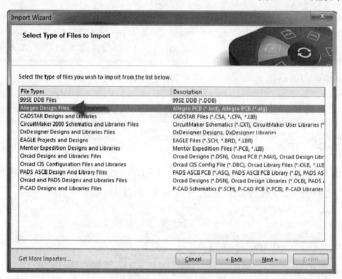

图 12-97　Allegro PCB 转换的添加

（3）等待 Allegro PCB 的转换，如图 12-98 所示，一般比较复杂的 PCB 转换时间会更久一些。在转换过程中一般不需要设置什么，一切按照向导的默认设置转换即可。

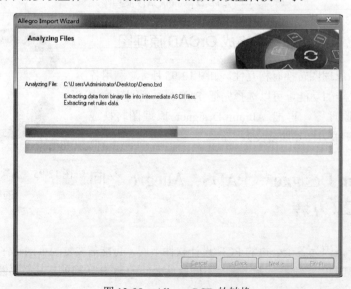

图 12-98　Allegro PCB 的转换

（4）转换完成之后，建议对封装进行检查和修整，因为 Allegro 的元件包含很多管脚号的信息和一些机械标注，是以文字或者线条标注的形式添加的，一般都集中在机械层，会扰乱我们查看元件，如图 12-99 所示。

（5）在转换后的 PCB 中执行菜单命令"设计-生成 PCB 库"，生成这个 PCB 的 PCB 库，如图 12-100 所示。

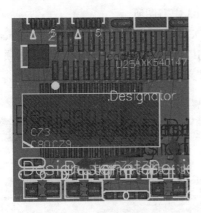

图 12-99　转换后的元件封装　　　　图 12-100　生成 PCB 库

（6）在 PCB 库中把多余的元素都删掉，如图 12-101 所示，然后再检查封装是否正确，特别注意插件孔的大小是否变化，因为转换的不兼容，有时很多椭圆形的孔直接变成了圆孔。

（7）对封装进行检查和修整之后，在 PCB 封装列表中单击鼠标右键，执行"Update PCB With All"命令，全部更新进入 PCB。

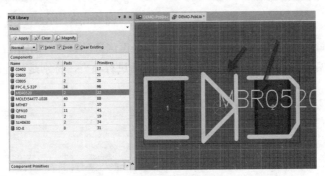

图 12-101　删除不必要的封装元素

　小 助 手 提 示

只有电脑中装有 Cadence 软件之后，才能进行这个转换，不然转换不成功，会弹出如图 12-102 所示的提示。

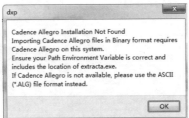

图 12-102　没安装 Cadence 的转换提示

12.14.2　PADS PCB 转换成 Altium Designer PCB

Altium Designer 不能直接打开 PADS PCB，同样需要转换之后才能打开。

（1）用 PADS 打开所需转换的 PCB，执行菜单命令"文件-导出"，导出 ASC 文件，如图 12-103 中左图所示。

（2）导出设置时，全选所有元素进行输出，选择"PowerPCB V5.0"格式，并且勾选"展开属性"选项，保存好导出的 ASC 文件，如图 12-103 中右图所示。

（3）把保存好的 ASC 文件直接拖到 Altium Designer 中，或者打开 Altium Designer，执行菜单命令"文件-导入向导"，根据向导，选择"PADS ASCII Design And Library Files"导入选项，如图 12-104 所示，然后单击"Next"按钮，把需要转换的 ASC 文件加载进来，单击"Next"按钮，进行转换。

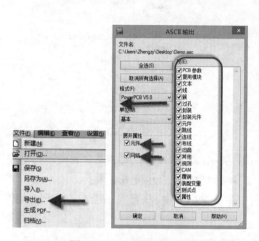

图 12-103　ASC 文件的导出

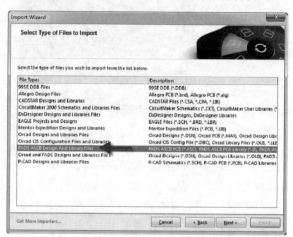

图 12-104　PADS PCB 转换的添加

（4）等待数分钟，向导直接完成转换，并打开一个泪滴选项窗口，如图 12-105 所示，这里建议把泪滴全部移除，单击"确定"按钮，完成转换。之后进行检查，特别是通孔属性的元件焊盘，一定要检查仔细。

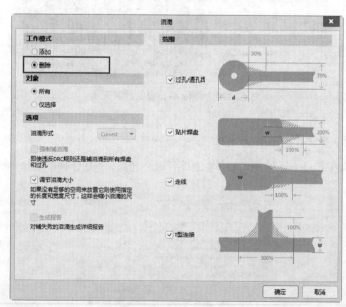

图 12-105　泪滴的移除

12.14.3 Altium Designer PCB 转换成 PADS PCB

1. 直接导入

打开 PADS Layout，执行菜单命令"File-Import"，打开"File Import"界面，如图 12-106 所示，选择导入格式"Protel DXP/Altium Designer design files（*.pcbdoc）"，选择需要转换的 PCB，即可开始转换。

若导入不成功，可以先使用 Altium Designer 转换出一个 4.0 的 Protel 版本的 PCB，在"File Import"界面中，选择导入格式"Protel 99SE design files（*.pcb）"进行导入，如图 12-107 所示。

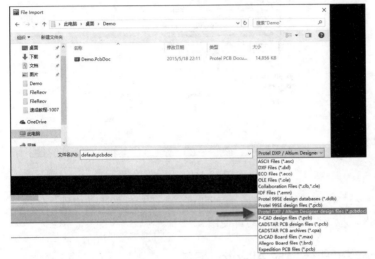

图 12-106 "File Import"界面   图 12-107 Protel 99SE 文件的导入

转换之后的 PCB 中会有很多飞线的情况，铜皮也需要重新修整。转换文件仅供参考，需要进行检查和修整之后方可使用。

2. PADS 自带转换工具

（1）如图 12-108 中左图所示，利用 Windows 程序找到"PADS Layout translator"，进入如图 12-108 中右图所示的界面。

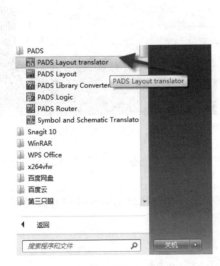
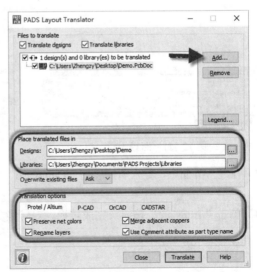

图 12-108 PADS Layout Translator 的进入及设置界面

① 单击右侧的"Add"按钮，添加需要转换的 Altium Designer PCB。

② 在"Place translated files in"处设置好文件路径和库路径。

③ 在"Translation options"处选择"Protel/Altium"转换选项。

（2）单击"Translate"按钮，开始转换，文件转换进度如图 12-109 所示。

（3）在转换过程中，往往因为软件的某些支持格式不一样会提示警告和错误信息，如图 12-110 所示。可以关注一下此类信息，做到心中有数，方便转换之后进行检查及确认。至此，转换完成。

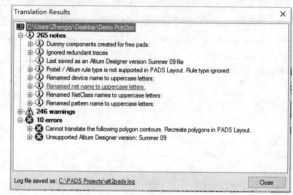

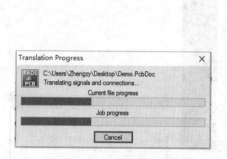

图 12-109　文件转换进度

图 12-110　文件转换提示

在设置路径处，如图 12-111 所示，找到转换的文件，打开即可。由于软件的不兼容性，转换之后的 PCB 中也会有很多飞线的情况，检查和修整之后即可使用。

12.14.4　Altium Designer PCB 转换成 Allegro PCB

（1）把 Altium Designer PCB 转换成 PADS PCB，并且导出 5.0 版本的 ASC 文件。

（2）打开 Allegro PCB Editor，执行菜单命令"Import–CAD Translators–PADS"，进入如图 12-112 所示的导入界面。

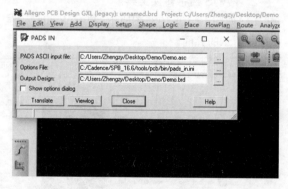

图 12-111　路径设置

图 12-112　导入界面

（3）在导入界面中，导入所需要的"Demo.asc"文件，加载"pads_in.ini"插件，并设置好输出路径。

（4）单击"Translate"按钮，完成转换。对转换文件进行检查和修整后可以参考调用。

小助手提示

"pads_in.ini"的路径一般为"C:\Cadence\SPB_16.6\tools\pcb\bin"。

12.14.5 Allegro PCB 转换成 PADS PCB

与前文讲述的 Altium Designer PCB 转换成 PADS PCB 一样，可利用 Import 功能直接导入。在转换之前需要把 Allegro PCB 的版本降低到 16.3 及以下版本。

1. 方法 1

在 PADS 的 "File Import" 界面中，如图 12-113 所示，选择导入格式 "Allegro Board files（*.brd）"，选择需要转换的 Allegro PCB，即可开始转换。注意查看转换过程中的警告和错误信息。转换完成之后，对转换文件进行检查和修整后可以参考调用。

2. 方法 2

如图 12-114 所示，利用各软件之间 PCB 转换的相互性，可以先把 Allegro PCB 转换成 Altium Designer PCB，再把 Altium Designer PCB 转换成 PADS PCB（相关方法参照前文）。

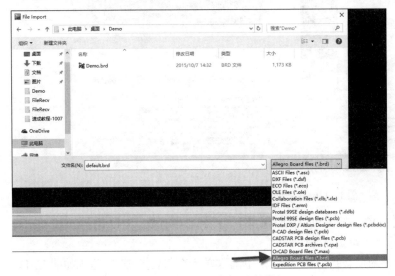

图 12-113　Allegro PCB 的导入

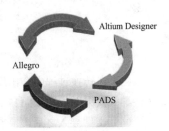

图 12-114　各软件之间 PCB
转换的相互性

12.15　Gerber 文件转换成 PCB

很多时候我们手上拥有光绘文件（Gerber 文件），但是没有 PCB 源文件，而我们又想对其进行修改，由于 Gerber 文件是由层和各种元素叠加组合而成的，不方便修改，这时我们可以把 Gerber 文件转换成 PCB 之后来进行修改。因为格式兼容的问题，转换成的 PCB 仅供参考，需要进行检查和修整之后才能使用。

12.15.1　方法 1

Allegro、PADS、Altium Designer 3 种软件的 Gerber 文件转换的顺序与步骤都是一样的，不一样的地方就是 3 种软件的 Gerber 文件格式不同。

（1）打开 Altium Designer，执行菜单命令 "文件-新的-项目" 并选择 "Local Projects"，新建一个工程，并且加载或创建一个 CAM 文档，如图 12-115 所示。

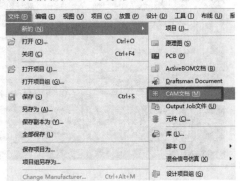

图 12-115　创建 CAM 文档

（2）Gerber 文件的导入有两种方法：一种是执行菜单命令"文件-导入-快速装载"，这是把每一层的 Gerber 文件和钻孔文件进行快速导入的方法；另一种是先导入 Gerber 文件，再导入钻孔文件，效果是一样的。Gerber 文件的导入如图 12-116 所示，在此导入一个 Allegro 的 4 层板 Gerber文件。

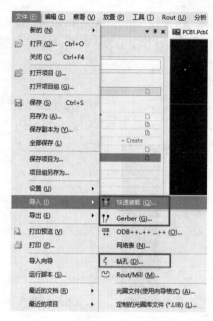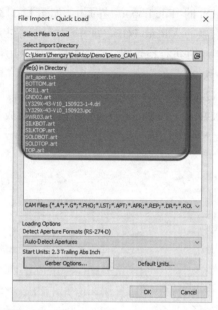

图 12-116　Gerber 文件的导入

（3）在转换过程中会出现 LOG 信息，可以大概浏览下，做到心中有数，方便后续检查。Gerber文件导入效果图如图 12-117 所示。

（4）文件导入之后，需要核对层叠是否对应一致。执行菜单命令"表格-层"，进入如图 12-118所示的界面，进行层叠对应，并且更新信号层的层叠顺序。

为了使读者能更好地识别和设置层叠对应，以下提供 Allegro、PADS、Altium Designer 3 种软件的 Gerber 文件定义。

图 12-117　Gerber 文件导入效果图

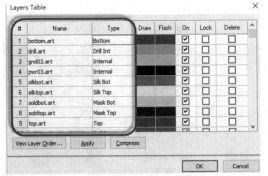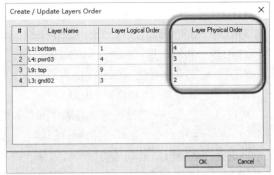

图 12-118　层叠对应设置及层叠顺序设置

① Allegro Gerber 文件里各文件的定义如下。

nc_param.txt——参数文件。

ncdrill.tap（ncdrill.drl）——钻带文件。

art_aper.txt——光圈表及光绘格式文件（Aperture and artwork format）。

art_param.txt——光绘参数文件（Aperture parameter text）。

top.art——元件面布线层 Gerber 文件［Top（comp.）side artwork］。

bottom.art——阻焊面布线层 Gerber 文件［Bottom（comp.）side artwork］。

soldermask_top.art——元件面阻焊层 Gerber 文件［Top（solder）side solder mask artwork］。

soldermask_bottom.art——阻焊面阻焊层 Gerber 文件［Bottom（solder）side solder mask artwork］。

pastemask_top.art——表面贴元件面焊接层 Gerber 文件（Top side paste mask artwork）。

pastemask_bottom.art——表面贴阻焊面焊接层 Gerber 文件（Bottom side paste mask artwork）。

silkscreen_top.art——元件面丝印层 Gerber 文件［Top（comp.）side silkscreen artwork］。

silkscreen_bottom.art——阻焊面丝印层 Gerber 文件［Bottom（solder）side silkscreen artwork］。

drill.art——钻孔和尺寸标注文件。

② PADS Gerber 文件里各文件涉及的内容如下。

单面板：Routing（走线层）（top or bottom）、Silkscreen（丝印层）（top and bottom）、Sold Mask（阻焊层）（top or bottom）、Drill Drawing（钻孔参考层）、NC Drill（钻孔层），外加一份 PCB 外形图（包括主要孔和槽）。

双面板：Routing（走线层）（top and bottom）、Silkscreen（丝印层）（top and bottom）、Sold Mask（阻焊层）（top or bottom）、Drill Drawing（钻孔参考层）、NC Drill（钻孔层），外加一份 PCB 外形图（包括主要孔和槽）。

多层板：Routing（走线层）［top、bottom、inner（内电层，包括 POWER 和 GND）］、Silkscreen（丝印层）（top and bottom）、Sold Mask（阻焊层）（top or bottom）、Drill Drawing（钻孔参考层）、NC Drill（钻孔层），外加一份 PCB 外形图（包括主要孔和槽）。如果做钢网就多加一个 Paste Mask（top or bottom），最后产生 PHO 文件。

③ Altium Designer Gerber 文件里各文件名后缀的定义如下（以双面板为例）。

.GBL——底层走线层（Gerber Bottom Layer）。

.GTL——顶层走线层（Gerber Top Layer）。

.GBS——底层阻焊层（Gerber Bottom Solder Resist）。

.GTS——顶层阻焊层（Gerber Top Solder Resist）。

.GBO——底层丝印层（Gerber Bottom Overlay）。

.GTO——顶层丝印层（Gerber Top Overlay）。

.GKO——禁止布线层（Gerber Keep-Out Layer）。

.GM1——机械1层（Gerber Mechanical 1）。

.GD1——钻孔参考层（Gerber Drill Drawing）。

.TXT——钻孔层（NC Drill Files）。

通过以上定义，对应设置好层叠顺序和参数即可。

（5）执行菜单命令"工具-网络表-提取"，如图 12-119 所示，进行网表提取。提取成功后，可以从软件右下角调取"CAMtastic"进行查看。

（6）如果 Gerber 文件包含 IPC-D-365（IPC 网表），执行菜单命令"工具-网络表-重命名网络表"，可以对网络进行准确的命名；若没有则不可执行，直接进行下一步。

（7）执行菜单命令"文件-导出-PCB"，最后一步转换成 PCB，效果图如图 12-120 所示。

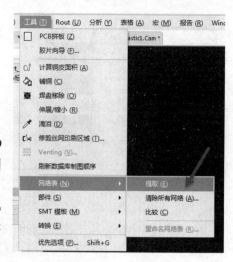

图 12-119　网表提取

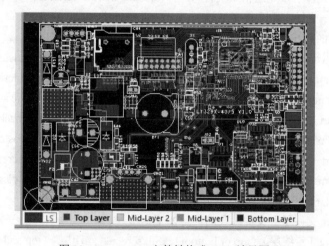

图 12-120　Gerber 文件转换成 PCB 效果图

12.15.2　方法 2

因为 Altium Designer 拥有强大的导入功能，可以利用 DXF 文件的导入方法进行 Gerber 文件到 PCB 的转换。

（1）在 CAM350 界面中，执行菜单命令"文件-导出-DXF"，进行导出操作，选择导出所有层，如图 12-121 所示。

（2）打开 Altium Designer，执行菜单命令"文件-新的-PCB"，新建一个 PCB；执行菜单命令"文件-导入-DXF/DWG"，导入之前 CAM350 导出的 DXF 文件，如图 12-122 所示，选择好单位（和 CAM350 导出单位应该相同），在"层映射"栏下根据前面的层定义说明，选择好层叠匹配，单击"确定"按钮，执行导入即可。

（3）至此，转换完成，DXF 文件转换成 PCB 效果图如图 12-123 所示。检查和修整之后方可使用。

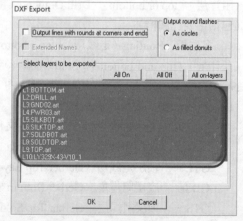

图 12-121　DXF 文件的导出

图 12-122　DXF 文件的导入

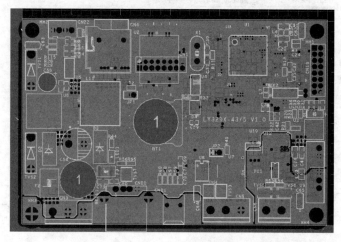

图 12-123　DXF 文件转换成 PCB 效果图

12.16　本章小结

　　除常用的基本操作外，Altium Designer 还存在各种各样的高级设计技巧等待我们挖掘，需要的时候我们可以关注它，并学会使用它，平时在工作中也要善于总结归纳，加深对软件的理解，使电子设计的效率得到提高。

　　由于篇幅所限，不可能对每个高级技巧都进行讲述，欢迎关注凡亿教育，作者会不断给大家更新各种技巧视频，帮助大家快速进阶。

第13章

入门实例：2层最小系统板的设计

本章选取一个入门阶段最常见的最小系统板实例，通过这个简单2层板全流程实战项目的演练，让 Altium Designer 初学者能将理论和实践相结合，从而掌握电子设计的基本操作技巧及思路，全面提升其实际操作技能和学习积极性。

最小系统板包含的模块电路图如图 13-1 所示。

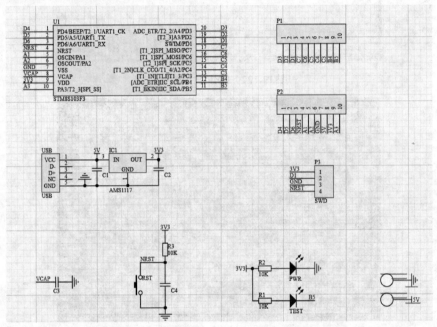

图 13-1 最小系统板包含的模块电路图

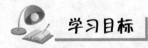 学习目标

- ➢ 掌握 Altium Designer 基本功能操作
- ➢ 了解原理图设计
- ➢ 了解2层板 PCB 设计的基本思路及流程化设计
- ➢ 掌握交互式布局及模块化布局
- ➢ 掌握 PCB 快速布线思路及技巧

13.1 设计流程分析

一个完整的电子设计是从无到有的过程，不过设计流程无外乎以下几点。

（1）元件在图纸上的创建。

（2）电气性能的连接。

（3）设计电气图纸在实物电路板上的映射。

（4）电路板实际电路模块的摆放和电气导线的连接。

（5）生产与装配成 PCBA。

电子设计流程图如图 13-2 所示。

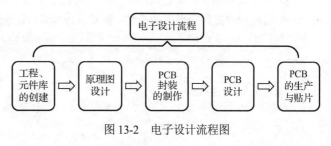

图 13-2　电子设计流程图

13.2　工程的创建

（1）执行菜单命令"文件–新的–项目"并选择"Local Projects"，然后在"Project Type"中选择"PCB-<Empty>"，接着在 Project Name"文本框中命名为"最小系统板"，保存到硬盘目录下，"Folder"栏为文件路径。

（2）按照 3.2.3 节中介绍的方法新建一个元件库，命名为"最小系统板. SchLib"。

（3）执行菜单命令"文件–新的–原理图"，新建一页原理图，命名为"最小系统板.SchDoc"。

（4）按照 3.2.5 节中介绍的方法新建一个 PCB 库，命名为"最小系统板.PcbLib"。

（5）执行菜单命令"文件–新的–PCB"，新建一个 PCB，命名为"最小系统板.PcbDoc"。

如图 13-3 所示，此时整个电子设计中最重要的几个文件都创建好了，把它们都添加到"最小系统板"这个工程中，进行保存，就可以开始电子设计了。

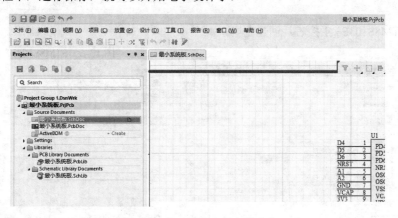

图 13-3　电子设计工程中的文件

13.3　元件库的创建

主要把 MCU、烧录接口、USB 电源、LED 电路、复位电路等创建出来。下面以 STM8S103F3 主控芯片及 LED 为例进行说明。

13.3.1　STM8S103F3 主控芯片的创建

（1）在元件库编辑器界面中，执行菜单命令"工具–新器件"，新建一个元件，命名为"STM8S103F3"。

（2）执行菜单命令"放置–矩形"，放置一个矩形框，如图 13-4 所示。

（3）执行菜单命令"放置–管脚"，在放置状态下按"Tab"键，对管脚属性进行设置，如图 13-5 所示，然后执行放置到矩形框的边缘，重复此操作，放置完所有关于此芯片的管脚，如图 13-6 所示。

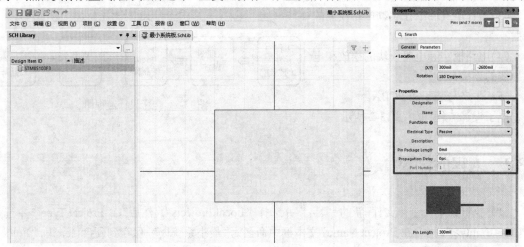

图 13-4　放置矩形框　　　　　　　　　　　　　　　图 13-5　管脚属性设置

（4）在元件库面板中双击该元件名称，对所创建的主控芯片的元件属性进行设置，如图 13-7 所示。

① Designator：设置为芯片常用位号"U?"。

② Comment：填写好芯片的型号值"STM8S103F3"。

③ Footprint：单击"Add"按钮，添加 PCB 封装模型"TSSOP20_L"。

至此，STM8S103F3 主控芯片创建完毕。

图 13-6　STM8S103F3 管脚的放置

图 13-7　元件属性设置

13.3.2　LED 的创建

（1）执行菜单命令"工具–新器件"，新建一个元件，命名为"发光二极管"。

（2）执行菜单命令"放置–多边形"，激活放置多边形命令，放置一个三角形，如图 13-8 所示。

（3）执行菜单命令"放置–线"，在放置状态下按"Tab"键，按照图 13-9 所示设置线条属性，在三角形的右上方放置两个箭头线条，并且在三角形的顶角放置一条竖线，表示是二极管，如图 13-10 所示。

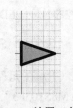

图 13-8　放置三角形

（4）执行菜单命令"放置-管脚"，在三角形两端各放置一个管脚，然后稍微调整下元件的协调性和美观性，如图 13-11 所示。

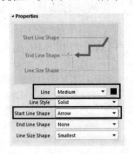
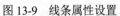

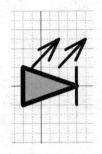

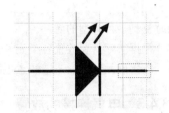

图 13-9　线条属性设置　　　　图 13-10　放置箭　　　　图 13-11　完成之后的 LED

（5）在元件库面板中双击该元件名称，设置其元件属性，如图 13-12 所示，完成 LED 的创建。按照前述创建元件的步骤，完成其他元件的创建，如图 13-13 所示。

图 13-12　LED 的元件属性设置

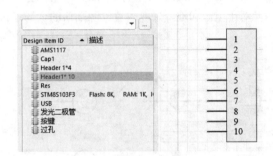

图 13-13　其他元件的创建

13.4　原理图设计

原理图设计是对各个功能模块的原理图进行组合的结果，通过将各个功能模块原理图进行组合构成一份完整的产品原理图。模块的原理图设计方法是类似的。

13.4.1　元件的放置

（1）双击打开创建好的"最小系统板.SchDoc"和"最小系统板.SchLib"图纸页。

（2）在元件列表中选中需要放置的元件，然后单击"放置"按钮，放置该元件，如图 13-14 所示，继续执行此操作，按照每个功能模块需要用到的元件分别放置好。原理图元件放置如图 13-15 所示。

图 13-14　元件的放置

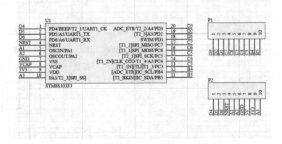

图 13-15　原理图元件放置

13.4.2　元件的复制和放置

（1）有时候在设计时需要用到多个同类型的元件，这时不需要在库里再执行放置了，可以按住"Shift"键，然后拖动就可以复制了。

（2）如果想多个元件一起复制，可以选择多种类型的元件，然后再执行步骤（1）就可以了。可以同时复制多种类型的元件。

（3）根据实际需要放置各类元件。复制元件放置如图 13-16 所示。

（4）放置好元件之后，请注意电阻、电容等的 Comment 值的更改。

13.4.3　电气连接的放置

元件放置好之后，需要对元件之间的连接关系进行处理，这个也是原理图设计重中之重的环节，可能由于一点点连接的失误造成板卡出现短路、开路或者功能无效等问题。

（1）对于在元件附近需要进行连接的元件，执行菜单命令"放置-线"，放置电气导线进行连接。

（2）对于远端连接的导线，采取放置网络标签（Net Label）的方式进行电气连接。

（3）对于电源和地，采取放置电源端口的全局连接方式。电气连接的放置如图 13-17 所示。

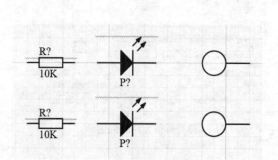

图 13-16　复制元件放置

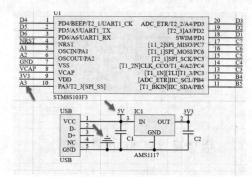

图 13-17　电气连接的放置

13.4.4　非电气性能标注的放置

有时候需要对功能模块进行一些标注说明，或者添加特殊元件的说明，从而增强原理图的可读性。此时，可以执行菜单命令"放置-文本字符串"，放置字符标注，如"电源"，如图 13-18 所示。

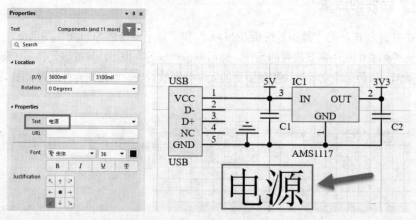

图 13-18　字符标注的放置

按照前述类似的方法，将该开发板其他功能模块的原理图设计都完成好。

13.4.5　元件位号的重新编号

完成整个产品原理图功能模块的放置和电气连接之后，需要对整体原理图的元件位号进行重新编号，以满足元件标识的唯一性。

（1）按快捷键"TAA"，进入如图 13-19 所示的编号编辑对话框，单击"更新更改列表"按钮，进行元件位号的重新编号。

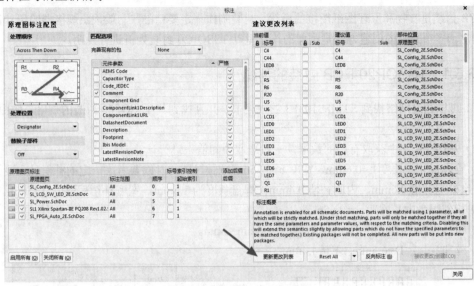

图 13-19　元件位号的重新编号

（2）单击"接受更改（创建 ECO）"按钮，执行更新到原理图中。

13.4.6　原理图的编译与检查

一份好的原理图，不只是设计完成，还需要对其进行常规性的检查核对。

（1）在"最小系统板.PrjPcb"工程文件上单击鼠标右键，执行"Project Options"命令，设置常规编译选项，如图 13-20 所示，对需要检查的选项都选择"致命错误"报告显示类型。

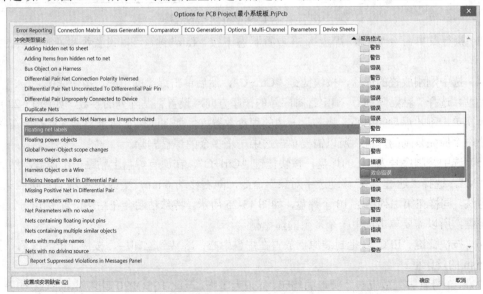

图 13-20　原理图编译设置

（2）对于编译出来的报告，在界面的右下角执行命令"Panels-Messages"进行查看，并且进行更新处理。

13.5　PCB 封装的制作

PCB 封装是实物和原理图纸衔接的桥梁。封装制作一定要精准，一般按照规格书的尺寸进行封装的创建。多个封装的创建方法是类似的，这里以 TSSOP20 封装为例进行说明。

13.5.1　TSSOP20 PCB 封装的创建

（1）可以通过网络找到 STM8S103F3 的规格书，并且找到其 TSSOP20 封装的规格，如图 13-21 所示。

（2）从图 13-21 中获取有用的数据，一般选取中间值来进行计算。

① 管脚尺寸：长度 L=0.6mm，宽度 b=0.25mm。做封装的时候要考虑一定的补偿量。根据经验值，长度外侧补偿 0.6mm，内侧补偿 0.4mm。焊盘长度为 1.6mm。宽度补偿后取值 0.35mm。

② 相邻焊盘中心间距=e=0.65mm。

③ 对边焊盘中心间距=E+外侧补偿×2-1.6mm=6mm。

④ 丝印尺寸：D=6.5mm，E1=4.4mm。

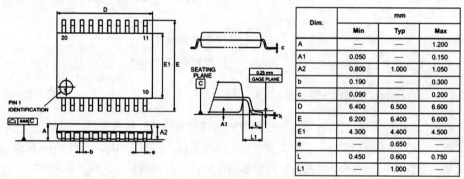

Dim.	mm		
	Min	Typ	Max
A	—	—	1.200
A1	0.050	—	0.150
A2	0.800	1.000	1.050
b	0.190	—	0.300
c	0.090	—	0.200
D	6.400	6.500	6.600
E	6.200	6.400	6.600
E1	4.300	4.400	4.500
e	—	0.650	—
L	0.450	0.600	0.750
L1	—	1.000	—

图 13-21　TSSOP20 封装的规格

（3）执行菜单命令"放置-焊盘"，在放置状态下按"Tab"键，可以设置焊盘属性，如图 13-22 所示。

（4）选中刚刚放置的焊盘，按快捷键"Ctrl+C"，然后单击焊盘的中心，按快捷键"EA"，进入特殊粘贴，选择"粘贴阵列"，确定管脚序号的排序方向，设置粘贴阵列的参数，如图 13-23 所示，然后再次单击刚才焊盘的中心，将芯片一边的焊盘放置好，如图 13-24 所示。特殊粘贴会在粘贴位置多出一个原先复制的焊盘，所以需要单击选中一个多余的焊盘删除。

（5）选中管脚序号为 10 的焊盘，按快捷键"Ctrl+C"，在原有焊盘上粘贴一个焊盘，然后按快捷键"M"，选择"通过 X,Y 移动选中对象"命令，向右移动 6mm，更改序号为 11，按照第（4）步的方法，同样在第二列粘贴 10 个焊盘，如图 13-25 所示。特殊粘贴会在粘贴位置多出一个原先复制的焊盘，所以需要单击选中一个多余的焊盘删除。

（6）按快捷键"EFC"，把封装原点放置在焊盘中心；跳转到丝印层，按快捷键"PL"，绘制高为 6.5mm 的丝印框。

（7）在 1 号管脚处放置一个圆形的丝印，标识为 1 脚。至此 TSSOP20 封装创建完成，如图 13-26 所示。

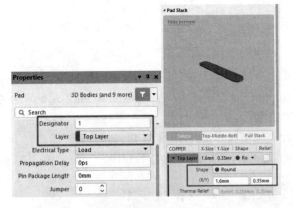

图 13-22　焊盘属性设置　　　　　　　图 13-23　设置粘贴阵列的参数

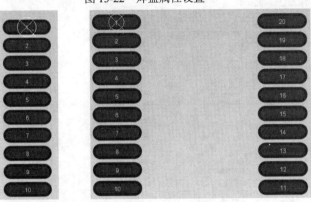

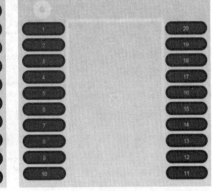

图 13-24　第一排焊盘　　　　　图 13-25　第二排焊盘　　　　　图 13-26　完整的 TSSOP20 封装

13.5.2　TSSOP20 3D 封装的放置

如果想要给封装放置一个 3D 封装，以便后期可以核对结构，则可以在创建封装的环节就放置好 3D 模型。

（1）从 13.5.1 节的规格数据中可以读取此封装的高度=A=1.2mm。

（2）在 PCB 库编辑界面中，执行菜单命令"放置-3D 元件体"，在弹出的 3D 模型模式选择及参数设置对话框中，输入高度参数信息，如图 13-27 所示。

（3）沿着管脚中心绘制一个正方形的自动 3D 模型，放置完成之后，可以切换到 3D 模式下看看效果，如图 13-28 所示。

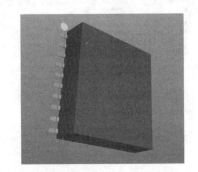

图 13-27　3D 模型模式选择及参数设置对话框　　　　　图 13-28　3D 预览

13.6 PCB设计

13.6.1 封装匹配的检查

在进行 PCB 导入时，经常会出现"Footprint Not Found"或者"Unknown Pin"现象，这些都是封装匹配上的问题，所以有对其进行检查的必要性。

（1）在原理图编辑界面中，执行菜单命令"工具-封装管理器"，进入封装管理器。

（2）如图 13-29 所示，单击"Current Footprint"，对当前封装进行排序。

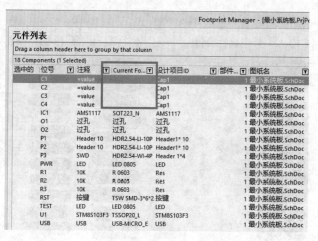

图 13-29　无封装名称的元件

（3）空白的地方表示这些元件没有添加封装名称，会造成"Unknown Pin"的出现，需要根据实际需要添加好封装名称。

（4）一一选择元件列表中的元件，可以在封装预览区中看到匹配封装，如图 13-30 所示，如果在封装预览区中不存在封装预览，则证明此封装的路径或者名称匹配有问题。

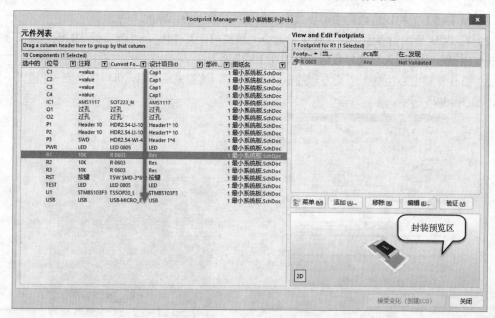

图 13-30　封装匹配检查预览

（5）在有匹配问题的封装上单击，进入元件封装的匹配设置，检查名称是否和 PCB 库中的名称对应上，以及检查路径是否设置正确，通常如果 PCB 库在当前工程下，选择"任意"选项就可以匹配上了，如图 13-31 所示。

（6）对元件封装进行添加、编辑之后，需要把其变更更新到原理图中，单击"接受变化（创建 ECO）"按钮，进行更新处理。

13.6.2　PCB 的导入

检查完封装之后，就可以对元件进行导入了，实现从原理图设计向实物的映射。

（1）在原理图编辑界面中，执行菜单命令"设计-Update PCB Document 最小系统板.PcbDoc"，进入如图 13-32 所示的导入执行窗口。

（2）在执行更新时，一般会对工程进行编译，如

图 13-31　元件封装的匹配设置

果存在问题，则会以红色字体进行警告，按照提示单击进去查看，并更正后再执行，如果确认没问题则忽略，单击"执行变更"按钮，执行变更。

图 13-32　导入执行窗口

（3）在执行变更过程中，当"状态"栏中出现错叉时，请检查之后再导入一次，直到全部是对钩为止，即表示完成导入。导入状态提示如图 13-33 所示。导入之后的效果图如图 13-34 所示。

（4）导入之后会出现很多报错，请按照前文提到过的把不必要的 DRC 检查选项取消，然后把元件丝印利用全局操作，整体变小放置在元件的中心。

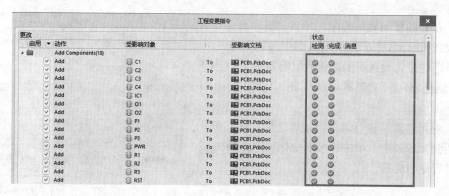

图 13-33　导入状态提示

13.6.3　板框的绘制

导入 PCB 之后，PCB 默认为 2 层板，因为这个实例是设计成 2 层板的，所以层叠就不需要设置了，直接按照要求进行板框的绘制。

（1）对于本实例，我们定义板框的大小，如图 13-35 所示。这里取值为 30mm×18.4mm。

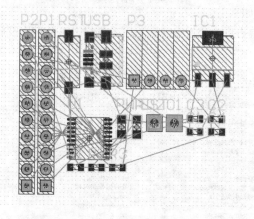

图 13-34　导入之后的效果图

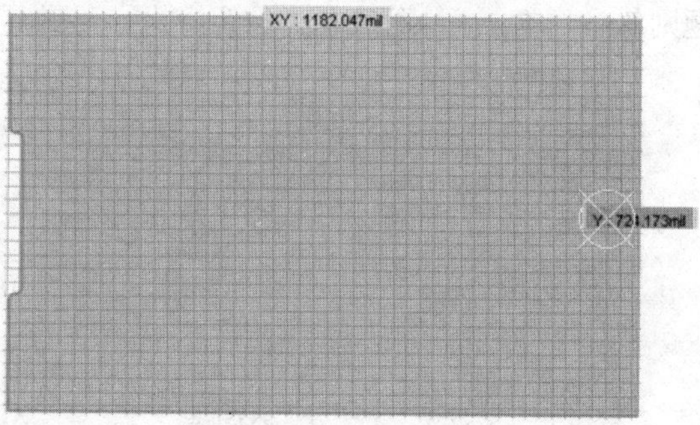

图 13-35　板框尺寸的评估

（2）把当前层切换到"Mechanical 1"层，按快捷键"EOS"，在空白处设置好原点。

（3）执行菜单命令"放置-线条"，以原点为定点绘制一个 30mm×18.4mm 的板框线，然后选中这个封闭的板框线，按快捷键"DSD"，重新定义板框。

13.6.4　PCB 布局

由前面章节可知，PCB 布局顺序一般可以总结为如图 13-36 所示，这有助于我们利用模块化的思路快速完成 PCB 布局。

1. 放置固定元件

因为是开发板，对固定元件没有要求，但是出于对其装配和调试方便性的考虑，对固定元件进行了规划，如图 13-37 所示。

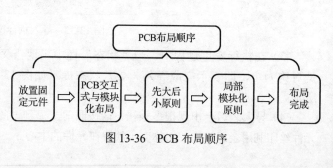

图 13-36　PCB 布局顺序

（1）将烧录的排针放置在板子的右侧，方便烧录。

（2）将接口放置在上下两侧，方便接插。

（3）将 USB 放置在左侧，方便拔插。

规划好固定元件之后，先对应地把相关功能模块的接插件摆放到位，如图 13-38 所示。

图 13-37　固定元件的规划

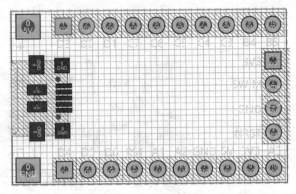

图 13-38　放置固定元件

2．PCB 交互式与模块化布局

放置好固定元件之后，根据原理图的模块化及与 PCB 的交互，利用"在矩形区域排列"命令，把与其相关的模块都摆放在 PCB 板框的边缘，如图 13-39 所示，然后可以把元件的飞线打开，这个时候有助于对信号流向的分析整理。

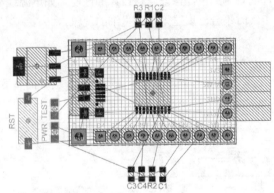

图 13-39　模块化布局

3．先大后小原则

先大后小原则，即先放置主控部分的芯片，再放置体积较大的元件，如图 13-40 所示。

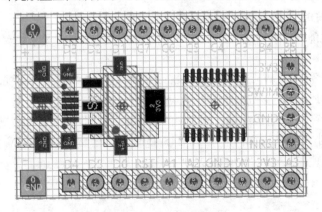

图 13-40　大元件的摆放

4. 局部模块化原则

这里可以参考前文的常规布局原则，将每个模块的元件都摆放好，并对齐，尽量整齐美观。
完整的布局如图 13-41 所示。

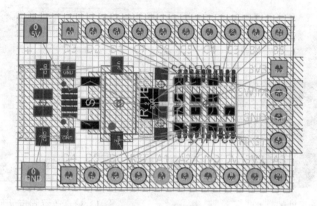

图 13-41　完整的布局

13.6.5　类的创建及 PCB 规则设置

布局完成之后需要对信号进行分类和 PCB 规则设置。这样做一方面可以便于认识信号和厘清思
路；另一方面可以通过软件的规则约束，保证电路设计的性能，如电源线需要加粗的，软件会督促
我们进行加粗处理，信号走线时不会出现这里粗那里细的现象。

1. 类的创建

（1）按快捷键"DC"，进入类管理器。

（2）在"Net Classes"上单击鼠标右键，创建一个"PWR"类，把属于电源的信号都进行添加，
如图 13-42 所示。

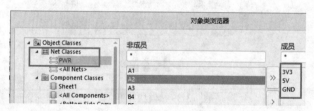

图 13-42　类的创建

2. PCB 规则设置

（1）按快捷键"DR"，进入 PCB 规则及约束编辑器。

出于对生产工艺能力要求和成本的考虑，设置最小间距为 6mil，最小线宽为 6mil，最小过孔大
小为 12mil。

（2）间距规则设置：在"Where The First Object Matches"和"Where The Second Object Matches"
栏中都选择适配"All"，间距参数按照图 13-43 所示进行设置。

（3）线宽规则设置：选中"Routing"规则中的"Width"规则，单击鼠标右键，分别创建"Width"
规则和"PWR"规则，分别按照图 13-44 和图 13-45 所示进行设置，同时注意两个叠加规则的优先
级设置，"PWR"规则要优先于"Width"规则。

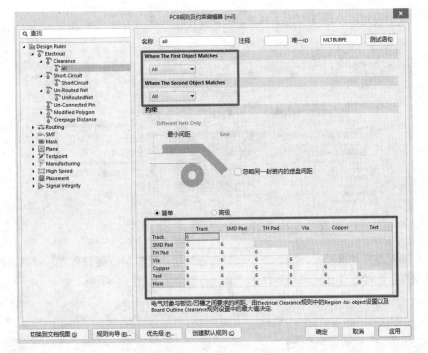

图 13-43　间距规则设置

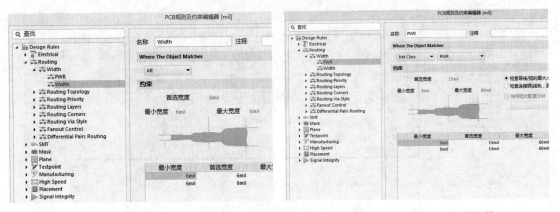

图 13-44　"Width"规则设置　　　　　　　图 13-45　"PWR"规则设置

（4）过孔规则设置：设置过孔孔径大小（内径大小）为 12mil，过孔直径（外径大小）为 24mil，如图 13-46 所示。

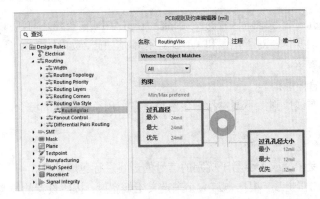

图 13-46　过孔规则设置

（5）阻焊规则设置：单边开窗为 2.5mil，如图 13-47 所示。

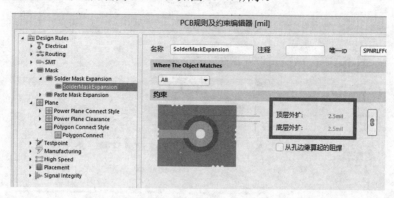

图 13-47　阻焊规则设置

（6）正片铺铜连接规则设置：因为 2 层板只有正片层，所以只需要设置正片铺铜连接规则，按照焊盘采取花焊盘连接、过孔采取全连接的方式进行设置，如图 13-48 所示。

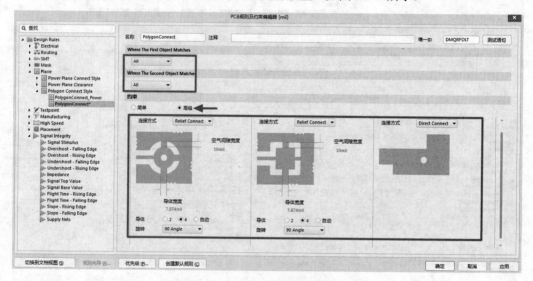

图 13-48　正片铺铜连接规则设置

13.6.6　PCB 扇孔及布线

1. PCB 扇孔

扇孔的目的是打孔占位和缩短信号的回流路径。在进行 PCB 布线之前，可以把短线直接先连上，对长线进行拉出打孔的操作，对于电源和 GND 过孔都是如此，如图 13-49 所示。同时，请注意关注前文提到过的扇孔要求。

2. PCB 布线的总体原则

（1）遵循模块化布线原则，不要左拉一条右拉一条，用总线走线的概念，如常用到的多条拉线快捷键"UM"。

（2）遵循优先信号走线的原则。

（3）对重要、易受干扰或者容易干扰别的信号的走线进行包地处理。

（4）电源主干道加粗走线，根据电流大小来定义走线宽度；按照设置的线宽规则进行信号走线。

（5）走线间距不要过小，能满足 3W 原则的尽量做到 3W 原则。

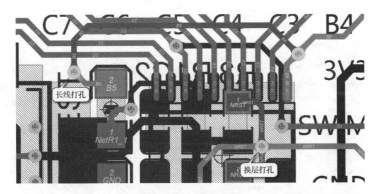

图 13-49　PCB 扇孔

3．电源的走线

电源的走线一般是从原理图中找出电源主干道，根据电源大小对主干道进行铺铜走线和添加过孔，主干道不要像信号线那样只是一条很细的走线。例如水管通水流，如果水流入口处水管太细，那么是无法通过很大的水流的，有可能因为水流过大造成爆管；也不能入口处水管粗而中间细，这种做法也有可能造成爆管。这类比到电路板就是可能造成电路板烧坏。由于此板电流很小，所以只走粗线处理。电源的走线如图 13-50 所示。

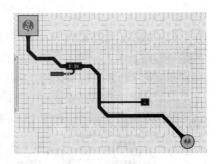

图 13-50　电源的走线

4．GND 孔的放置

根据需要在打孔换层或者易受干扰的地方放置 GND 孔，加强底层铺铜的 GND 连接。

根据前述这些布线原则和重点注意模块，可以完成其他模块的布线及整体的连通性布线，然后对整板进行大面积的铺铜处理。完成布线的 PCB 如图 13-51 所示。

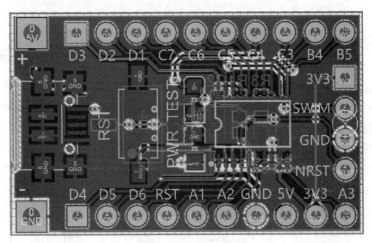

图 13-51　完成布线的 PCB

13.6.7　走线与铺铜优化

处理完连通性之后，通常需要对走线和铺铜进行优化，一般分为以下几个方面。

（1）走线间距满足 3W 原则。如果走线和走线太近，则容易引起走线和走线之间的串扰。处理完连通性之后，可以设置一个针对线与线间距的规则协助检查，如图 13-52 所示。

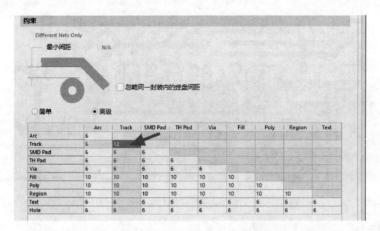

图 13-52　线与线间距的规则设置

（2）减小信号环路面积。如图 13-53 所示，走线经常会包裹一个很大的环路，环路会造成其对外辐射的面积增大，同样吸收辐射的面积也增大，走线优化的时候需要进行优化处理，减小信号环路面积，这个一般是按快捷键"Shift+S"单层显示之后人工检查。

（3）修铜。修铜主要是对一些布线瓶颈的地方进行修整，以及删除尖岬铜皮，一般通过放置多边形铺铜挖空进行删除，如图 13-54 所示。

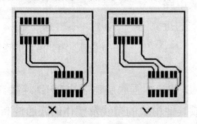

图 13-53　环路面积的检查与优化

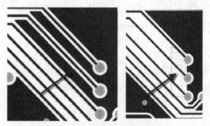

图 13-54　铜皮的修整

13.7　DRC

DRC 主要是对设置规则的验证，看看设计是否满足规则要求。一般主要是对板子的开路和短路进行检查，如果有特殊要求，还可以对走线的线宽、过孔的大小、丝印和丝印的间距等进行检查。

（1）按快捷键"TD"，打开设计规则检查器，选择需要检查的规则项，一般把"在线"和"批量"都打开，如图 13-55 所示。

图 13-55　设计规则检查器

（2）单击执行"运行 DRC"命令，运行 DRC。

（3）检查出的问题可以通过执行命令"Panels-Messages"进行查看，双击"Messages"面板中的选项，可以自动跳转到存在问题处，对其进行修正，如图 13-56 所示。

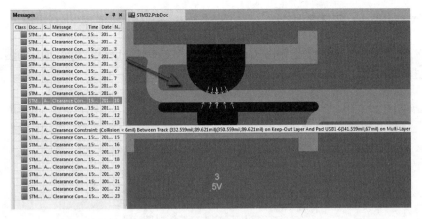

图 13-56 DRC 跳转

（4）修正完毕之后，按快捷键"TDR"，再次运行 DRC，直到所有检查都通过为止。

13.8 生产输出

13.8.1 丝印位号的调整和装配图的 PDF 文件输出

1. 丝印位号的调整

在后期进行元件装配时，特别是手工装配元件时，一般都要输出 PCB 的装配图，这时丝印位号就显示出必要性了（生产时 PCB 上的丝印位号可以隐藏）。通过按快捷键"L"，可以只打开丝印层及其对应的阻焊层，即可对丝印进行调整。

以下是丝印位号调整遵循的原则及常规推荐尺寸。

（1）丝印位号不上阻焊。

（2）丝印位号要清晰，字号推荐字宽/字高尺寸为 4/25mil、5/30mil、6/45mil。

（3）要保持方向的统一性，一般推荐字母在左或在下，如图 13-57 所示。

图 13-57 丝印位号显示方向

2. 装配图的 PDF 文件输出

丝印位号调整之后，就可以进行装配图的 PDF 文件输出了，可以利用"智能 PDF"功能创建装配图输出，具体方法可以参照前文的装配图的 PDF 文件输出方法，输出效果图如图 13-58 所示。

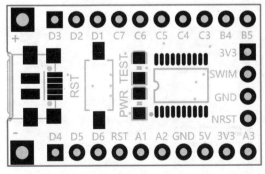

（a）顶层装配图

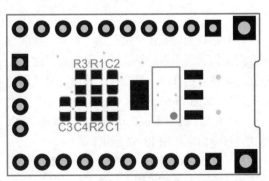

（b）底层装配图

图 13-58 装配图的 PDF 文件输出效果图

13.8.2 Gerber 文件的输出

（1）执行菜单命令"文件-制造输出-Gerber Files"，进入"Gerber 设置"界面，如图 13-59 所示，输出单位选择"英寸"，比例格式选择"2:4"。

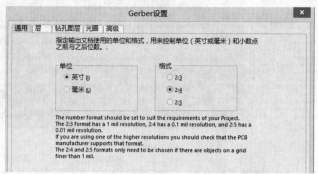

图 13-59　输出单位及比例格式选择

（2）层：在"绘制层"下拉列表中选择"所使用的"选项，表示用到的层都进行选择，需要检查一下，不要丢掉层，不需要的层可以取消勾选；在"镜像层"下拉列表中选择"全部去掉"选项，表示全部关闭。层的输出选择如图 13-60 所示。

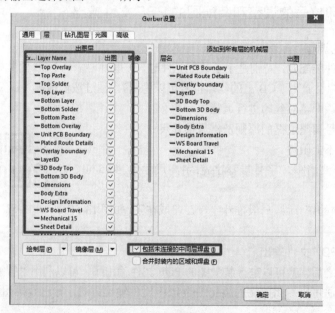

图 13-60　层的输出选择

（3）钻孔图层：在"钻孔图"和"钻孔向导图"两处勾选所用到的钻孔，如果用到了埋孔、盲孔，请注意选择，一般选择"输出所有使用的钻孔对"，如图 13-61 所示。

（4）光圈：此项采取默认设置，选择 RS274X 格式进行输出，如图 13-62 所示。

（5）高级：如图 13-63 所示，3 项数值都在末尾处增加一个"0"，增大数值，防止出现输出面积过小的情况，其他选项采取默认设置即可。

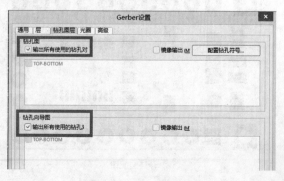

图 13-61　钻孔图层设置

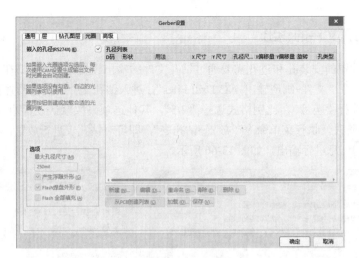

图 13-62　光圈设置

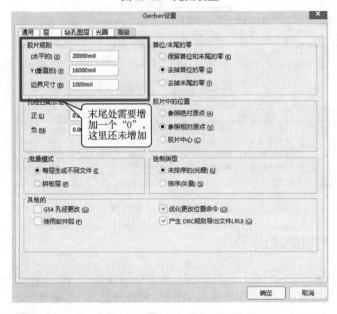

图 13-63　胶片规则扩大设置

（6）Gerber 文件输出效果预览如图 13-64 所示。

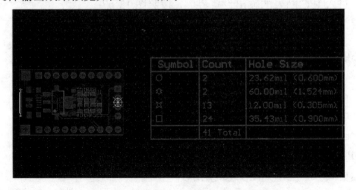

图 13-64　Gerber 文件输出效果预览

13.8.3　钻孔文件的输出

设计文件上放置的安装孔和过孔需要通过钻孔文件的输出设置进行输出。在 PCB 设计交互界面中，执行菜单命令"文件-制造输出-NC Drill Files"，进入钻孔文件的输出设置界面，如图 13-65 所示，输出单位选择"英寸"，比例格式选择"2:5"，其他选项采取默认设置即可。

在 PCB 设计阶段，执行菜单命令"放置-钻孔表"，即可对钻孔表进行放置，在 Gerber 文件输出时可以对钻孔的信息进行输出，如图 13-66 所示。

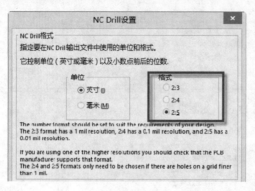

图 13-65　钻孔文件的输出设置

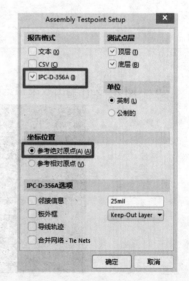

Symbol	Count	Hole Size	Plated	Hole Type	Drill Layer Pair	Via
○	2	23.62mil (0.600mm)	NPTH	Round	Top Layer - Bottom Layer	Pac
✿	2	60.00mil (1.524mm)	PTH	Round	Top Layer - Bottom Layer	Pac
⋈	13	12.00mil (0.305mm)	PTH	Round	Top Layer - Bottom Layer	Via
□	24	35.43mil (0.900mm)	PTH	Round	Top Layer - Bottom Layer	Pac
	41 Total					

图 13-66　钻孔表的放置

13.8.4　IPC 网表的输出

如果在提交 Gerber 文件给生产厂家的同时生成 IPC 网表给厂家核对，那么在制板时就可以发现一些常规的开路、短路问题，可避免一些损失。

在 PCB 设计交互界面中，执行菜单命令"文件-装配输出-Testpoint Report"，进入 IPC 网表的输出设置界面，按照图 13-67 所示进行相关设置，之后输出即可。

13.8.5　贴片坐标文件的输出

制板完成之后，需要对各个元件进行贴片，这需要用到各元件的坐标图。Altium Designer 通常输出 TXT 文档类型的坐标文件。在 PCB 设计交互界面中，执行菜单命令"文件-装配输出-Generate Pick and Place Files"，进入贴片坐标文件的输出设置界面，选择输出坐标格式和单位，如图 13-68 所示。

图 13-67　IPC 网表的输出设置

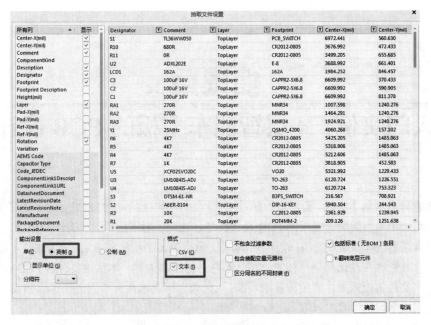

图 13-68　贴片坐标文件的输出设置

至此，所有的 Gerber 文件输出完毕，把当前工程目录下输出文件夹中的所有文件进行打包，即可发送到 PCB 加工厂进行加工。Gerber 文件的打包如图 13-69 所示。

图 13-69　Gerber 文件的打包

13.9　本章小结

本章是一个入门级别的实例，通过 2 层最小系统板的设计演练，让 Altium Designer 初学者掌握电子设计的基本操作技巧及思路。

第14章

入门实例：4层智能车主板的 PCB 设计

很多读者只会绘制 2 层板，而没有接触过 4 层板或者更多层数板的 PCB 设计，为了契合实际需要，本章介绍一个 4 层智能车主板的 PCB 设计实例，让读者对多层板设计有一个概念。

本章对 4 层智能车主板的 PCB 设计进行讲解，重点突出 2 层板和 4 层板的区别。不管是 2 层板还是多层板，其原理图设计都是一样的，对此不再进行详细讲解，本章主要讲解 PCB 设计。

本章实例文件可以联系作者免费获取，同时凡亿教育提供本实例增值全程实战 PCB 设计教学视频，想更深层次学习的读者可以联系进行购买学习。

 学习目标

➢ 了解智能车主板的设计要求
➢ 掌握 PCB 设计常用的技巧
➢ 熟悉 PCB 设计的整体流程
➢ 掌握交互式和模块化快速布局
➢ 掌握地的分割

14.1 实例简介

智能车主板由传感器件、电机驱动、蓝牙、隔离、光耦、编码器等各种模块组成。智能车主板常用于自动泊车、自动驾驶等方面，应用极其广泛。

本实例中的智能车主板要求用 4 层板完成 PCB 设计。其他设计要求如下。

（1）尺寸为 65mm×100mm，板厚为 1.6mm。

（2）5mm 定位孔。

（3）满足绝大多数制板厂工艺要求。

（4）走线时考虑串扰问题，满足 3W 原则。

（5）可以自定义接口走线。

（6）布局布线时考虑信号稳定及 EMC。

14.2 原理图的编译与检查

14.2.1 工程的创建

（1）执行菜单命令"文件-新的-项目"并选择"Local Projects"，然后在"Project Type"中选择

"PCB-<Empty>"，接着在"Project Name"文本框中命名为"智能车主板"，保存到硬盘目录下，"Folder"栏为文件路径。

（2）在"智能车主板.PrjPcb"工程文件上单击鼠标右键，执行"添加已有的到项目"命令，选择需要添加的原理图和客户提供的 PCB 库文件。

（3）执行菜单命令"文件-新的-PCB"，新建一个 PCB，命名为"智能车主板.PcbDoc"，并保存到当前工程中。

14.2.2　原理图编译设置

在"智能车主板.PrjPcb"工程文件上单击鼠标右键，执行"Project Options"命令，设置常规编译选项，如图 14-1 所示，在"报告格式"栏中选择报告显示类型，这里选择"致命错误"类型，方便查看错误报告，设置的时候请一定检查以下常见的检查选项。

（1）Duplicate Part Designators：存在重复的元件位号。

（2）Floating net labels：存在悬浮的网络标签。

（3）Nets with multiple names：存在重复命名的网络。

（4）Nets with only one pin：存在单端网络。

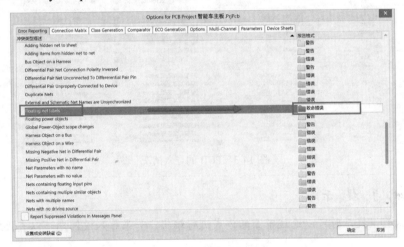

图 14-1　原理图编译设置

14.2.3　编译与检查

（1）编译项设置之后即可对原理图进行编译，执行菜单命令"项目-Validate PCB Project 智能车主板.PrjPcb"，即可完成原理图编译，如图 14-2 中左图所示。

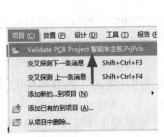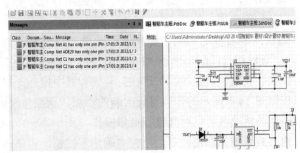

图 14-2　编译与编译报告

（2）在界面的右下角执行命令"Panels-Messages"，显示编译报告。双击红色报告，可以自动跳转到原理图相对应的存在问题的地方，将存在的问题记录下来，提交给原理图工程师进行确认并更正，如图 14-2 中右图所示。

14.3 封装匹配的检查及 PCB 的导入

在检查之前，可以先进行导入，查看导入的情况，看是否存在封装缺失或者元件管脚不匹配的情况。在原理图编辑界面中，执行菜单命令"设计-Update PCB Document 智能车主板.PcbDoc"，或者在 PCB 设计交互界面中，执行菜单命令"设计-Import Changes From 智能车主板.PrjPcb"，进行 PCB 的导入，使用"执行变更"按钮可以进行导入操作，如图 14-3 所示。这个时候出现了很多报错提示。

（1）Footprint Not Found 0805R：意思是在这个 PCB 库中没有找到 0805R 的封装。

（2）Unknown Pin：意思是无法识别的管脚，无法对元件网络进行导入。

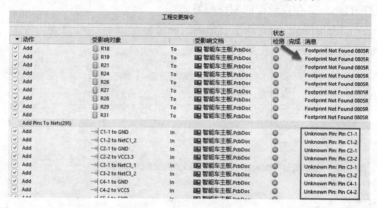

图 14-3 PCB 的导入情况

 小 助 手 提 示

出现导入错误提示时可以通过下面的方式进行编辑，如果导入没问题可以直接跳过，完成 PCB 的导入。

14.3.1 封装匹配的检查

（1）在原理图编辑界面中，执行菜单命令"工具-封装管理器"，进入封装管理器，可以查看所有元件的封装信息。

（2）确认所有元件都存在封装名称。如果不存在，则会出现元件网络无法导入的问题，如"Unknown Pin"的出现。

（3）确认封装名称的匹配。如果原理图中的封装名称为"C0402"，PCB 库中的封装名称为"0402C"，则无法进行匹配，出现"Footprint Not Found C0402"的提示。

（4）如果存在前述现象，则可以在封装管理器中检查无封装名称的元件和封装名称不匹配的元件，可以按照图 14-4 所示的步骤进行封装的添加、删除与编辑操作，使其与 PCB 库中的封装名称匹配上。多选的情况下可以对其进行批量操作。

（5）修改或选择完库路径后，单击"确定"按钮，再单击"接受变化（创建 ECO）"按钮，接着单击"执行变更"按钮，执行更新，如图 14-5 所示。

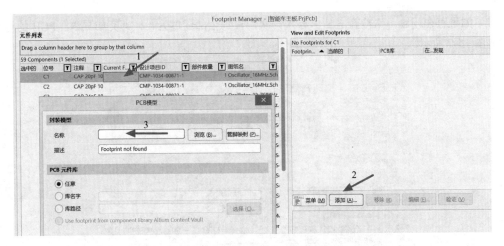

图 14-4　封装的添加、删除与编辑

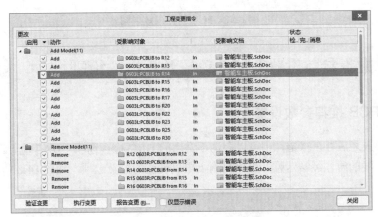

图 14-5　执行原理图封装匹配更新

14.3.2　PCB 的导入

（1）在原理图编辑界面中，执行菜单命令"设计-Update PCB Document 智能车主板.PcbDoc"，按照直接导入法，再一次对原理图进行导入 PCB 操作。通过导入执行窗口中右边的"状态"栏可以查看导入状态，对钩表示导入没问题，错叉表示导入存在问题，如图 14-6 所示。

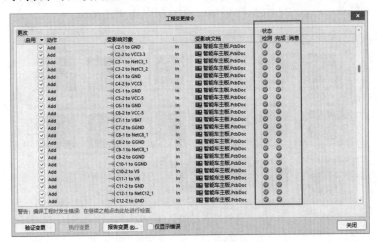

图 14-6　PCB 的导入状态

（2）如果存在问题，请检查之后再导入一次，直到全部通过为止，即完成导入。PCB 的导入效果图如图 14-7 所示。

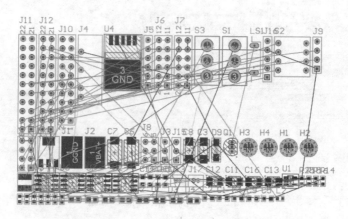

图 14-7　PCB 的导入效果图

14.4　PCB 推荐参数设置、层叠设置及板框的绘制

14.4.1　PCB 推荐参数设置

（1）如果导入之后存在报错，则可以取消不常用的 DRC 检查选项，DRC 检查选项过多会导致 PCB 设计布局布线的时候经常卡顿，可以只剩下电气性能的检查选项，如图 14-8 所示。

图 14-8　电气性能检查选项

（2）利用全局操作把元件的位号丝印调小（推荐字高为 10mil，字宽为 2mil），并调整到元件的中心，不至于阻碍视线，方便布局布线时识别，如图 14-9 所示。

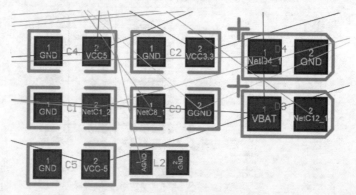

图 14-9　丝印放置到元件的中心

（3）按快捷键"Ctrl+G"，将栅格按照图 14-10 所示的参数进行设置。

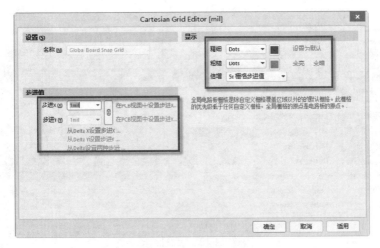

图 14-10　栅格的设置

14.4.2　PCB 层叠设置

（1）根据设计要求、飞线密度（如图 14-11 所示），可以评估出需要两个走线层，同时出于对信号质量的考虑，添加单独的 GND（地线）层和 PWR（电源）层来进行设计，所以按照常规"TOP GND02 PWR03 BOTTOM"方式进行层叠。

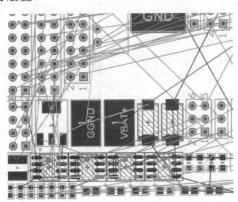

图 14-11　飞线密度

> **小助手提示**
>
> 单独的 GND 层和 PWR 层的添加有别于常规的两层板设计，单独的 GND 层可以有效地保证平面的完整性，不会因为元件的摆放把 GND 平面割裂，造成 GND 回流混乱。

（2）按快捷键"DK"，进入层叠管理器，单击鼠标右键，通过执行"Insert layer above（below）"和"Move layer up（down）"命令完成层叠操作，如图 14-12 所示。

（3）为了方便对层进行命名，可用鼠标双击选中层名称，然后更改为比较容易识别的名称，如 TOP、GND02、PWR03、BOTTOM。

（4）为了满足 20H 的要求，一般在层叠的时候让 GND 层内缩 20mil，PWR 层内缩 60mil。一般无特殊要求，设置这两项即可。设置方法是：在界面的右下角执行命令"Panels-Properties"，进入"Properties"面板，在"Pullback distance"栏中进行设置。

（5）单击"OK"按钮，完成 4 层板的层叠设置。

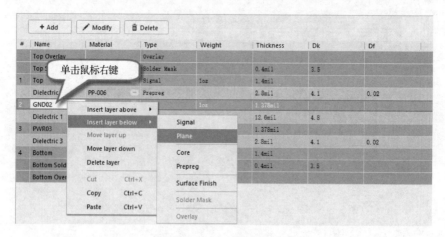

图 14-12　层叠操作

14.4.3　板框的绘制及定位孔的放置

（1）按照设计要求，将板框定义为 65mm×100mm 的矩形，可以通过执行菜单命令"放置-线条"，自绘一个满足尺寸要求的矩形框。

（2）选中绘制好的闭合的矩形框，执行菜单命令"设计-板子形状-按照选中对象定义"（快捷键"DSD"），定义板框。

（3）执行菜单命令"放置-尺寸-线性尺寸"，在 Mechanical（机械）层放置尺寸标注，单位选择"mm"。

（4）放置层标识符"TOP GND02 PWR03 BOTTOM"。

（5）在离板边角落 5mm 的位置，放置 4 个 3mm 的金属化螺钉孔。

板框的绘制及定位孔的放置效果图如图 14-13 所示。

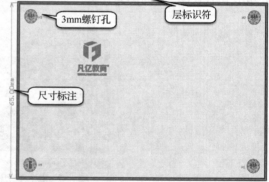

图 14-13　板框的绘制及定位孔的放置效果图

14.5　交互式布局及模块化布局

14.5.1　交互式布局

为了达到原理图和 PCB 两两交互的目的，需要在原理图编辑界面和 PCB 设计交互界面中都执行菜单命令"工具-交叉选择模式"，激活交叉选择模式。

14.5.2　模块化布局

（1）放置好接插的座子及插针器件（按客户要求的结构固定元件），根据元件的信号飞线和先大后小的原则，把大元件在板框范围内放置好，从而完成 PCB 的预布局，如图 14-14 所示。

（2）通过交互式布局和"在矩形区域排列"命令，把元件按照原理图页分块放置，并把其放置到对应大元件或对应功能模块的附近，如图 14-15 所示。

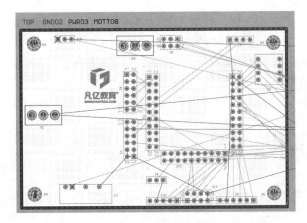

图 14-14　PCB 的预布局

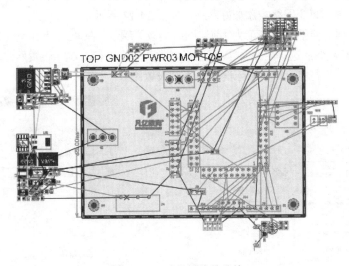

图 14-15　功能模块的分块

14.5.3　布局原则

通过局部的交互式布局和模块化布局完成整体 PCB 布局操作，如图 14-16 所示。布局时遵循以下基本原则。

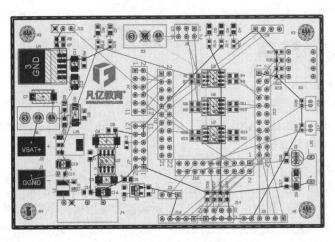

图 14-16　整体 PCB 布局

（1）滤波电容靠近 IC 管脚放置，BGA 滤波电容放置在 BGA 背面管脚处。

（2）元件布局呈均匀化特点，疏密得当。

（3）布局时电源模块和其他模块有一定的距离，防止互相干扰。

（4）布局时要考虑走线就近原则，不能因为布局使走线太长。

（5）布局要整齐美观。

14.6 类的创建及 PCB 规则设置

14.6.1 类的创建及颜色设置

为了更快地对信号进行区分和归类，按快捷键"DC"，对 PCB 中功能模块的网络进行类的划分，创建多个网络类，并为每个网络类添加好网络，如图 14-17 所示。

当然，为了直观上便于区分，可以对前述网络类设置颜色。在 PCB 设计交互界面的右下角执行命令"Panels-PCB"，然后选择"Nets"，再选择好类，单击鼠标右键，设置网络颜色，如图 14-18 所示。设置完成之后记得打开颜色显示开关，否则设置无效。

图 14-17 网络类的创建

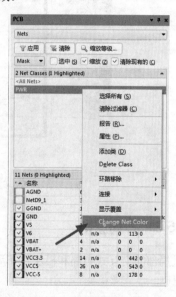

图 14-18 网络颜色设置

14.6.2 PCB 规则设置

1. 间距规则设置

（1）按快捷键"DR"，进入 PCB 规则及约束编辑器。

（2）创建间距规则，默认"All"（整板）间距规则为 6mil，"Copper"（铜皮）和其他元素的间距规则为 10mil，如图 14-19 所示。

2. 线宽规则设置

（1）根据核心板的工艺要求及设计的阻抗要求，利用 SI900 软件计算一个符合阻抗的线宽值，然后根据阻抗值填写好线宽规则，如图 14-20 所示。因为 4 层板内电层添加的是负片层，负片层只是用来作 PWR 层或者 GND 层分割之用，所以这里不再显示内电层的走线规则，只单独显示 TOP 层和 BOTTOM 层的走线规则，最大宽度、最小宽度、首选宽度均设置为阻抗线宽 6mil。

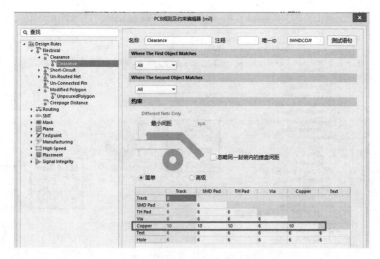

图 14-19 "All"和"Copper"间距规则

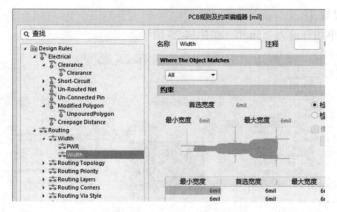

图 14-20 线宽规则设置

（2）创建一个针对 PWR 类的线宽规则，对其网络线宽进行加粗设置，要求最小宽度为 15mil，最大宽度为 60mil，首选宽度为 15mil，如图 14-21 所示。

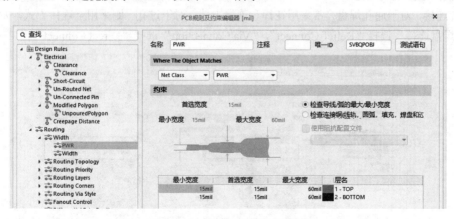

图 14-21 PWR 类线宽规则设置

3. 过孔规则设置

整板采用 12/22mil 大小的过孔，如图 14-22 所示。

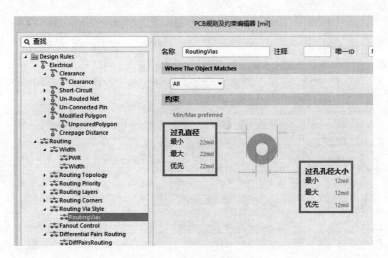

图 14-22　过孔规则设置

4. 阻焊规则设置

常用阻焊规则单边开窗为 2.5mil，如图 14-23 所示。

图 14-23　阻焊规则设置

5. 负片连接规则设置

负片连接，对于通孔焊盘，常采用花焊盘连接方式，对于过孔，则采用全连接方式，如图 14-24 所示，"焊盘连接"选择"Relief Connect"，"Via Connection"选择"Direct Connect"。

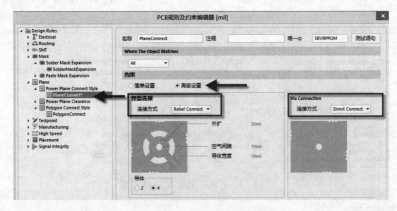

图 14-24　负片连接规则设置

6. 负片反焊盘规则设置

负片反焊盘一般设置为 8～12mil，通常设置为 9mil，不要设置过大或者过小，如图 14-25 所示。

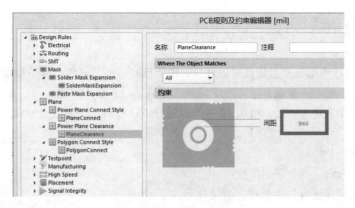

图 14-25 负片反焊盘规则设置

7. 正片铺铜连接规则设置

正片铺铜连接规则设置和负片连接规则设置是类似的,对于通孔和表贴焊盘,常采用花焊盘连接方式,对于过孔,则采用全连接方式,如图 14-26 所示。

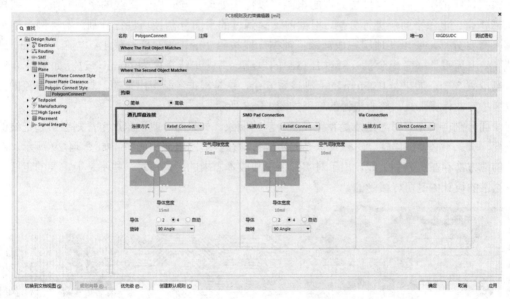

图 14-26 正片铺铜连接规则设置

14.7 PCB 扇孔

扇孔的目的是打孔占位和缩短信号的回流路径。

针对 IC 类、阻容类元件,实行手工元件扇出。元件扇出时有以下要求。

(1)过孔不要扇出在焊盘上。

(2)扇出线尽量短,以便减小引线电感。

(3)扇孔时注意平面分割问题,过孔间距不要过小而造成平面割裂。

IC 类及阻容类元件扇出效果如图 14-27 所示。

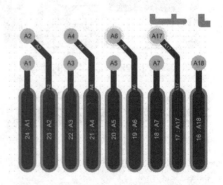

图 14-27 IC 类及阻容类元件扇出效果

14.8 PCB 的布线操作

布线是 PCB 设计中最重要且最耗时的环节，由于核心板的复杂性，自动布线无法满足 EMC 等要求，本实例全部采用手工布线。手工布线应该大体遵循以下基本原则。

（1）按照阻抗要求进行走线，单端 50 欧姆，差分 100 欧姆，USB 差分 90 欧姆（本实例采用差分布线）。

（2）满足走线拓扑结构。

（3）满足 3W 原则，有效防止串扰。

（4）电源线和地线进行加粗处理，满足载流。

（5）晶振表层走线不能打孔，高速线打孔换层处尽量增加回流地过孔。

（6）电源线和其他信号线间留有一定的间距，防止纹波干扰。

电源处理之前需要先认识清楚哪些是核心电源、哪些是小电源，根据走线情况和核心电源的分布规划好电源的走线。

根据走线情况，能在信号层处理的电源可以优先处理，同时由于走线的空间有限，有些核心电源需要通过电源平面层进行分割，根据前文提到过的平面分割技巧进行分割。本实例由于空间足够不需要分割，所以在顶层完成铺铜。铺铜一般按照 20mil 的宽度过载 1A 电流、0.5mm 过孔过载 1A 电流设计（考虑余量）。例如，3A 的电流，考虑走线宽度为 60mil，过孔如果是 0.5mm 的，则放置 3 个，如果是 0.25mm 的，则放置 6 个，这是根据经验得出来的。具体计算电流的方法可以参考专业计算工具。核心电源的处理如图 14-28 所示。

平面分割需要充分考虑走线是否存在跨分割的现象，如果跨分割现象严重，则会引起走线的阻抗突变，引入不必要的串扰。尽量使重要的走线包含在当前的电源平面中。如图 14-29 所示，圆圈标记的地方都存在跨分割走线，出于对实际情况和成本需求的考虑，对一些不是很重要的走线跨分割在通常的设计中是可以接受的。

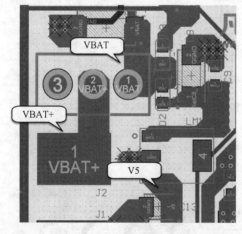

图 14-28　核心电源的处理

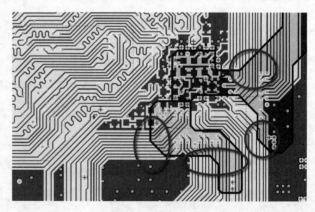

图 14-29　电源平面分割

14.9 PCB 设计后期处理

处理完连通性和电源之后，需要对整板的情况进行走线优化调整，以充分满足各类 EMC 等要求。

14.9.1　3W 原则

为了减少线间串扰，应保证线间距足够大，当线中心距不小于 3 倍线宽时，则可保证 70%的线间电场不互相干扰，这称为 3W 原则。如图 14-30 所示，修线后期需要对此进行优化修整。

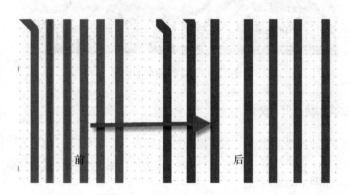

图 14-30　3W 原则优化

14.9.2　修减环路面积

电流的大小与磁通量成正比，较小的环路中通过的磁通量也较小，因此感应出的电流也较小，这就说明环路面积必须最小。如图 14-31 所示，尽量在出现环路的地方让其面积做到最小。

14.9.3　孤铜及尖岬铜皮的修整

为了满足生产的要求，PCB 设计中不应出现孤铜。如图 14-32 所示，可以通过设置铺铜方式避免出现孤铜。如果出现了，则按照前文提到过的去孤铜的方法进行移除。

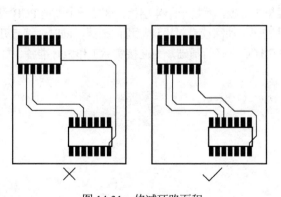

图 14-31　修减环路面积

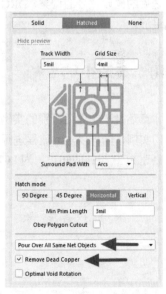

图 14-32　移除孤铜的设置

为了满足信号要求（不出现天线效应）及生产要求等，PCB 设计中应尽量避免出现狭长的尖岬铜皮。如图 14-33 所示，可以通过放置多边形铺铜挖空删除尖岬铜皮。

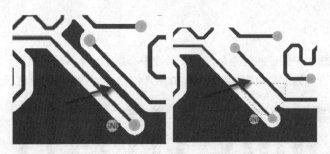

图 14-33　尖岬铜皮的删除

14.9.4　回流地过孔的放置

信号最终回流的目的地是地平面，为了缩短回流路径，在一些空白的地方或打孔换层的走线附近放置地过孔，特别是在高速线旁边放置地过孔，可以有效地对一些干扰进行吸收，同时有利于缩短信号的回流路径，如图 14-34 所示。

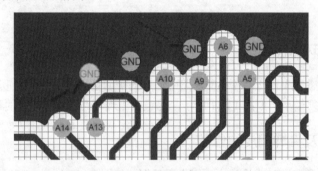

图 14-34　回流地过孔的放置

之后的丝印位号的调整、DRC 与生产输出的内容可参考第 11 章或 13.7 节和 13.8 节，这里不再详细讲解。

14.10　本章小结

本章还是一个入门级别的实例，不过不再是 2 层板，而是一个 4 层板。这是一个高速 PCB 设计的入门实例，同样以实际流程进行讲解，可以进一步加深读者对设计流程的把握，同时使读者开始接触高速 PCB 设计的知识，为 PCB 技术的提高打下良好的基础，为迎接实际工作做好准备。

第 15 章

进阶实例：RK3288 平板电脑的设计

理论是实践的基础，实践是理论检验的标准。本章通过一个 RK3288 平板电脑设计实例回顾前文的内容，让读者更加充分了解并吸收设计中具体的设计流程要点、重点、难点及相关注意事项。

考虑到实际练习的需要，本章所讲述的实例文件可以联系作者免费获取。因为篇幅的限制及内容的安排，这部分内容采取增值教学视频的方式，供广大读者学习。视频中将对整个 PCB 设计过程进行全程实战演练，使读者充分掌握设计的规则设置、布局布线、电源设计、DDR 设计、EMC/EMI 等要点和难点。进阶这部分内容的读者可以联系凡亿教育进行购买学习。

 学习目标

➢ 了解平板电脑的设计总体要求
➢ 通过实践与理论相结合，熟练掌握电子设计的各个流程环节
➢ 掌握 MID 各个模块的设计要点
➢ 掌握模块化布局思路及要点
➢ 掌握电源设计及平面分割
➢ 掌握 DDR 的设计思路及方法
➢ 掌握 MID 的设计要点检查

15.1 实例简介

RK3288 是一颗适用于高端平板电脑、笔记本电脑、智能监控器的高性能应用处理器，集成了包括 Neon 和 FPU 协处理器在内的四核 Cortex-A17 处理器，共享 1MB 二级缓存。双通道 64 位 DDR3/LPDDR2/LPDDR3 控制器，提供高性能和高分辨率的应用程序所需要的内存带宽。超过 32 位的地址位，可以支持高达 8GB 的存取空间。同时，芯片内嵌的最新一代和最强大的 GPU（Mali-T764）能顺利支持高分辨率（3840×2160 像素）显示和主流游戏。RK3288 支持 OpenVG1.1、OpenGL 的 ES1.1/2.0/3.0、OpenCL1.1、RenderScript 及 DirectX11 等，在 3D 效果方面相对于同类产品有较大提升。

RK3288 还支持全部主流视频格式解码，支持 4K10 位 H.265/H.264 视频解码。它具有多种高性能的接口（如双通道 LVDS 接口、双通道 MIPI-DSI 接口、eDP1.1 接口、HDMI2.0 接口等），使显示输出方案变得非常灵活，并支持具有 1300 万像素、ISP 处理能力的双通道 MIPI-CSI2 接口。

15.1.1 MID 功能框图

MID 功能框图如图 15-1 所示。

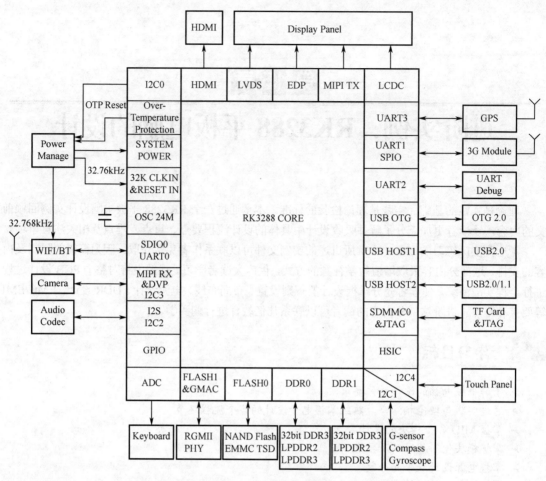

图 15-1　MID 功能框图

15.1.2　MID 功能规格

MID 功能规格如表 15-1 所示。

表 15-1　MID 功能规格

序　号	功 能 规 格	备　注
1	CPU	RK3288
2	PMU	RC5T619
3	USB	USB OTG
4	Memory	LPDDR2/NAND Flash/EMMC
5	G-sensor/Gyroscope	
6	TF/SD Card	
7	Audio/MIC/Earphone/Speaker	ALC5616
8	CIF Camera/MIPI Camera	
9	LCD	EDP
10	WIFI/BT	AP6476

15.2　结构设计

产品规划阶段推荐选择能在主控下方摆放电容的结构设计，这样滤波电容可以很好地进行滤波作用。此实例采用 L 形板型进行设计，如图 15-2 所示，并对其相关参数进行了要求。

（1）板厚 1.2mm。

（2）顶层限高 8mm，底层限高 0.6mm，USB 及二级接口采用沉板式接口。

（3）接插件大部分放置在 TOP 层，BOTTOM 层可放置 0402 等元件。

（4）为阻止螺钉干涉，螺钉孔位 2mm 内禁止布局元件。

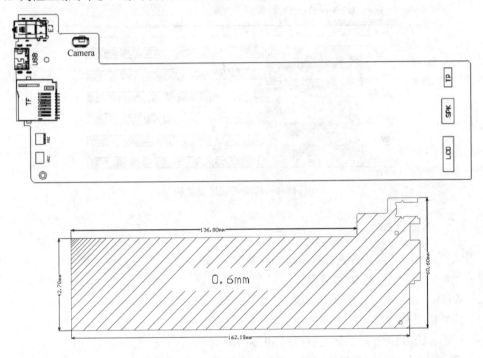

图 15-2　MID L 形板型结构

15.3　层叠结构及阻抗控制

为了保证 RK3288 有更高的表现性能，推荐使用 6 层及以上的 PCB 层叠结构设计。铜箔厚度建议采用 1OZ，以改善 PCB 的散热性能。

15.3.1　层叠结构的选择

如图 15-3 所示，此处列出 1.2mm 的常用层叠结构。一般来说，考虑到信号屏蔽等因素，优先选择方案一，同时考虑到走线难度问题，也可以选择方案二作为层叠结构。

 小 助 手 提 示

方案一为了避免破坏平衡造成板子压合翘曲，尽量铺铜，或者减小 PWR04 铺铜面积，使其对称平衡。

Finished Thickness(mm):1.2±0.12 方案一			
AccountThickness(mm):1.08			
LAYER STACKING			
TOP	SIN	0.7	0.5 OZ +Plating
	PP	3.80	
GND02	GND	1.5	1OZ
	Core	8.00	
ART03	SIN	1.5	1OZ
	PP	—	
PWR04	PWR	1.5	1OZ
	Core	8.00	
GND05	GND	1.5	1OZ
	PP	3.80	
BOTTOM	SIN	0.7	0.5 OZ +Plating

Finished Thickness(mm):1.2±0.12 方案二			
AccountThickness(mm):1.14			
LAYER STACKING			
TOP	SIN	0.7	0.5OZ +Plating
	PP	3.80	
GND02	GND	1.5	1OZ
	Core	8.00	
ART03	SIN	1.5	1OZ
	PP	—	
ART04	SIN	1.5	1OZ
	Core	8.00	
PWR05	SIN	1.5	1OZ
	PP	3.80	
BOTTOM	SIN	0.7	0.5OZ +Plating

图 15-3　常用 6 层层叠结构

15.3.2　阻抗控制

一般来说，MID 设计中存在几种阻抗控制要求。

（1）单端信号走线控制 50 欧姆阻抗。

（2）WIFI 天线，隔层参考 50 欧姆阻抗。

（3）HDMI、LVDS 等差分走线控制 100 欧姆阻抗。

（4）USB、USB HUB 等差分走线控制 90 欧姆阻抗。

综合前文阻抗计算方法及层叠要求，进行如下阻抗设计。

（1）方案一，采用 TOP GND02 ART03 PWR04 GND05 BOTTOM 层叠结构，阻抗设计要求如表 15-2 所示。

表 15-2　方案一层叠阻抗设计要求

Layer	Width/mil	Impedance/Ω	Precision	Refer Layer
Single Trace Impedance Control				
L1/L6	4.5	50	±10%	L2/L5
L3	4.0	50	±10%	L2/L4
L1	15.75	50	±10%	L3
Differential Trace Impedance Control				
L1/L6	5.0/7.0	90	±10%	L2/L5
L3	5.0/5.0	90	±10%	L2/L4
L1/L6	4.5/5.5	100	±10%	L2/L5
L3	4.0/15.0	100	±10%	L2/L4

（2）方案二，采用 TOP GND02 ART03 ART04 PWR05 BOTTOM 层叠结构，阻抗设计要求如表 15-3 所示。

表 15-3　方案二层叠阻抗设计要求

Layer	Width/mil	Impedance/Ω	Precision	Refer Layer
Single Trace Impedance Control				
L1/L6	4.5	50	±10%	L2/L5
L3/L4	4.0	50	±10%	L2/L4
L1	15.75	50	±10%	L3
Differential Trace Impedance Control				
L1/L6	5.0/7.0	90	±10%	L2/L5
L3/L4	5.0/5.0	90	±10%	L2/L4
L1/L6	4.5/5.5	100	±10%	L2/L5
L3/L4	4.0/15.0	100	±10%	L2/L4

15.4　设计要求

15.4.1　走线线宽及过孔

根据生产及设计难度，推荐过孔尺寸全局为 8/16mil，BGA 区域过孔尺寸最小为 8/14mil，走线线宽为 4mil 及以上。

15.4.2　3W 原则

为了抑制电磁辐射，走线间尽量遵循 3W 原则，即线与线之间保持 3 倍线宽的距离，差分线 Space 满足 4W，如图 15-4 所示。

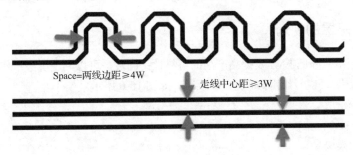

Space=两线边距≥4W　　走线中心距≥3W

图 15-4　走线间距要求

15.4.3　20H 原则

为了抑制电源辐射，PWR 层尽量遵循 20H 原则，如图 15-5 所示。不过一般按照经验值，GND 层相对于板框内缩 20mil，PWR 层相对于板框内缩 60mil，也就是说 PWR 层相对于 GND 层内缩 40mil。在内缩的距离里面隔 150mil 左右放置一圈地过孔。

> 小助手提示
>
> 3W 原则：为了减少线间串扰，应保证线间距足够大，当线中心距不小于 3 倍线宽时，则可保证 70%的线间电场不互相干扰。

20H 原则：即将 PWR 层内缩，使得电场只在 GND 层的范围内传导，以一个 H（PWR 层与 GND 层之间的介质层厚度）为单位，内缩 20H 则可以将 70%的电场限制在接地边沿内，内缩 100H 则可以将 98%的电场限制在内。

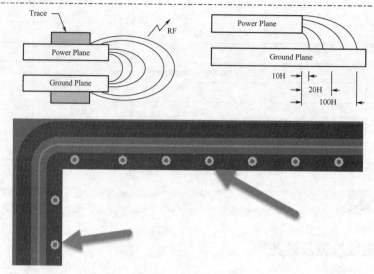

图 15-5　20H 原则及屏蔽地过孔的放置

15.4.4　元件布局的规划

TOP 层主要用来摆放主要元件及信号走线，如 CPU、LPDDR2、PMU、WIFI 等；BOTTOM 层主要用来摆放滤波电容等小元件，如果结构允许，也可摆放大元件，考虑到此实例限高 0.6mm，只考虑放置 0402 的电阻、电容，其他元件都放在正面。

15.4.5　屏蔽罩的规划

TOP 层加屏蔽罩，降低 EMI 及提高产品的可靠性；同时，可以利用屏蔽罩作为主控的散热器，提高整机的散热效果。此板计划添加 3 个屏蔽罩，如图 15-6 所示。

（1）主控核心模块。

（2）电源及 PMU 模块。

（3）WIFI/BT 模块。

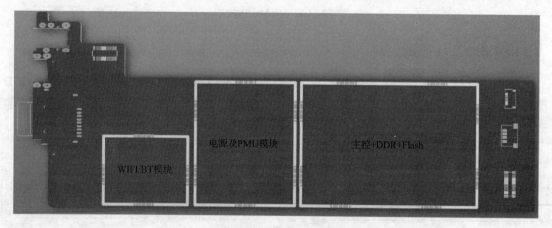

图 15-6　屏蔽罩的规划

15.4.6　铺铜完整性

铺铜完整性的要求如图 15-7 所示。设计上保证主控下方铺铜的完整性及连续性，能够提供良好的信号回流路径，提高信号传输质量和产品的稳定性，同时也可以提高铜皮的散热性能。

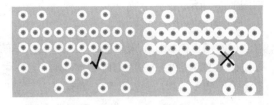

图 15-7　铺铜完整性的要求

15.4.7　散热处理

1. 热源

在 RK3288 的机器上，CPU 为发热量最大的元件，所有的散热处理都以 RK3288 为主要对象。除 RK3288 外，其他主要发热元件有 PMU、充电 IC 及所用电感、背光 IC。另外，大电流的电源走线（如 DC 5V 到充电 IC 走线、电池到 PMU 的 VCC_SYS 走线）也对整机发热有影响。

2. 散热处理方法

（1）布线时，注意不要将热源堆积在一起，适当分散开来；大电流的电源走线尽量短、宽。

（2）根据热量的辐射扩散特性，CPU 使用散热片时，最好以热源为中心，使用正方形或者圆形散热片，一定要避免长条形的散热片。散热片的散热效果并不与其面积大小成倍数关系。

（3）MID PCB 可以考虑采用如下方法增强散热。

① 单板发热元件焊盘底部打过孔，开窗散热。

② 在单板表面铺连续的铜皮。

③ 增加单板含铜量（使用 1OZ 表面铜厚）。

④ 在 CPU 顶面及 CPU 对应区域的 PCB 正下方贴导热片，将 CPU 的热量散到后盖或 LCD 屏上。不过，不建议采用把 CPU 的热量散到 LCD 屏上的方法，需要折中考量，这种处理方法可以大幅度降低 CPU 本身的温度。对于有金属后盖的机器，最好将 CPU 的热量通过导热硅胶导至后盖。

散热处理方法目前选择比较多，建议对不同方法进行比较验证，找到适合自己机器的散热处理方法。

15.4.8　后期处理要求

（1）关键信号需要增加丝印说明，如电池焊盘管脚、接插件的脚序等。

（2）芯片第 1 脚需要有明显的标注，且标注不能重叠或者隐藏在元件本体下。

（3）确认方向元件第 1 脚位置是否正确。

（4）接插件焊接脚位添加文字标注，方便后期调试。

15.5　模块化设计

15.5.1　CPU 的设计

1. 电容的放置

CPU 电源布线时都需要一些电容。滤波电容（也作为旁路电容）放置在距离电源较近的位置。对于电源位置引入的高频信号，如果不加旁路电容，高频干扰可能从电源部分引入芯片的内部。退耦电容在数字电路高速切换时起到缓冲电压变化的作用。一般来说，大电容放置在主控芯片背面（或就近），以保证电源纹波在 100mV 以内，避免在大负载情况下引起电源纹波偏大。

此实例由于结构限制，小电容靠近 CPU 背面进行放置，大电容就近放置在 CPU 周围及路径上，如图 15-8 所示。

2. 电源供电的设计

电源供电的设计至关重要，直接影响产品的性能及稳定性，请严格按 RK3288 电流参数要求进行设计。VDD_CPU、VDD_GPU 及 VDD_LOG 主要为主控供电，峰值电流分别可达 3.6A。从 PMU 的电源输出到主控相应电源管脚之间保证有大面积的电源铺铜，一般过载通道为 3～5mm，承载过孔设置为 0.3（孔）/0.5mm（盘），数量为 8～14 个，可提高过电流能力，并减小线路阻抗，如图 15-9 所示。

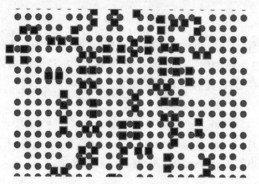

图 15-8　滤波电容的放置

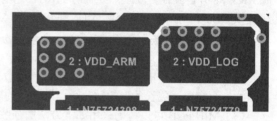

图 15-9　供电面积及承载过孔

1）走线宽度的计算

PCB 走线允许的最大电流的经验计算公式为

$$I = KT^{0.44} A^{0.75}$$

式中，K 为修正系数，一般铺铜在外层取 0.048，铺铜在内层取 0.024；T 为允许的最大温升，单位为℃（摄氏度）；A 为铺铜的截面积，单位为 mil^2（注意：是 mil^2，不是 mm^2）；I 为允许的最大电流，单位为 A（安培）。

以 RK3288 的 VDD_CPU 电源为例，峰值电流达到 5A，假设电源走内层，铜厚为 0.8mil（0.5OZ），允许的最大温升为 10℃，那么 PCB 走线需要 315.5mil。如果要进一步降低 PCB 电源走线的温升，就必须加大铺铜宽度。所以，如果 PCB 空间足够，建议尽量采用更宽的铺铜，以降低温升。

2）电源换层过孔数量的计算

计算一个过孔能通过多大电流，也可以利用前述公式。过孔的铜皮宽度计算公式为：$L=\pi R$。这里的 R 指过孔的半径。

以 0.2mm 孔径的过孔为例，铜皮厚度为 0.8mil（0.5OZ），允许的最大温升为 10℃，那么一个过孔约可通过 420mA 电流，想通过 5A 的电流至少需要 13 个 0.2mm 孔径的过孔。在面积有限的情况下，增大电源过孔的孔径可减少过孔数量。

3. FB 反馈设计

CPU_VDD_COM 与 GPU_VDD_COM 反馈补偿设计，可弥补线路的电压损耗及提高电源动态调整及时性。如图 15-10 所示，图中点亮的走线即为 VDD_GPU 反馈补偿线，此补偿线另一端连接到电源输出 DC/DC 的 FB 端。走线需要与 PWR 层并行走线，且不能被数据线干扰，否则有可能受其他信号串扰导致电压不稳定及振荡。走线宽度一般没有很高的要求，设置到 10～15mil 即可，不用太宽。

4．晶振的设计

晶振是一个干扰源，本体表层及第二层禁止其他网络走线，并注意在晶振管脚及负载电容处多打地过孔。

晶振走线应尽量短，尽量不要打孔换层，走线和元件同面，并且采用π形滤波方式，如图 15-11所示。

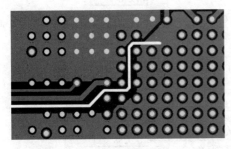

图 15-10　CPU 电源的反馈走线

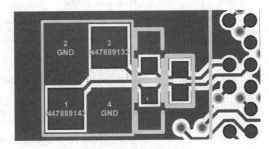

图 15-11　晶振的走线

5．其他设计

在主控下方的地过孔需要足够多，如图 15-12 所示，尽可能地多打，均匀放置并交叉连接，以提高电源质量和散热性，并提高系统的稳定性。电源信号也可以采用这种方式加大载流及散热。

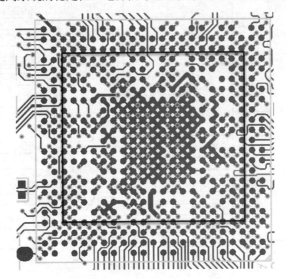

图 15-12　CPU 地及电源的连接方式

15.5.2　PMU 模块的设计

1．RC5T619 电源模块的划分

电源管理单元（PMU）是由传统分立的若干 DC/DC 及 LDO（低压差线性稳压器）组合而成的，这样可实现更高的电源转换效率、更低的功耗及更少的组件数，以适应缩小的板级空间。

设计的时候，可以按照分立的思维把 PMU 模块化，参考电源二叉树（如图 15-13 所示），明确输入及输出，对应 PCB 封装的管脚，这样就可以很清楚地知道哪些是主干道从而需要加粗铺铜来处理；同时，可以根据二叉树的电流参数并结合前文提到的铺铜宽度计算来很好地完成 PCB 的铺铜操作。

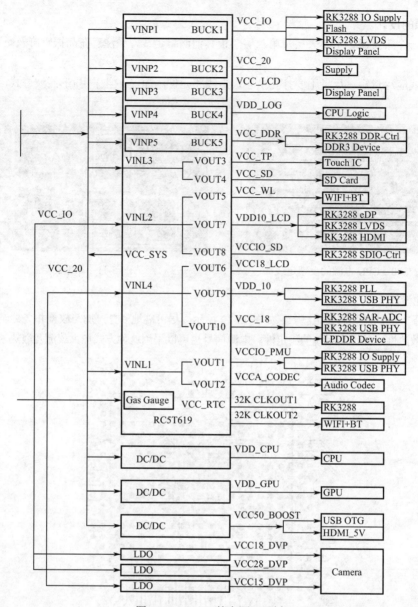

图 15-13　PMU 的电源二叉树

2. RC5T619 的设计

跟所有的 DC/DC 设计一样，一般进行设计之前，需要找到它的 Datasheet（规格书），这样可以更方便、更好地设计好电源。

（1）保证输入、输出电容地尽量靠近芯片地，如图 15-14 所示，输入、输出电容的接地端需要根据供电电流的大小打相对应数量的过孔到主地上。

（2）RC5T619 中有两个采样电阻。一个采样电阻是充电电流采样电阻 R11，如图 15-15 所示。在 PCB 走线时，需要从采样电阻 R11 的两端差分走线到 C4 与 C5 两个焊盘上，如图 15-16 中标记线所示，特别注意 C5 不能直接跟 A5 接在一起，否则会出现充电电流偏小的现象。

另一个采样电阻是电池端的电流采样电阻 R17，如图 15-17 所示。布线时，请务必将 R18 靠近 R17，R18 不直接与地连接，用 Keepout 隔开铺铜后单独拉线到 R17 焊盘上，ICP、ICM 再差分走线到 E3、D3 两个焊盘上，如图 15-18 所示。

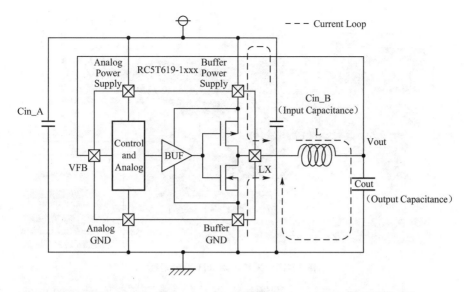

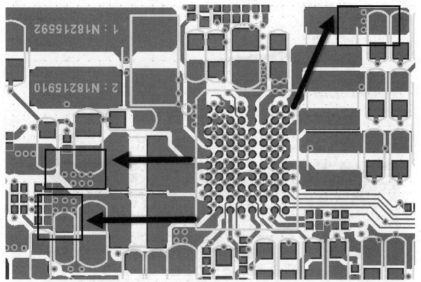

图 15-14　PMU 的处理

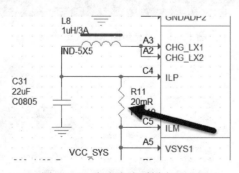

图 15-15　充电电流采样电阻 R11

（3）进行 32.768kHz 晶振包地处理，第二层参考地平面，本体下尽量不要走其他数据线，以免对时钟造成干扰，并且走线越短越好，如图 15-19 所示。

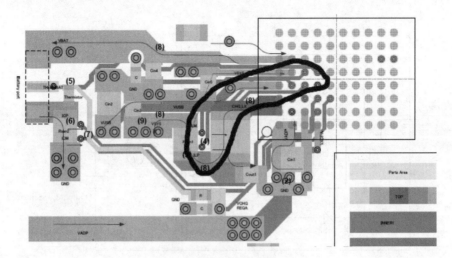

图 15-16　采样电阻 R11 差分走线

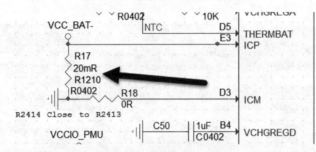

图 15-17　电池端的电流采样电阻 R17

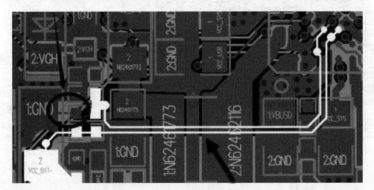

图 15-18　采样电阻 R17 差分走线

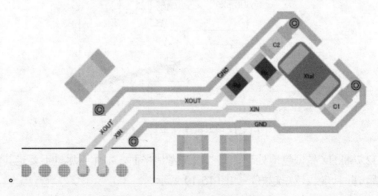

图 15-19　32.768kHz 晶振包地处理

15.5.3 存储器 LPDDR2 的设计

LPDDR2（Low Power Double Data Rate2）的含义为低电压的 DDR 二代内存。在工作电压仅为 1.2V 的环境下，LPDDR2（1066）与 DDR3（1066）具有同等的带宽，而 DDR3 的工作电压为 1.5V，所以 LPDDR2 可以在更低的电压下达到 DDR3 的性能，相比 DDR3 可以降低 50%以上的功耗，提高待机能力。

1. 信号分类

可以对此实例的双通道 LPDDR2 的信号进行大致分类，如表 15-4 所示。

表 15-4　LPDDR2 的信号分类

类　　别	状　　态	数　量	备　注
数据线	GA: D0～D7、DQM0、DQS0P、DQS0M	11	DQS 为差分线
	GB: D8～D15、DQM1、DQS1P、DQS1M	11	
	GC: D16～D23、DQM2、DQS2P、DQS2M	11	
	GD: D24～D31、DQM3、DQS3P、DQS3M	11	
地址线	GE: ADDR0～ADDR14	15	
控制线	GF：WE/CAS/RAS/CS0/CS1/CKE0/CKE1/ODT0/ODT1/BA0/BA1/BA2		
时钟线	GH: CLK、CLKN		时钟线为差分线
电源/地	GI: VCC_DDR、VREF/GND		

小助手提示

（1）地址线、控制线与时钟线归为一组，是因为地址线和控制线在 CLK 的下降沿由 DDR 控制器输出，DDR 颗粒在 CLK 的上升沿锁存地址线、控制线总线上的状态，所以需要严格控制 CLK 与地址线、控制线之间的时序关系，确保 DDR 颗粒能够获得足够的、最佳的建立/保持时间。

（2）地址线、控制线不允许相互之间进行调换。

（3）LPDDR2 通道 0 的 GA 不能进行组内调换及组间调换，要求——对应连接到颗粒的 A 或 B 通道的 D0～D7，其余数据线（GB、GC、GD）可以进行组内调换（如 DDR0_D8～D15 随意调换顺序），或者进行组间调换（如 GB 与 GC 整组进行调换）；通道 1 的所有组可以根据实际需要进行组内调换或组间调换，如图 15-20 所示。

图 15-20　LPDDR2 的信号调换情况说明

2. 阻抗控制要求

数据线、地址线及控制线，单端走线控制 50 欧姆阻抗，DQS 差分线和时钟差分线需要控制 100 欧姆差分阻抗。

3. LPDDR2 的布局

本实例中 DDR 为双通道 LPDDR2，不存在 T 点或 Fly-by 拓扑结构，直接采用点对点的布局方式，并预留有等长的空间，不宜过近或过远，关于 CPU 中心对齐。LPDDR2 滤波电容要靠近 IC 管脚摆放，可以考虑放到 IC 背面。RK3288 和 DDR 颗粒的每个 VCC_DDR 管脚尽量在芯片背面放置一个退耦电容，而且过孔应该紧挨着管脚放置，以避免增大导线的电感。LPDDR2 的布局如图 15-21 所示。

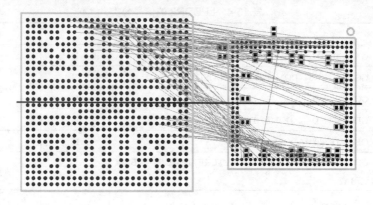

图 15-21　LPDDR2 的布局

4. LPDDR2 的布线

（1）同组同层：为了尽量保证信号的一致性，数据线尽量做到同组同层，如 GA 组的 11 条信号线走在同一层，GB 组的 11 条信号线走在同一层；地址线、控制线没有这个要求。

（2）3W 原则：为了尽量减少串扰的产生，信号线间距满足 3W 原则，特别是数据线间距；组与组间距满足 3W 及以上间距；差分线与信号线间距满足 3W 及以上间距；差分线 Space 满足 3W 及以上间距，同时振幅不要超过 180mil。

（3）平面分割：为了不使阻抗突变，所有属于 DDR 的信号线不允许有跨分割的现象，即不允许信号线穿越不同的电源平面。

（4）等长要求：有关要求如下。

① GA～GD 组的数据线及 DQSP、DQSM 之间的线长误差控制在 5～50mil（速率越高，要求越严格）；每个组的 DQSP、DQSM 差分对内误差控制在 5mil 以内；组与组的数据线不一定要求严格等长，但是尽量靠近，控制在 120mil 以内。

② GE、GF、GH 组的信号线的线长误差控制在 100mil 以内，时钟差分对内误差控制在 5mil 以内。

LPDDR2 的等长要求如表 15-5 所示。

表 15-5　LPDDR2 的等长要求

类　别	状　态	误　差　要　求	
数据线	GA：D0～D7、DQM0、DQS0P、DQS0M	5～50mil	GA、GB、GC、GD 两两组间误差为 120mil 以内 差分对内误差为 5mil 以内
	GB：D8～D15、DQM1、DQS1P、DQS1M	5～50mil	
	GC：D16～D23、DQM2、DQS2P、DQS2M	5～50mil	
	GD：D24～D31、DQM3、DQS3P、DQS3M	5～50mil	

类 别	状 态	误 差 要 求	
地址线	GE：ADDR0～ADDR14	100mil 以内	GE、GF、GH 三组一起等长 差分对内误差为 5mil 以内
控制线	GF：WE/CAS/RAS/CS0/CS1/CKE0/CKE1/ODT0/ODT1/BA0/BA1/BA2	100mil 以内	
时钟线	GH：CLK、CLKN	100mil 以内	

（5）VREF 的处理：VREF 尽量靠近芯片；VREF 走线尽量短，且与任何数据线分开，保证其不受干扰（特别注意相邻上下层的串扰）；VREF 只需要提供非常小的电流（输入电流大概为 3mA）；每一个 VREF 管脚都要靠近管脚加 1nF 旁路电容（每路电容数量不超过 5 个，以免影响电源跟随特性）；线宽建议不小于 10mil。

（6）保证平面完整性：DDR 部分的平面完整性会直接影响 DDR 性能及 DDR 兼容性；在设计 PCB 时，注意过孔不能太近，以免造成平面割裂，一般推荐两孔中心间距大于 32mil，两孔之间可以穿插铜线，如图 15-22 所示。

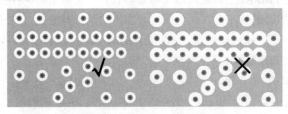

图 15-22　LPDDR2 的平面完整性

15.5.4　存储器 NAND Flash/EMMC 的设计

1. 原理图

RK3288 支持 NAND Flash、EMMC 等 Flash 存储设备。使用 NAND Flash 时，控制器及颗粒供电 VCC_FLASH 为 3.3V。而不同版本的 EMMC，控制器及颗粒供电 VCC_FLASH 可能为 1.8V（EMMC4.1 以上）或者 3.3V，设计时根据 Datasheet 调整并修改。FLASH0_VOLTAGE_SEL 默认 3.3V 时下拉到 GND，1.8V 时上拉到 VCC_FLASH，如图 15-23 所示。

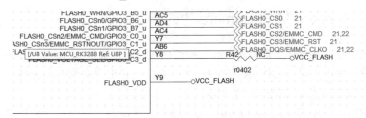

图 15-23　FLASH0_VOLTAGE_SEL 上拉状态

> **小 助 手 提 示**
>
> （1）EMMC 在使用中，建议 VCC_FLASH 使用 1.8V 供电，才能稳定跑高速。
> （2）FLASH1 通道不支持 EMMC。
> （3）Boot 默认由 FLASH0 通道引导，不可修改。

EMMC 默认为 1.8V LDO 供电，如图 15-24 所示，可兼容 EMMC4.1 以下颗粒，可以使产品备料范围更广。

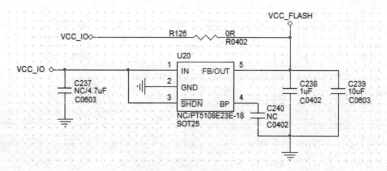

图 15-24　EMMC 供电兼容

为了方便在开发阶段进入 Mask Rom 固件烧写模式（需要更新 Loader），在使用 NAND Flash 时 FLASH_CLE 要预留测试点，而在使用 EMMC 时 EMMC_CLKO 要预留测试点，如图 15-25 所示。

2．PCB 部分

（1）NAND Flash 与 EMMC 一般通过双布线兼容设计，如图 15-26 所示。EMMC 芯片下方在铺铜时，焊盘部分需要增加铺铜禁布框，避免铜皮分布不均匀影响散热，导致贴片时出现虚焊现象。

（2）走线尽量走在一起，并包地处理，空间准许的情况下可以等长处理，误差不要超过±100mil，以提高 EMMC 的稳定性和兼容性。

（3）EMMC 处为 BGA 为 0.5mm 的 Pitch 间距，为了避免局部使用较小的线宽和间距提高整体生产难度及成本，无用的焊盘可以通过改小的办法出线，如图 15-26 所示。

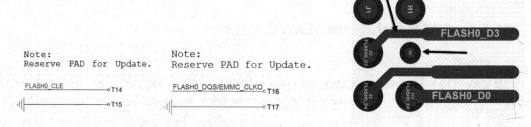

图 15-25　测试点的添加　　　　　　　　　　图 15-26　EMMC 的出线方式

15.5.5　CIF Camera/MIPI Camera 的设计

DVP 接口电源域为 DVPIO_VDD 供电，实际产品设计中，需要根据产品 Camera 的实际 IO 供电要求，选择对应的供电电路（1.8V 或 2.8V），同时 I2C 上拉电平必须与其保持一致，否则会造成 Camera 工作异常或无法工作，如图 15-27 所示。

为了避免在实际产品中因 Camera 走线过长而造成时序问题，引起数据采集异常，需要增加如图 15-28 所示的 RC 延迟电路，同时在布线时走线尽量短。注意时钟信号的流向，对应的元件靠近信号输出端放置，PCLK 上的电容靠近主控，电阻靠近 Camera，MCLK 上的电容靠近 Camera，电阻靠近主控。

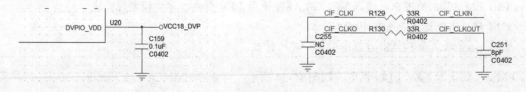

图 15-27　DVPIO_VDD 供电　　　　　　　　　图 15-28　RC 延迟电路

Camera 信号走线 CIF_D2～D9 要按 3W 原则要求走线；为抑制电磁辐射，建议于 PCB 内层走线，并保证走线参考面连续完整；走线尽量少换层，因为过孔会造成线路阻抗的不连续；并做好整组包地。

CIF_CLKI、CIF_CLKO 时钟走线，单独包地处理，包地线每隔 50～100mil 放置地过孔，并远离其他高速信号线，如图 15-29 所示。

数据线和 MCLK、PCLK、HSYNC、VSYNC 的走线要等长，误差越小越好。

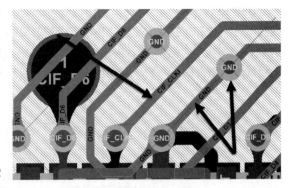

图 15-29　Camera 的包地处理

15.5.6　TF/SD Card 的设计

TF Card 电路兼容 SD2.0/3.0，模块供电为输出可调的 VCCIO_SD，默认为 3.3V 供电。TF 为经常插拔的接口，建议增加 ESD 元件，如图 15-30 所示。

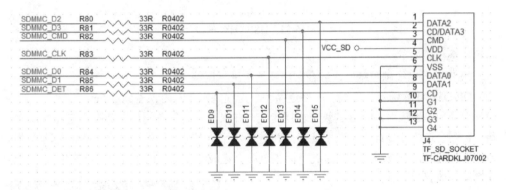

图 15-30　TF 的 ESD 元件

TF 卡座 VCC_SD 电容 C193、C194 布局时靠近卡座管脚放置。走线尽量与高频信号隔开，尽量整组包地处理。如果有空间的话，CLK 建议单独包地。TF Card 走线要求信号组内任意两条信号线的长度误差控制在 400mil 以内，否则会导致 SD3.0 高速模式下频率不高。

在 RK3288 平台上，TF Card 的 PCB 布线长度尽量控制在 15.4in（1in=2.54cm）以内，在结构设计及布局上要考虑这一点，以提高 SDIO 的稳定性和兼容性。

布局布线时，注意信号线要先经过 ESD 元件之后再进行引出，如图 15-31 所示。

图 15-31　TF ESD 元件的处理

15.5.7　USB OTG 的设计

RK3288 共有 3 组 USB 接口，其中一个为 USB OTG，两个为 USB HOST。USB OTG 可以通过检测 USB_VBUS、USB_ID 信号，配置为 Host 或者 Device 功能，支持 USB2.0/1.1 规范。此实例支持一个 USB OTG。

USB 控制器参考电阻 R60、R61 请选用 1%精度的电阻,参考电阻关系到 USB 眼图的好坏。USB 具有高达 480Mb/s 的传输速率, 所以差分信号对线路上的寄生电容非常敏感,因此要选择低结电容的 ESD 保护元件,结电容要小于 1pF。同时,为抑制电磁辐射,可以考虑在信号线上预留共模电感,在调试过程中根据实际情况选择使用电阻或者共模电感,如图 15-32 所示。

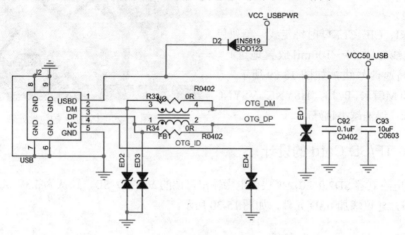

图 15-32　USB OTG 的设计

布线注意事项如下。

（1）USB 差分走线越短越好,综合布局及结构进行调整。

（2）DP/DM 90 欧姆差分走线,严格遵循差分走线规则,对内误差满足 5mil。

（3）为抑制电磁辐射,USB 建议在内层走线,并保证走线参考面是一个连续完整的参考面,不被分割,否则会造成差分线阻抗的不连续,并增大外部噪声对差分线的影响。空间充足的情况下进行包地处理。同时,尽量减少换层过孔,因为过孔会造成线路阻抗的不连续,实在需要的时候建议在打孔换层处放置地过孔。

（4）ESD 保护元件、共模电感和大电容在布局时应尽可能靠近 USB 接口摆放,走线先经过 ESD 元件及共模电感之后再进入接口,如图 15-33 所示。

（5）USB2.0 规范定义的电流为 500mA,但是 USB_VBUS 走线最好能承受 1A 的电流,以防过流。如果是在使用USB 充电的情况下,USB_VBUS 走线要能承受 2.5A 的电流。

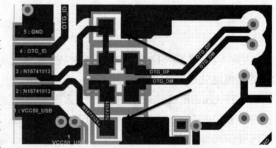

图 15-33　USB OTG ESD 元件的处理

15.5.8　G-sensor/Gyroscope 的设计

G-sensor/Gyroscope 的 VCC Supply 和 VCCIO Supply 的电源域可能不一样,请确保 I2C1 总线上拉电源与 G-sensor/Gyroscope 的 VCCIO Supply 一致,否则需要进行电平匹配处理,如图 15-34 所示。

G-sensor/Gyroscope 一般放置在板子的偏中心位置,不要太靠边,不然会影响其灵敏性。

G-sensor/Gyroscope 在布局的时候,第 1 脚方向一般有一定的要求,如都朝左上角放置,这主要是看公司的习惯,建议与 RK 提供的 SDK（软件开发工具包）保持一致,方便软件调试。

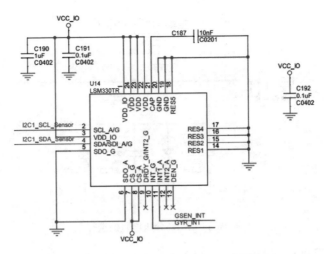

图 15-34　G-sensor/Gyroscope 电平

15.5.9　Audio/MIC/Earphone/Speaker 的设计

1. Audio（音频）的设计

Codec I2S 接口电源域为 APIO4_VDD 供电，实际产品设计中，需要根据 Codec 的实际 IO 供电要求，选择对应的供电电路（1.8V 或 3.3V），同时 I2S 上拉电平必须与其保持一致，否则会造成 Codec 工作异常或无法工作，此实例选择 3.3V（VCC_IO），如图 15-35 所示。

PCB 设计注意事项如下。

（1）Codec 布局时应靠近连接座放置，走线尽可能短。

（2）为了保证供电充足，Codec 各路电源走线线宽要求大于 15mil，VCC_SPK 走线线宽要求大于 30mil。

（3）Codec 各输入、输出信号包括 HP OUT、LINE IN、LINE OUT、MIC IN、SPDIF、SPEAKER OUT 等信号，为避免信号间串扰引起的输出失真及噪声，均需要进行包地处理（包地处理应包括同层包地与邻层包地），并与其他数字信号隔离。

（4）音频走线为模拟线，HP OUT 信号线宽建议大于 15mil，LINE IN/OUT 信号线宽建议大于 10mil。

（5）MIC IN 信号比较敏感，为避免引入噪声，MIC 的耦合电容要靠近 Codec 端放置，如图 15-36 所示。

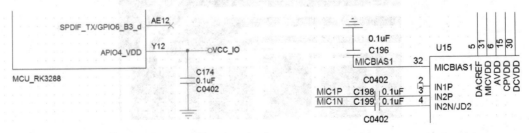

图 15-35　APIO4_VDD 供电　　　　　　　图 15-36　MIC 耦合电容的放置

2. MIC（麦克风）的设计

MIC 根据所选型的驻极体麦克风规格，选择合适的分压电阻 R101、R106，如图 15-37 所示。

布线时，MIC1P 与 MIC1N 差分走线加粗到 10～12mil，并且尽量立体包地处理，尽量远离高速线，减少高速线对 MIC 的干扰。

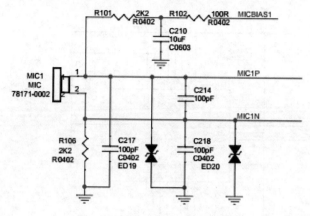

图 15-37　MIC 分压电阻的选择

3．Earphone（耳机）的设计

耳机的设计如图 15-38 所示。

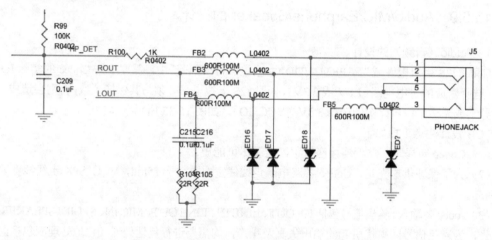

图 15-38　耳机的设计

耳机信号走线同样属于音频走线，LOUT、ROUT 走线（左、右声道走线）需要加粗处理，类似于差分走线，并且立体包地，尽可能地避免其他走线对其的干扰，如图 15-39 所示。

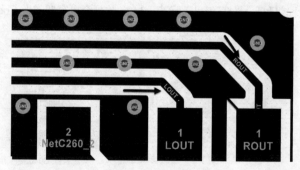

图 15-39　耳机信号走线

4．Speaker（喇叭）的设计

为抑制功放电磁辐射，需要把功放到喇叭的走线缩短，并加粗，尽量少走弯角。为避免噪声干扰，建议差分走线，线宽大于 20mil，线距小于 10mil，并在靠近喇叭输出端预留 LC 滤波电路，如图 15-40 所示。

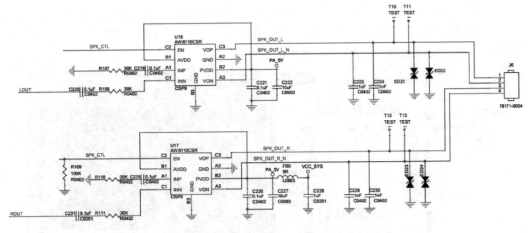

图 15-40　Speaker 的设计

15.5.10　WIFI/BT 的设计

（1）RK3288 支持 SDIO3.0 接口的 WIFI/BT 模块，采用 SDIO、UART 接口的 WIFI/BT 模块时，需要注意 RK3288 SDIO、UART 控制器的供电 APIO3_VDD 要与模块 VCCIO Supply 一致，如图 15-41 所示。

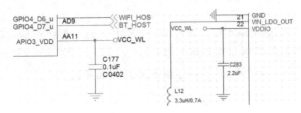

图 15-41　APIO3_VDD 供电

　在 SDIO3.0 情况下，APIO3_VDD 供电必须为 1.8V。

（2）请注意 WIFI 要选择 ESR（等效串联电阻）小于 60Ω、频偏误差小于 $2×10^{-5}$ 的晶振。对于晶振的匹配电容，请根据晶振规格选择合适的电容值，避免频偏太大而出现的工作异常（如热点数较少等），如图 15-42 所示。

（3）预留 SDIO 上拉电阻，当 WIFI 使用 SDIO3.0 时，上拉电阻（如图 15-43 所示）贴片可提高信号质量。

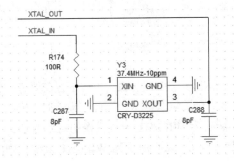

图 15-42　晶振的选择

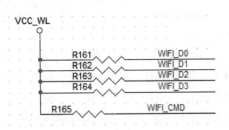

图 15-43　SDIO 上拉电阻

（4）AP6×××的 VBAT 供电电压范围为 3.0～4.8V，供电电流最小为 400mA，布线时要注意。

（5）WIFI/BT 模块属于易受干扰的模块，PCB 布线时注意远离电源、DDR 等模块，在空间充足的情况下，建议添加屏蔽罩，如图 15-44 所示。

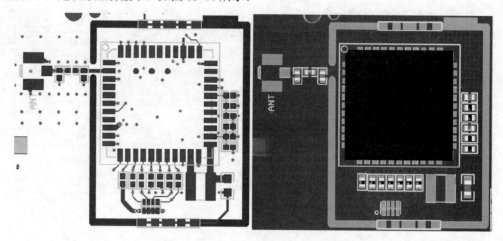

图 15-44　WIFI/BT 模块的屏蔽罩

（6）模块的 VBAT 和 VDDIO 的电源脚 4.7μF 去耦电容 C272、C283 要靠近模块放置，并尽可能与模块摆放于同一平面。模块内部电源的电感 L11 和电容 C281 要靠近模块放置，走线线宽大于 15mil，如图 15-45 所示。

（7）SDIO 走线作为数据传输走线，要尽可能平行，并进行整组包地处理。如果有空间的话，CLK 建议单独包地。要避免靠近电源或高速信号布线。同时，信号组内任意两条信号线的长度误差控制在 400mil 以内，尽量等长，否则会导致 SDIO3.0 高速模式下频率不高。SDIO 走线处理如图 15-46 所示。

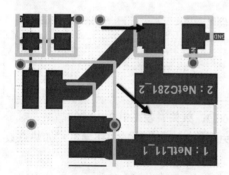

图 15-45　电感与电容的放置

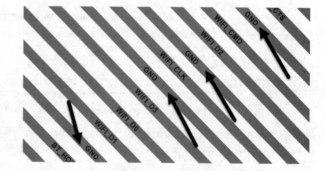

图 15-46　SDIO 走线处理

（8）如图 15-47 所示，同样是为了避免干扰，模块下方第一层保持完整的地，不要有其他信号走线，其他信号走线尽量走在内层。

（9）晶振本体下方保持完整的地，不要有其他信号走线，晶振管脚要有足够的地过孔进行回流，如图 15-48 所示。

（10）天线及微带线宽度设计要考虑到阻抗，阻抗严格为（50±10）Ω。走线下方需要有完整的参考平面作为 RF（射频）信号的参考地，天线布线越长，能量损耗越大，因此在设计时，天线路径越短越好，不能有分支出现，不能打过孔。图 15-49 所示为 WIFI/BT 天线错误的走线方法。天线走线需要转向时，不可以用转角的方法，要用弧形走线。图 15-50 所示为 WIFI/BT 天线正确的走线方法。

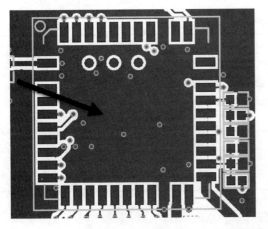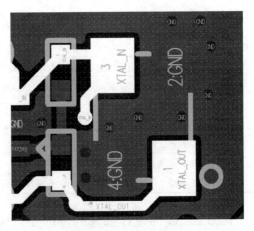

图 15-47　WIFI/BT 模块的地平面处理　　　　　图 15-48　晶振的处理

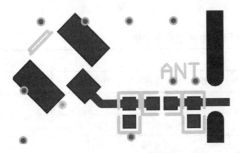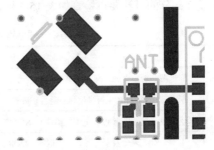

图 15-49　WIFI/BT 天线错误的走线方法

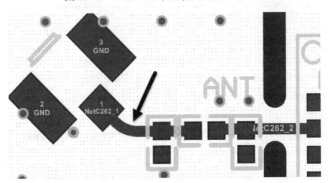

图 15-50　WIFI/BT 天线正确的走线方法

15.6　MID 的设计要点检查

　　一个好的产品设计需要各方面验证。原理、PCB、可生产性等在设计过程中难免会出现纰漏，处理完前述步骤之后需要对所设计的文件进行一次设计要点检查。下面列举 RK 系列 MID 产品常见的问题，方便读者对自身所设计的文件进行检查，减少问题的产生，提高设计及生产效率。

15.6.1　结构设计部分的设计要点检查

　　结构设计部分的设计要点检查如表 15-6 所示。

表 15-6　结构设计部分的设计要点检查

类　　别	检 查 内 容	Y/N
结构设计要求	PCB 板框是否和 DXF 文件相符？定位孔数量、大小、位置是否正确？	
	按键、SD 卡座、拨动开关、耳机座、USB 座、HDMI 座、MIC 等能否和 DXF 结构图核对上？是否有偏位？正反是否正确？电池、电动机焊点分布距离是否合理？	
	摄像头、TP、屏等排座的脚位是否和客户的要求一致？	
	结构上的限高要求，布局上是否都满足？	
	所有的 IC 第 1 脚是否在 PCB 上标识明确？	
	易受干扰区域，若需要屏蔽罩，屏蔽罩的位置是否有预留？	

15.6.2　硬件设计部分的设计要点检查

硬件设计部分的设计要点检查如表 15-7 所示。

表 15-7　硬件设计部分的设计要点检查

类　　别	检 查 内 容	Y/N
硬件设计要求	原理图是否检查悬浮网络、单端网络、元件位号及管脚号重复？存在的是否可接受？	
	所有三极管和 MOS 管脚位封装是否正确？	
	层叠设计是否考虑 PI（电源完整性）、SI（信号完整性）？	
	电源、RF、差分及差分等长、阻抗线、DDR 走线及等长、T 点等电气约束规则是否已经规范？	
	PCB 能否添加 Mark 点规范？是否添加测试点？	
	整体布局是否按照信号流向进行？是否合理？	
	BGA 及大的 IC 布局是否考虑返修？间距是否大于或等于 1mm（最好 2mm）？需要后焊的元件、背面元件不要靠得太近，是否有大于或等于 1.5mm 的间距（留有烙铁头的位置）？	
	摄像头、TP、屏、USB 座、G-sensor、MIC 等有方向排座的脚位和方向是否正确？尤其是插座是否有放反的情况？	
	对于散热要求比较高的芯片（PMU、蓝牙芯片等），散热焊盘上是否添加散热大过孔？过孔是否开窗处理？	
	MIC、红外头、接插件等穿板后焊的管脚焊盘是否采用散热良好的花焊盘连接方式？	
	设计是否满足工艺能力要求（最小线宽 4mil，最小过孔 0.2mm/0.4mm）？	
	重要电源载流考虑是否合理？[VDD_LOG、VDD_ARM、VCC_DDR、ACIN、VSYS 及 USB 供电等大于或等于 2mm，过孔至少 4 个（0.3mm/0.5mm）。其他电源按照通用原则：表层 20mil 过载 1A，内层 40mil 过载 1A，0.5mm 过孔过载 1A。]	
	耳机左、右声道是否包地、处理好屏蔽？摄像头的 MCLK 和 PCLK 中间是否用地隔离？HDMI、LVDS 差分及 MIC 等敏感走线是否尽量采用包地处理？复位信号是否添加静电元件？	
	WIFI/BT 天线 50 欧姆阻抗线是否遵循走线最短、圆弧处理原则？信号焊盘和地焊盘的间距是否保持 3mm？离板边是否有 1mm，方便电烙铁焊接？	
	摄像头排线是否远离数据干扰区和电源功率电感？	
	是否进行 DRC？存在的 DRC 报错是否可以接受？容易短路的位置是否添加丝印白油？	

15.6.3　EMC 设计部分的设计要点检查

EMC 设计部分的设计要点检查如表 15-8 所示。

表 15-8　EMC 设计部分的设计要点检查

类　　别	检　查　内　容	Y/N
EMC 设 计 要 求	相邻信号层信号走线是否正交布线？若平行走线，是否错位？	
	打孔换层的地方 50mil 范围之内是否添加回流地过孔？	
	对敏感信号是否进行地屏蔽处理？射频线周边屏蔽地过孔、割铜是否平滑无尖角？时钟线、DDR 高速线、差分对、复位线及其他敏感线路是否满足 3W 原则？	
	是否已确保没有由于过孔过密或较大造成较长的地平面裂缝？电源层是否相对于地层内缩、考虑 20H？	

15.7　本章小结

　　本章选取了一个进阶实例，是为想进一步学习 PCB 技术的读者准备的。一样的设计流程、一样的设计方法和分析方法，让读者明白，其实高速 PCB 设计并不难，只要分析弄懂每一个电路模块的设计，不管是什么产品、什么类型的 PCB 都可以按照"套路"设计好。